建筑快题设计

·方法与实例·

Methods and Examples of Architecture Design Sketch

王夏露　李国胜　主编

江苏凤凰科学技术出版社

图书在版编目（CIP）数据

建筑快题设计方法与实例 / 王夏露，李国胜主编.
-- 南京 : 江苏凤凰科学技术出版社，2019.1
ISBN 978-7-5537-9611-6

Ⅰ. ①建… Ⅱ. ①王… ②李… Ⅲ. ①建筑设计
Ⅳ. ①TU2

中国版本图书馆CIP数据核字(2018)第201681号

建筑设计精品教程
建筑快题设计方法与实例

主　　编　王夏露　李国胜
项目策划　凤凰空间 / 刘立颖　庞　冬
责任编辑　刘屹立　赵　研
特约编辑　庞　冬

出版发行　江苏凤凰科学技术出版社
出版社地址　南京市湖南路1号A楼，邮编：210009
出版社网址　http://www.pspress.cn
总　经　销　天津凤凰空间文化传媒有限公司
总经销网址　http://www.ifengspace.cn
印　　刷　天津图文方嘉印刷有限公司

开　　本　889 mm×1 194 mm　1 / 16
印　　张　11.5
版　　次　2019年1月第1版
印　　次　2019年1月第1次印刷

标准书号　ISBN 978-7-5537-9611-6
定　　价　79.00元

本书编委会

主　　编：王夏露　李国胜

编委成员（排名不分先后）：

徐志伟　马　禹　饶　勇　徐　艳　周锦绣　黄向前　焦盼盼

卢伟娜　孙晨霞　韩国强　祝　永　沙　龙　王　鹏　周　鸽

建筑快题设计的主要目的在于考查学生的设计能力和设计水平，大量的快速方案设计训练对提高创作者的立意、构思、图面表达和综合素养都有着十分重要的作用。本书的读者对象是参加建筑学考研的学生。编者立足于多年的考研教学经验，通过分析各大建筑院校的考研真题，以“深入剖析解题思路”为宗旨，通过对考试题型、考查形式、考查重点的总结及分类，并结合优秀案例，举一反三地总结设计方法，以期全面提高考生的快题设计能力。

本书共分为六章，每章之间环环相扣，层层递进。

第一章为建筑快题设计的基本概述。主要回答什么是建筑快题设计、建筑快题设计的考查类型和内容、建筑快题设计的应试准备以及评判优秀快速设计的标准。通过第一章的学习，考生可以对建筑快题设计有基本的认识，正所谓“知己知彼，百战不殆”，只有对考点有了全面的掌握，才能更快地了解出题者的意图，继而快速设计出好的方案。

第二章为建筑快题方案设计的应试方法。本章诠释了建筑快速方案设计的全过程：任务书的解读—任务书的分析—方案的构思—方案的形成。养成正确的解题、出图习惯是提高快速设计能力的关键。快速设计是解决各类矛盾的动态过程，在此过程中，考生一定要“先整体，后局部；先解决主要矛盾，后解决次要矛盾”，在动态中快速寻找合理的答案。

第三章为建筑快题设计的元素解析。通过对建筑设计中各个元素的拆分讲解，为考生提供一种学习思路，鼓励其在备考阶段尽可能多地去积累设计元素，从而达到以不变应万变的效果。

第四章为分类型建筑快题方案设计解析。主要针对不同类型的建筑，深入剖析其设计特点、相关规范、考查形式与考查方向，并结合实际案例，帮助考生强化各类型建筑的设计原理，提升其应试能力。

第五章为真题作品解析。以全国各大知名院校的建筑学考研真题为例，深入解析解题思路，为考生提供大量快题案例，并通过分析真题作品的优缺点，让其明晰努力的方向。

第六章为快题基础及表达突击。主要针对基础的手绘表达，图纸的表达在应试考试中占比很重，考生在平时训练的过程中也要注重这一部分；但表达是为了辅助设计，我们不必过于追求绚丽的表达效果，而是应该注重建筑形体本身比例、透视及相关环境的合理性表达。

本书的重点在“如何提升建筑快速方案设计能力”的方法探索上，在编写本书时我们结合了教学过程中学生经常出现的问题，总结出了一些学习方法，这些也是本书的重点。首先，剖析建筑设计原理，解析优秀建筑案例，激发创新设计思维；其次，分析建筑考研真题，直击建筑快题考查重点，提升考生建筑设计的能力；第三，积累建筑设计元素，总结建筑设计策略，全面提升考生的快速设计能力。

最后，感谢为本书提供保贵资料的各位老师和绘聚手绘的学员们。在编写本书的过程中，编者认识到内容上还存在诸多不足与不完善的地方，期待各位同仁和读者朋友们的批评指正。

编者

目 录

第一章　建筑快题设计的基本概述

Overview of Architecture Fast Design

一、建筑快题设计的基本概述

1. 建筑快题设计的定义

建筑快题设计是指在很短的时间内完成建筑设计从文字的要求到图形的表达，分为开卷与闭卷两种形式。目前我国研究生入学考试或求职测试一般采用闭卷形式。在建筑快题设计中主要考查考生三个方面的能力。

（1）方案设计能力

这是基本的考查点，即在有限的时间内，在没有老师辅导的情况下，独立完成方案设计的程度与水平。也就是说，在考查过程中，考生不必吹毛求疵地计较方案的细部，而是从大的方面去看考生对方案的整体把控能力。从房间的布局看设计是否有章法，对设计原理是否清晰，分析问题的思路是否具有逻辑性；从对一些方案最基本的问题处理中（如房间形状、比例、设施尺寸等），看考生解决设计问题的能力；从剖面图表达中，看考生对结构、构造概念是否清晰；从体量组合关系中，看考生的造型能力；从立面图设计中，看考生的美学修养等。对这些问题的评价是无法以分数评判的，而是根据把它们汇集起来所获得的总印象，来给出定性的评价。

（2）方案表达能力

方案的图面效果是给人的第一印象，由此使人敏感地产生对考生诸方面的评价。从图面的排版、线条的运笔、色彩的构成、配景的表现，以及装帧的点缀等多个细节，综合来看考生的美术基础是扎实还是肤浅，动手表达能力是强还是弱，进而推测出其设计能力。

（3）考生的发展潜质

快速建筑方案设计常作为选拔人才的测试手段。在考查考生方案表达能力和方案设计能力中，通过对若干考生的横向比较，判断出某考生的设计基本功、设计素质与修养以及后续发展的潜质。如果考生的设计方案比较周全地满足了任务书中的设计要求，那么，就证明了该考生设计基本功较强，设计素质较全面，设计修养较上乘，这是设计者发展潜质应具备的条件。

2. 建筑快题设计的特点

（1）快题设计的时间短、速度快

快题设计要求在短时间（通常 3 ~ 6 h）内完成既定或设定的设计任务，考试内容多、范围广、设计强度大。作为一门基础类考试，不需要像课程设计那样深入设计其中的各个因素，只要考生进行合理的整体设计即可，也不必拘泥于方案的细节处理。

（2）快题设计是方案设计的特殊形式

一般来说，建筑设计有一个科学、合理的设计周期，从任务书的制定、概念设计到方案设计，每个环节都要求有一定的时间，以此来确保设计的质量。快题设计则是把设计周期压缩到几个小时，但设计目标、任务、手法并没有实质性的改变，因此，快题设计对设计者来说是一个非常大的挑战。

（3）快题设计要求高度概括的方案

快题设计是一个发现问题、分析问题和解决问题的过程，是综合解决立意、功能、空间、形态、环境、结构、材料等方面问题的复杂过程。因此，快题设计要求考生在尽可能短的时间内抓住主要矛盾，提出一个高度概括的方案，解决设计的实质问题。

（4）要求考生具备扎实的基本功和较宽的知识面

在有限时间内形成设计方案的构思，推敲方案设计，直至最后完成方案的表达，要求考生必须具备扎实的基本功，包括快速构思、快速设计、快速表达等技巧。在考查考生设计能力的同时，还会考查考生生态、历史、规范、尺度、设计常识等基础知识。

（5）快题设计题目具有一定特点

快题设计的题目设置往往便于考查考生的专业素质、综合能力和表达能力。在题目的设置中除了考查该类型建筑的相关规范知识外，还会穿插自然因素或者地域因素等限制条件，以考查考生对特殊因素的应对能力（图 1-1）。

二、建筑快题设计的基本类型

1. 以场地为切入点的考查形式

场地设计是为了满足一个建设项目的要求，在基地现状条件和相关的法规、规范的基础上，组织场地中各构成要素之间关系的设计活动。其根本目的是通过设计使场地中的各要素，尤其是建筑与其他要素之间能形成一个有机整体，并对基地的利用能够达到最佳状态，充分发挥用地效益，节约土地，减少浪费（图 1-2、图 1-3）。

下面是以场地为切入点展开的常见快题设计的考查类型。

（1）场地为不规则形

①考查目的。此类题目主要考查考生对特殊地形的把控能力，在建筑设计的过程中，建筑与场地的关系是重中之重，如何在不规则的地形中兼顾建筑功能与空间，并组织好建筑形体，是考查的目的。

②考查难点。如何让建筑与地形融为一体，同时组织好交通流线，处理好建筑与城市道路、城市肌理之间的关系。

③题目类型。地形为不规则多边形、三角形或弧形。

④应对策略。在组织建筑形体时，可以从地形中提取元素，具体的应对策略如下：

对于相对规则但有锐角空间的地形，建筑的形体布置可以相对规则、简洁。在尖角空间布置相应景观，如下沉广场、入口庭院、绿化水景等。

对于明显的不规则地形，在处理时，建筑主要边可以采取平

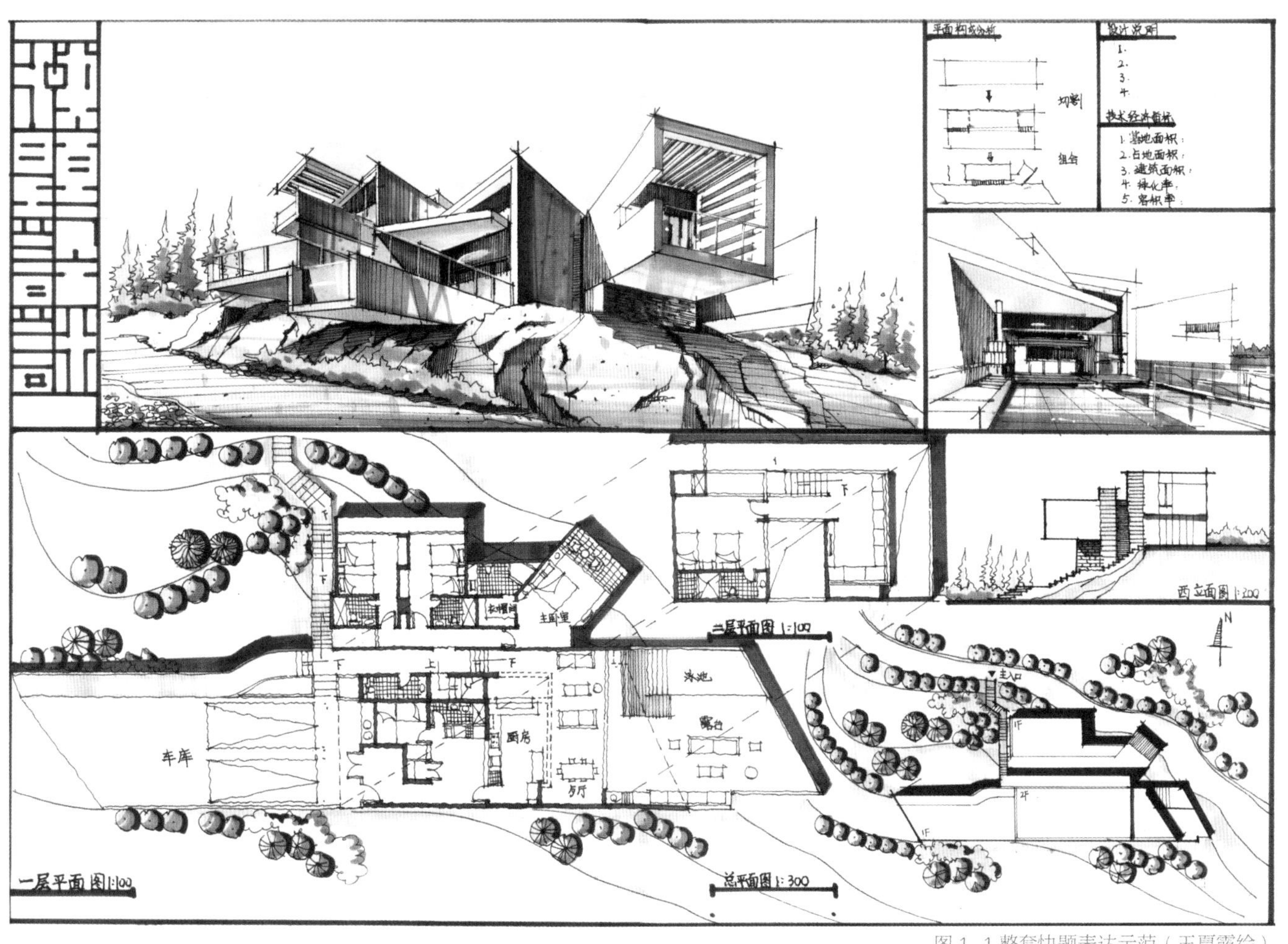

图 1–1 整套快题表达示范（王夏露绘）

场地

狭义：基地之内、建筑之外的广场，包括停车场、室外活动场地、室外展场、绿地等。场地是相对于建筑而言的，因此，被明确为室外场地。

广义：基地内包含的所有内容，包括建筑、构筑物、交通设施、室外活动设施、绿化景观设施和工程系统等。

图 1–2 场地的概念（王夏露绘）

场地设计条件分析 | 场地总体布局 | 交通组织 | 场地总体布局 | 竖向布置 | 管线综合 | 绿化与环境景观设计 | 技术经济分析

图 1–3 场地设计的基本内容（王夏露绘）

行主要边界的处理方式，或者采用退台形式。建筑内部空间的布置应尽量保持主要使用空间的完整性和规则性，将不规则部分安排为中庭、内院、过道、楼梯间、卫生间等公共空间和辅助空间（图 1-4）。

对于弧形地形一般通过弧形空间、折形空间或者退台形式呼应地形。

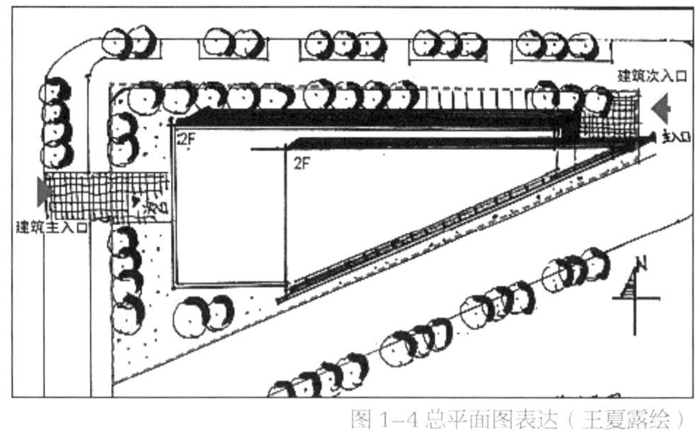

图 1-4 总平面图表达（王夏露绘）

（2）场地中有树木

①考查目的。场地中有树木的基地比较常见，但考查的方式比较多样化，例如，场地中有单棵树、几棵树、成片树和树林等。一般需要结合周边环境对基地中现有的树木进行取舍，并选择应对方式。

②考查难点。如何在组织建筑形体时将现有树木最大化地保留和利用是考生需要考虑的问题，另外，如何巧妙地将树木变为建筑的一部分，并使其成为设计的亮点是解答此类题目的突破口。

③题目类型。场地中有树，可以用来作为入口空间的引导物；也可以作为建筑中间的庭院景观。场地中的树比较多，且用地处于自然景区中，建筑的布局应尽可能减少对现有树木的破坏。

④应对策略。建筑形体化整为零。当基地中树木较多时，建筑形体以分散式为主，围绕树木灵活布局，将建筑形体隐藏于树林之中。建筑将树围合于庭院之中，将其作为庭院景观的一部分，并结合景观设置相应的观景平台或者休闲娱乐空间；结合现有的树木布置景观，将其作为室外引导性空间的一部分。

例如，右图华鑫中心，建筑师在设计过程中，将基地中现有的树木完全保留，将建筑底层架空，建筑体量悬浮于空中，增强了底层景观的流动性。二层则通过庭院组合将树木围合其中，建筑形体消隐于树林之中，建筑形体化整为零（图 1-5 ~ 图 1-7）。

（3）场地为有高差变化的特殊地形（图 1-8 ~ 图 1-22）

①考查目的。山地建筑主要考查建筑与地形的结合、建筑形体的组织与地形的结合，建筑入口、各个功能和空间在不同标高上的合理布置能力。设计的难点在于结合高差布置建筑功能的同

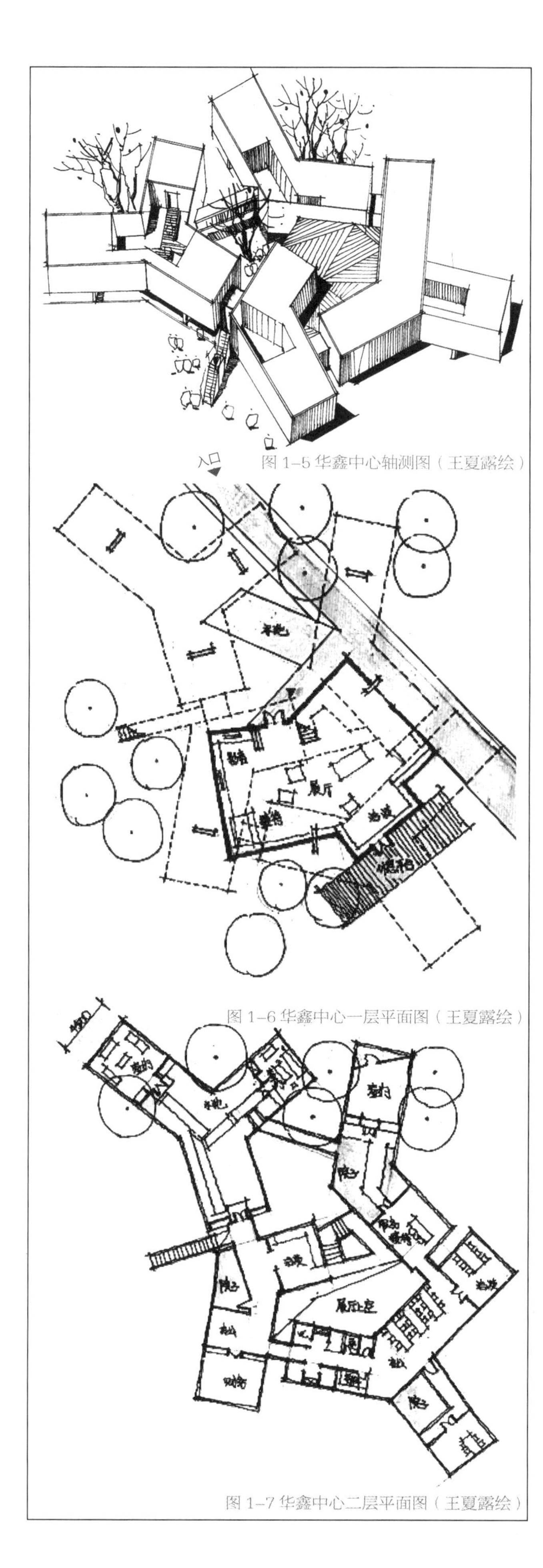

图 1-5 华鑫中心轴测图（王夏露绘）

图 1-6 华鑫中心一层平面图（王夏露绘）

图 1-7 华鑫中心二层平面图（王夏露绘）

时，解决流线的组织与各个房间的采光通风问题，另外，建筑形体也是十分重要的部分。

②知识点。

【等高线】当用地中出现等高线时，应先分析坡度的走势和大小，其基本特征如下：

a. 同线等高。

b. 等高线距全图一致（相邻两条等高线之间的高度差）。

c. 等高线一般为闭合曲线，相互之间不相交、不重合（陡崖除外）。

d. 图中等高线疏密反映坡度缓陡。

【山地建筑的道路坡度】

车行道路：一般采用 8% 以内的纵向坡度，最大可以达到 11%；车行道路宽度最小为 4.5 m（车行道路能够环通最好，环通不了，则采用尽端式车行道，并设置回车场地。为了保证道路的坡度，道路一般采用 S 形，以增加道路长度，降低坡度）。

人行道路：坡度应控制在 15% 以内，大于 15%，就要设台阶；人行道一般 1 ~ 2 m 宽（坡度在 15% 以内的人行道可以称为“无障碍人行步道”，在车行道间布置人行步道台阶，使行人可以采用最短的步行路径到达建筑的各个方位，体现了“以人为本”的思想）。

③题目类型。在考查过程中，题目的设定根据山地坡度的大小可分为以下三类。

陡坡：高差可能会达到 3 ~ 4 m，在设计过程中，坡度不能忽略，考试中应尽可能将建筑沿等高线布置，可以使用退台式建筑形体布局，上层体块可以将下层建筑屋顶作为观景平台；或者

图 1–9 山地建筑参考案例（二）（李国胜绘）

图 1–10 山地建筑参考案例（三）（李国胜绘）

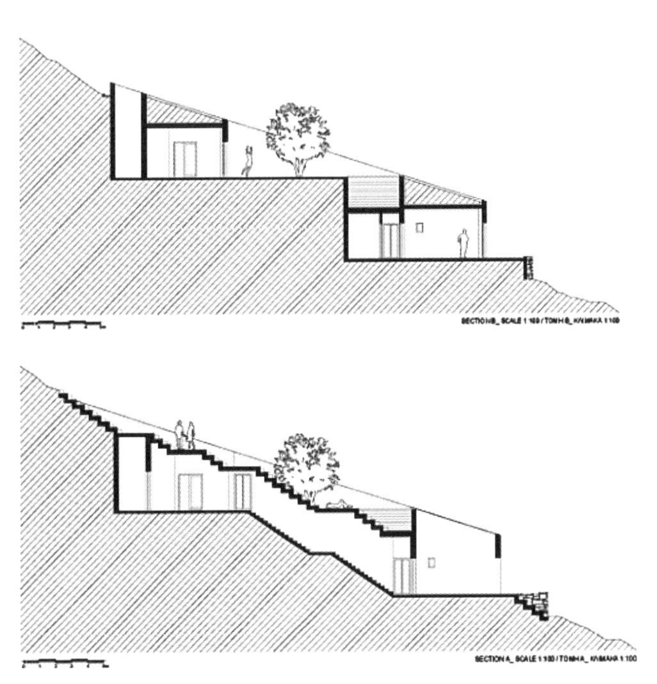

图 1–8 山地建筑参考案例（一）（图片来源：网络）

图 1–11 山地建筑参考案例（四）（李国胜绘）

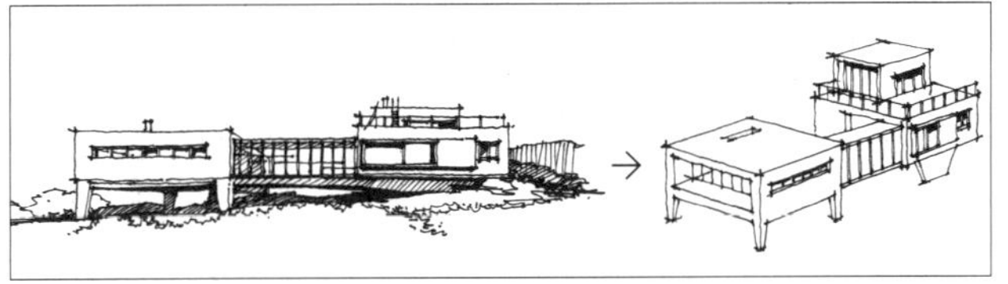

图 1–12 山地建筑参考案例（五）（李国胜绘）

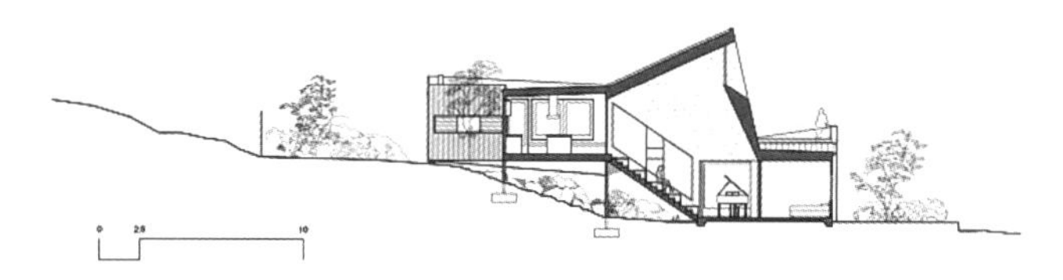

图 1–13 山地建筑参考案例（六）（图片来源：网络）

图 1–14 山地建筑参考案例（七）（图片来源：网络）

图 1–15 山地建筑参考案例（八）（图片来源：网络）

图 1–16 山地建筑参考案例（九）（图片来源：网络）

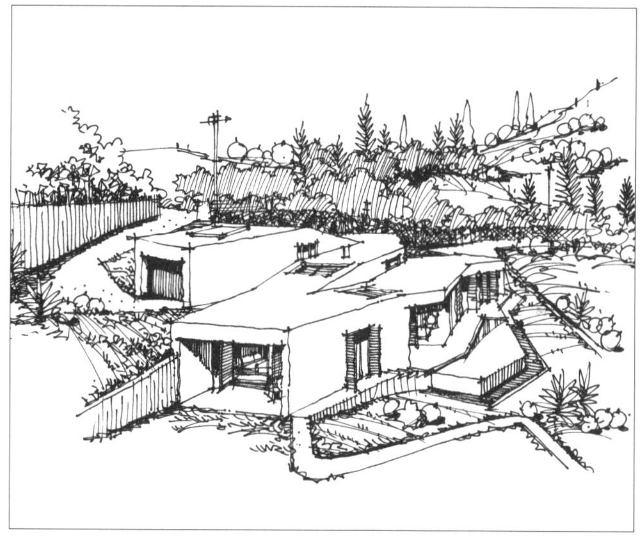

图 1–17 山地建筑参考案例（十）（李国胜绘）

图 1–18 山地建筑参考案例（十一）（李国胜绘）

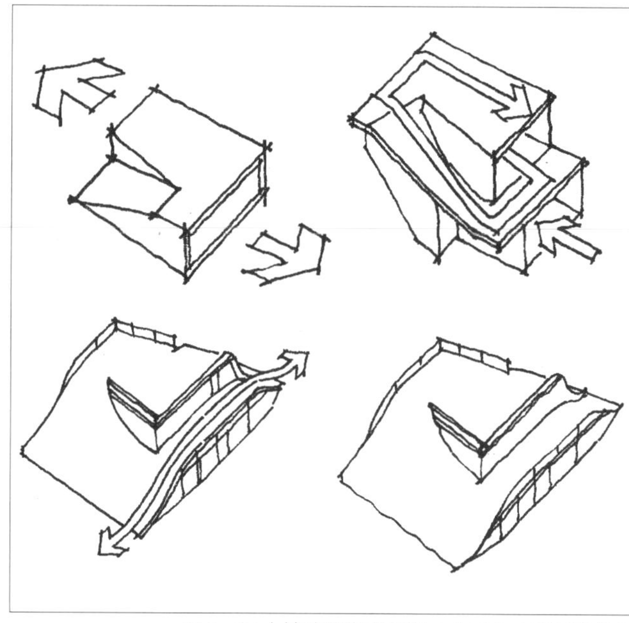

图 1–19 山地建筑参考案例（十二）（李国胜绘）

图 1-20 山地建筑参考案例（十三）（图片来源：网络）

图 1-21 山地建筑参考案例（十四）（图片来源：网络）

图 1-22 山地建筑参考案例（十五）（图片来源：网络）

将地形低处设计两层，地形高处设计一层，通过垂直交通来组织流线。

缓坡：高差在 1.5 ~ 2 m，在高差不大的情况下，可以通过设计错层或者室内台阶来组织室内功能；建筑体块形体高差上变化不大。

平坡：高差一般控制在 1.5 m 以下，基本可以忽略，也可以通过室内台阶来组织形体关系，一般体现在地界面的处理上。

④应对策略。架空式（吊脚）：建筑“占天不占地”，为了避免破坏地表层，可以选择架空。架空的方式分为景观性架空（架空部分回归自然景观，形成景观视线的延续与渗透）与功能性架空（架空部分作为建筑入口或者室外展示等相关功能）。

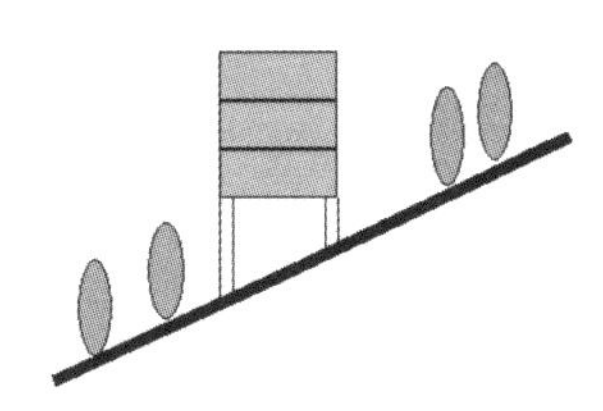

架空式：完全不接触地面，完全架空。

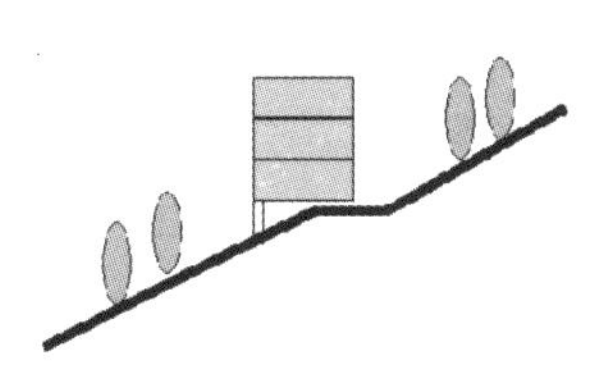

吊脚式：一个角度放在地上，另外一个角度用柱子支撑起来。

地表式（接地式）：主要通过地界面、错层、退台的形式顺应地形，处理高差关系。

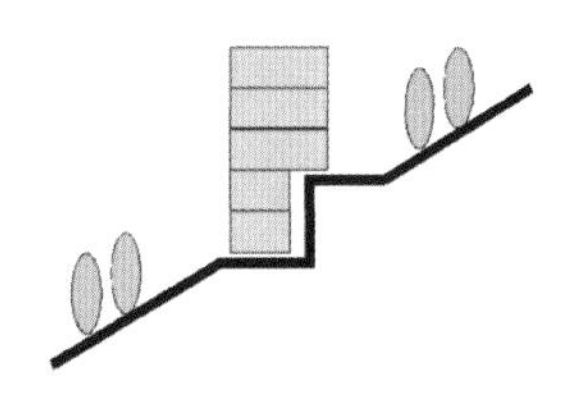

掉层式：主要利用地形的高差，在上面和下面分别设两个出口，解决交通的问题。

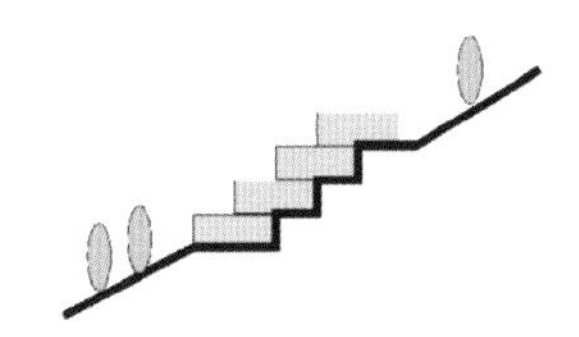

退台式：坡地建筑每一户都有很大的私密空间。地面和屋顶上都做成退台的形式，主要是为了适应周边山地的环境，通过退台形成一个层面，可以做成山地本身，和退台相呼应。

地下式（窑洞）：当建筑形体选择消隐时，采用地坑窑形式的处理方式，可以通过下挖式庭院，促成建筑与外界的联系，将建筑埋入地下，建筑不会对山体产生影响。

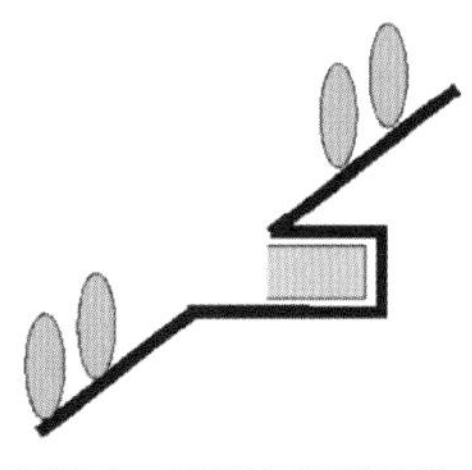

窑洞式：正面向前面开敞。

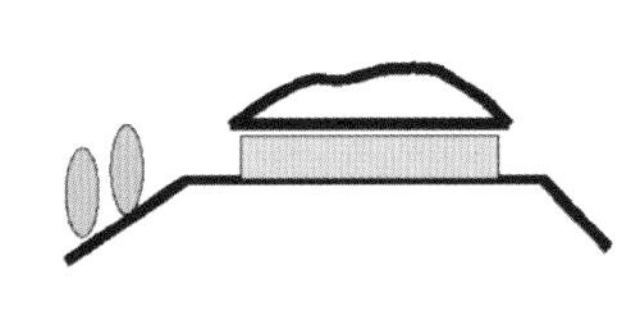

覆土式：把整个建筑埋在土里，出于生态和节能的考虑，利用地热资源，最大限度地节约建筑所需的能源。

（4）场地在自然风景区（图 1-23 ~图 1-30）

①考查目的。主要考查建筑对周边景观的回应方式，面对不同的景观（水面、树林、山体等），建筑需要呈现不同的形态。

②考查难点。如何将建筑置于风景区中而不破坏原景区的景观现状，如何让建筑成为景区的一部分，让其融入其中，并增添光彩是考生在设计过程中需要考虑的。

③题目类型。常见的类型如下所列：

●滨水景观类基地，基地中有水时，建筑形体要对其做出相应的回应，如建筑形体架在水面上，沿水面做观景平台、眺望台等。

●城市公园类基地，基地中有公园时，可以在靠公园一侧设置户外活动场地，作为公园景观的延续，同时建筑形体在景观一侧应做出相应的回应。

●街道转角类基地，需要考虑建筑对转角公园的回应和道路界面的退让。

●景区自然风光类基地。景观朝向有多面，在设计过程中，应该优先考虑朝向良好的一侧和有重要景观的一侧。

④应对策略。

a. 以内部空间来应对景观。

●平面布局应对景观：在进行平面布局时，将茶室、咖啡厅、餐厅、客房、休息厅等有景观需求的功能空间布置在面向景观的一侧。

●中庭空间和边庭空间来应对景观：将中庭或边庭向景观打开，将景观引入室内。

b. 以外部空间来应对景观。

●灰空间应对景观：通过创造面向景观面的宜人灰空间来应对景观。

●屋顶花园空间应对景观：通过创造面向景观的屋顶平台或屋顶花园来呼应景观，也可以创造从地面到屋顶的连续屋面或坡道来引入人流，达到建筑漫游与观景目的。

●外部台阶式空间应对景观：是上一种设计手法的变形，会产生丰富的建筑形体效果。

●渗透性空间应对景观：通过建筑架空创造景观的渗透，或通过玻璃大厅达到景观渗透的效果。

●外部连续空间应对景观：外部空间也可以创造出连续多变的空间形式以应对景观。

c. 以形体变化来应对景观。

●形体滑动：滑动可以创造丰富的平台空间、灰空间和屋顶花园以应对景观。

●悬挑单元：悬挑的洞口形体会给人以“看”的动态意向（也称为“蛇头”），通过对面积类似的功能间隔布置，产生单元重复的形态，这种形态经常被用来应对景观。

●折板：在统一的折板下便于创造各种灰空间和平台空间，同时形体也比较完整。

●形体减法：在完整的形体上做减法操作，创造出灰空间或屋顶花园空间以应对景观。

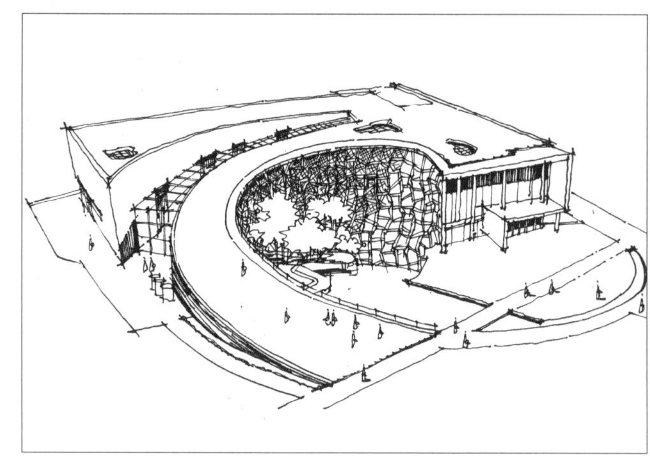

图 1-23 自然风景区建筑案例（一）（李国胜绘）

图 1-24 自然风景区建筑案例（二）（李国胜绘）

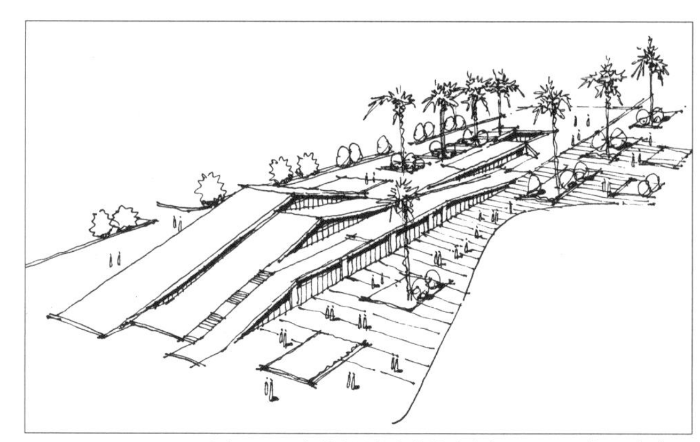

图 1-25 自然风景区建筑案例（三）（李国胜绘）

图 1-26 自然风景区建筑案例（四）（李国胜绘）

图 1-27 自然风景区建筑案例（五）（李国胜绘）

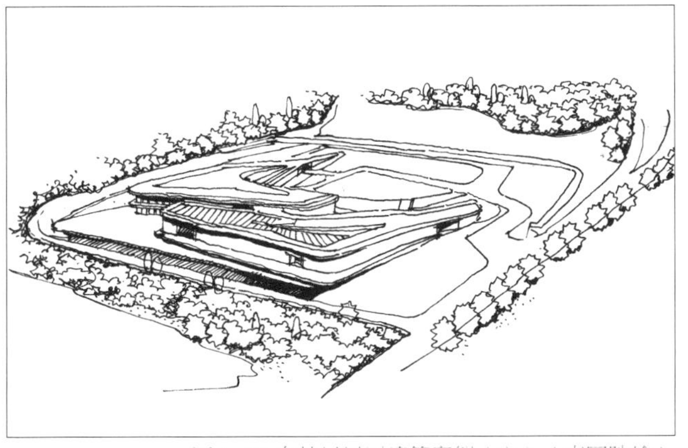

图 1-28 自然风景区建筑案例（六）（李国胜绘）

图 1-29 自然风景区建筑案例（七）（图片来源：网络）

图 1-30 自然风景区建筑案例（八）（图片来源：网络）

（5）场地在遗址保护区

①考查目的。对传统建筑的保护与更新一直是非常热门的话题，在此类型项目中，我们需要考虑新旧建筑的结合，包括空间形式、建筑肌理、建筑功能等，也要注意新建筑对传统文化的传承。因此，此类题目一般是考查考生对传统文化的认知，以及对文脉传承的理解。

②考查难点。新建筑如何传承传统文化、如何与传统建筑相协调，同时又能满足新的建筑功能与建筑空间要求，是考查的重点。

③题目类型。在旧建筑内部进行改造时，要注意对保留建筑元素的利用。在旧建筑一侧进行扩建时，扩建部分的设计不仅要考虑其本身的功能和使用要求，还要处理好与旧建筑内部空间与外部形象之间的联系及过渡。在旧建筑顶部加建时，应考虑加建结构与下层建筑间的结构转换，以及两者形象的对比统一。在历史街区中设计新建筑时，要充分考虑周边的历史环境，并做出恰当的回应。

④应对策略。妥善处理新旧建筑功能、结构、形式的统一性与整体性。扩建和加层在设计意图上除新建筑本身的功能和使用要求外，还应该考虑旧建筑功能的提升、新旧建筑的内部空间和外部形象上的联系与过渡问题。旧建筑部分的处理应注意功能的提升、结构更新、旧建筑作为展品的三个层面。连接部分则采用

灰空间、玻璃体、天桥等虚体，实现新旧之间的过渡。新建筑部分的手法包括修旧如旧、符号提炼、以简衬繁、围合空间、体块冲突等；以城市文脉视角关注历史街区内新建筑问题。加建建筑除了关注新旧建筑本身的功能、形式、空间上的联系外，更要关注周边肌理的延续和城市空间的引入。具体的设计手法包括：城市界面的延续、建筑形体围合出积极的城市空间、底层架空引入城市元素、下沉庭院呼应城市景观等（图 1-31 ~图 1-36）。

图 1-31 遗址保护区建筑案例（一）（图片来源：网络）

图 1-32 遗址保护区建筑案例（二）（图片来源：网络）

图 1-33 遗址保护区建筑案例（三）（李国胜绘）

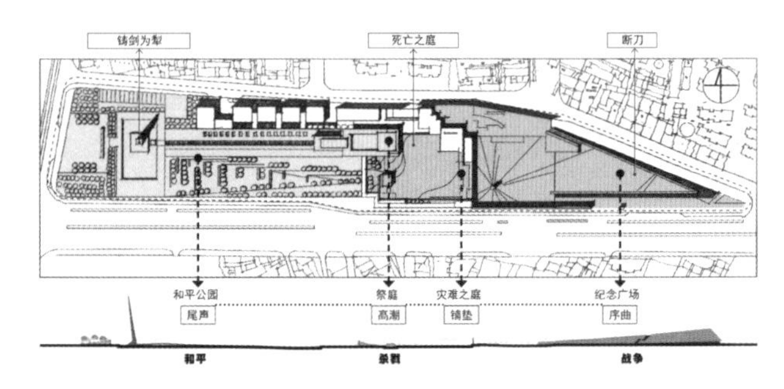

图 1-34 遗址保护区建筑案例（四）（王夏露绘）

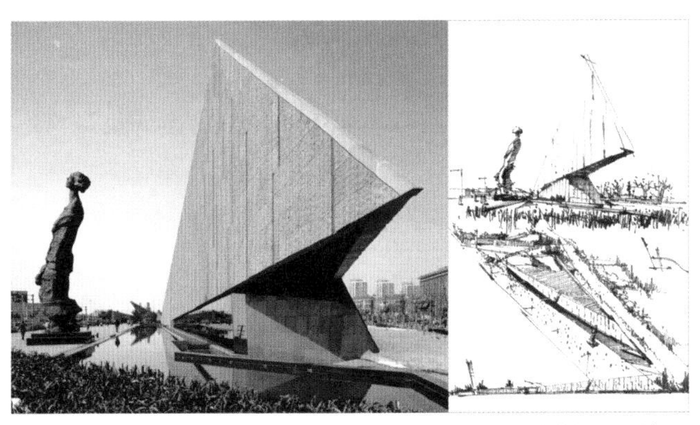

图 1-35 遗址保护区建筑案例（五）（图片来源：网络）

图 1-36 遗址保护区建筑案例（六）（王夏露摄）

2. 以功能为切入点的考查形式

此类考题主要考查考生对特殊功能建筑特点的掌握，包括各功能之间的关系，以及特殊功能空间的相关规范方面的要求，大部分快题设计在考查时不会单方面考查某种建筑的功能和特点。

（1）图书馆建筑

①考查目的。主要考查考生对图书馆建筑中藏、借、阅二者之间的关系，包括三种功能之间的关系，以及流线的组织，也要求考生对此类标志性建筑的造型特点有所了解。

②考查难点。图书馆作为文化交流的场所，如何从建筑空间和造型上凸显此类建筑的特点是此类考题的难点。

③题目类型。在考查过程中，以社区图书馆、校园图书馆、城市图书馆等为主，部分考题会以活动中心、文化馆的形式出现，并结合部分活动空间来设置。

④应对策略。主要考查考生对图书馆建筑中阅览室空间的理解，在建筑设计中，采光和通风是隐形条件，也是很容易被忽略的部分。因此，在图书馆建筑设计中，考生不仅需要考虑藏、借、阅三者之间的流线关系，还应该注意阅览室空间的光线问题。

（2）幼儿园建筑

①考查目的。对幼儿园建筑功能及规范的掌握，幼儿园建筑的设计重点是在有限的用地范围内处理好班单元的组合关系，解决班单元的南向采光、通风问题，以及进行幼儿园建筑中特殊的场地设计，包括各班单元单独的室外活动场地和幼儿园的公共活动场地的设计，另外，对此类建筑造型的理解也是考查的重点。

②考查难点。如何巧妙地组合班单元，形成尽可能丰富的公共活动空间，创造出活泼的建筑形象是设计的难点。

③题目类型。在地形紧凑的情况下，保证各个班单元都能有好的朝向，并合理设置室外活动场地。周边环境比较复杂的情况下，考虑如何确定建筑的主入口；周边建筑风格已经确定的情况下，考虑建筑的造型形象。

④应对策略。充分掌握幼儿园建筑的相关规范和幼儿园班单元的不同布置方法，包括活动室与卧室并列布置、活动室与卧室呈退台式布置、活动室与卧室上下楼布置等。充分了解班单元的组合方式，如围合式布置、串联式布置、并联式布置等。

（3）老年人建筑

①考查目的。掌握老年人建筑功能及规范，了解老年人建筑特殊功能的相关要求和无障碍设计相关规范。

②考查难点。如何在凸显老年人建筑人性化设计的同时，解决无障碍设计；在老年人建筑设计中进行动静分区，加强两者之间的联系是重点要考虑的问题。

③题目类型。老年人活动中心、老年人之家等以老年人居住与活动两大功能为核心的建筑类型，老年人公寓等以居住为主要功能的建筑类型。

④应对策略。在设计过程中要充分考虑老年人的特点，在建筑功能的布置上要充分考虑日照与噪声方面的影响。在组织功能时，可采用分散式布局或庭院围合式布局，将老年人活动与居住的功能部分尽可能设置在南侧，也可以有效进行动静分区。在建筑形体空间的布置上，要考虑老年人使用的便利性，充分考虑无障碍设计。建筑层数一般不超过三层，在进行垂直交通设计时，可以结合坡道。在老年人建筑的人性化设计方面，材料的选择以木材等暖色系为主，营造温馨的感觉；另外，在空间中置入绿化，包括庭院空间和垂直绿化等。

（4）餐饮建筑

①考查目的。考查考生对餐饮建筑识别性的认识、对相关规范的掌握程度，以及餐饮建筑与周边环境的影响。

②考查难点。餐饮建筑餐厨关系的处理、就餐流线与送餐流线之间关系的处理。餐饮建筑就餐空间的设计关系到餐饮建筑的定位，如何设计出有品位、有格调的就餐空间是考查的重点。

③题目类型。餐饮建筑与特殊地形（与山地、自然景区等相

结合的考查类型）；餐饮建筑位于商业街区，考虑建筑外立面与周边街道之间的关系；主题性餐饮建筑的设计。

④应对策略。充分考虑建筑与周边环境之间的关系，对内与对外要进行严格的分区。在建筑形体布置过程中，可以结合庭院或者室内景观进行设计，一方面有利于组织室内流线，另一方面尽可能保证就餐区能有好的景观和相对私密的空间。在建筑造型方面可以活泼、自由一点，以增强其标志性。

以上这些类型的建筑只是考查范围内的一部分，也是比较常见的类型。就目前各大院校的考题来看，建筑快题考查类型的范围在不断扩大，包括体育场、菜市场、银行、拘留所、商业综合体等，这就要求考生对相关类型建筑的功能及空间特点十分了解。在复习准备的过程中，要多了解不同类型建筑的特点。此外，在考试过程中，考生如果遇到不熟悉的建筑类型，可以结合生活实际与常见类型建筑的特点，举一反三，推断其建筑功能的特点。

3．以空间、结构为出发点的考查形式

以空间为主要考查方向的考题也比较常见。空间设计是快题设计过程中的重点，一个好的建筑设计作品其本质在于空间——内部空间或者外部空间。考生在快题准备过程中，也需要重点了解和掌握一些常见的空间形式的设计方法。

①考查目的。如何在既定的体量内进行功能布局与空间设计。

②考查难点。如何在满足功能流线的前提下，创造抑扬顿挫的室内空间。

③题目类型。

●限定体量：给定建筑三个维度尺寸、体积，在一定体积内设计建筑，立面与空间自由度较高。

●限定立面：建筑有两个或四个立面已经限定好，建筑层数与屋顶形式需要考虑周边环境。

●限定结构：空间与结构有一一对应的关系。

④应对策略。掌握剖面设计思路，剖面设计是现代建筑设计中的重要主题，典型的如阿道夫 · 路斯提出的“体积规划”的设计思想。

注意区分房间型功能与空间型功能。此类型题目的关键点是在功能布置和房屋配置时，通过平面分区或剖面分区，将房间型的功能集中布置在体量的一处，以方便空间型功能的自由布置。这种设计方法大大加快了快题的设计速度，也让内部空间变得清晰简单。

⑤常见的空间设计方法（图 1-37）。

【庭院空间的设计方法】

功能组织的核心：通过核心庭院来组织建筑形体。

意境表达的核心：通过庭院让建筑内部景观与自然产生对话，表达自然观；通过内部庭院营造静谧的空间氛围，提供休憩场所；庭院空间表达方式的灵活性为创造多样化的内部空间提供了可能性。

建筑空间的过渡：在一个空间向另一个空间过渡的过程中，起到引导与缓冲的作用。

新旧建筑的过渡：有新旧建筑结合的部分，通过庭院空间的介入削弱两者之间的冲突，在历史文脉的传承过程中也起到十分重要的作用。

协调建筑与城市、环境之间的关系：从开放空间到私密空间的过渡（图 1-38 ~图 1-40）。

图 1-37 空间设计的方法（王夏露绘）

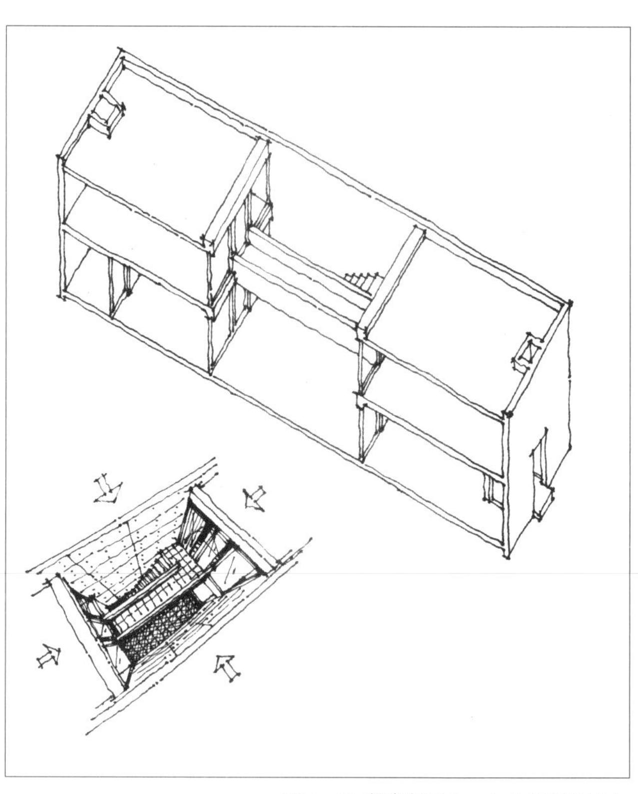

图 1-38 庭院空间（一）（李国胜绘）

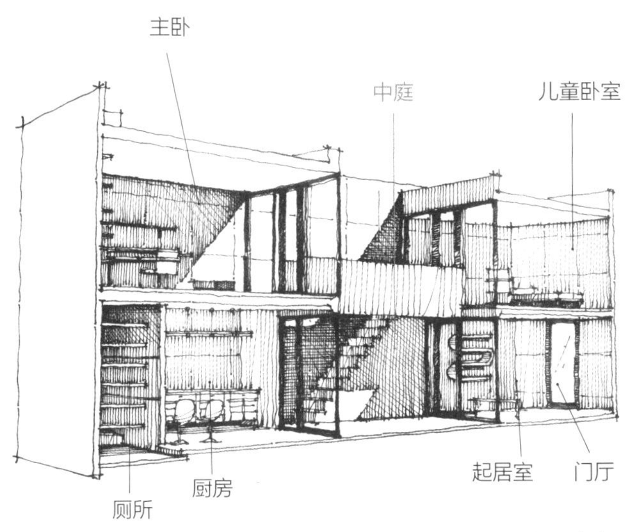

图 1-39 庭院空间（二）（李国胜绘）

图 1-40 庭院空间（三）（图片来源：网络）

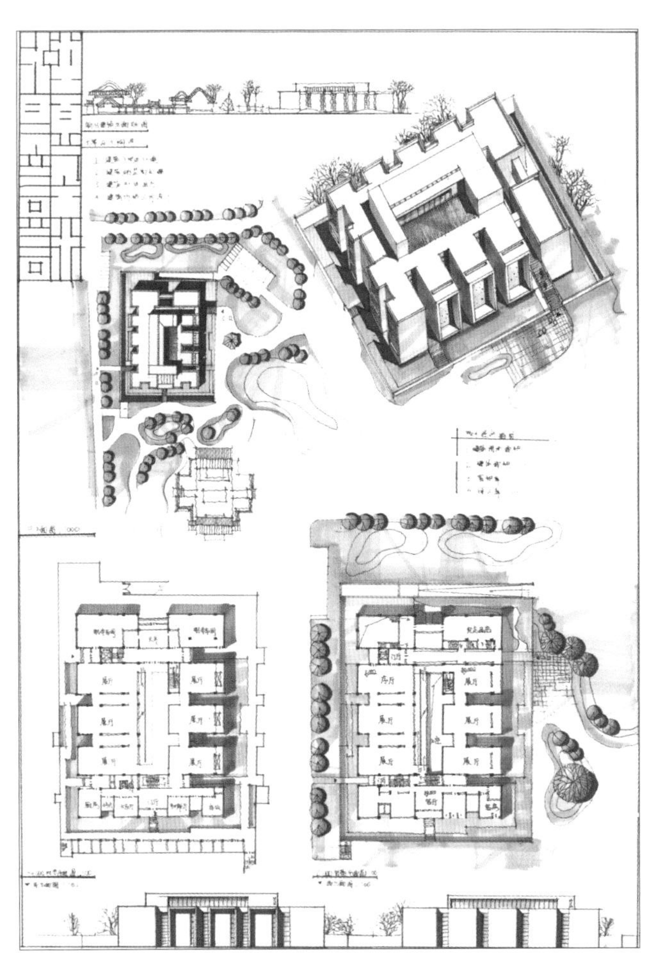

图 1-41 通过坡道来组织室内空间（图片来源：王夏露绘）

【流动空间的设计方法】

借助流畅的、有方向引导性的线形，创造出流动、贯通、“隔而不断”的空间效果。

在设计过程中，可以分为水平空间流动和垂直空间流动；在空间塑造过程中，常借助坡道、楼梯（结合休息、停留空间）来设计（图 1-41）。

【共享空间的设计方法】

整体性原则：共享空间应与建筑整体保持一致，在功能上应该服从建筑整体，是建筑整体功能的有益补充。共享空间形态也要与整体空间保持一致，并与其他子空间做好衔接。

多元化原则：共享空间与其他空间应做好联系，并做到变通性、灵活性。共享空间本身具有功能复合的特点，不同的子空间功能也不同，因此，在设计时应该采用不同的设计手法，让每个空间各具特色；但空间界限不必太过清晰，可以通过地界面材质、地界面高差、侧界面半围合等方式进行设计（图 1-42、图 1-43）。

图 1-42 共享空间（一）（图片来源：网络）

图 1-43 共享空间（二）（图片来源：网络）

三、 建筑快题设计的内容

建筑快题设计的内容也就是最终图纸中所呈现的内容，快题设计中所考的每个图都有其目的，因此，考生在图纸表达部分要严格按照任务书的要求，通过相关图纸将方案呈现出来。快题设计图纸一般包括总平面图、各层平面图、造型图、立面图、剖面图、设计概念和分析图等。下文将针对绘图技法和常见错误进行总结，旨在帮助考生快速掌握和提高快题设计技能，并在短时间内掌握快题的绘图要点。

1. 总平面图

考查的重点是“图底关系”、建筑与场地的结合关系，以及考生对建筑用地的整体处理能力。表现在图纸上就是“图底关系”，“图”是“建筑”，“底”是指“广场用地”与“绿化用地”，所以，总平面图一定要注重建筑与场地之间的有机结合（图 1-44）。

（1）总平面图表现需要注意的问题

①对基地内环境和基地外环境表达要清晰（绿化、交通、地形、水文特征等对设计有影响的场地因素都必须表达出来）。

②建筑的形体组合（建筑的形体不仅要与基地相契合，体块组合也要符合形式美）。

③指北针（整套图纸中的指北针方向尽可能保持一致，方便考官审阅）。

④比例尺（常用比例 1 ： 500 ）。

⑤文字标注（各功能区标注、广场、停车场、用地红线、道路红线、后勤入口、主入口、自行车停车场、古树、遗址保护、河流等）。

⑥阴影表现（根据不同高度标示出投影的长短，根据不同形状画出具体的投影轮廓）。

⑦交通系统主次出入口、车行、人行、车库入口、汽车停车场、城市道路，以及人行道。

⑧建筑外轮廓线要加粗（同立面图一样，女儿墙外线用加粗实线，内线用细实线）。

⑨地面铺装要有细节。

⑩建筑层数（层数标注有阿拉伯数字和圆点，屋顶刻画要深入）。

⑪植物配景（注意比例尺度，两个一组、三个成团，孤植古树）。

⑫用地红线（用红色点画线标出用地红线的位置）。

⑬主次出入口的图示符号（常用黑色三角表示）。

⑭停车场（3 m×6 m，地上停车场的大小、位置和回车场，地下停车场的出入口位置）。

⑮风向玫瑰图（从风向玫瑰图上既可以看到地区内建筑的朝向，又可以判断出本地段内的常年风向和频率大小。风玫瑰折线索的点离圆心的远近，表示从此点向圆心方向刮风频率的大小。实线表示常年风，虚线表示夏季风）。

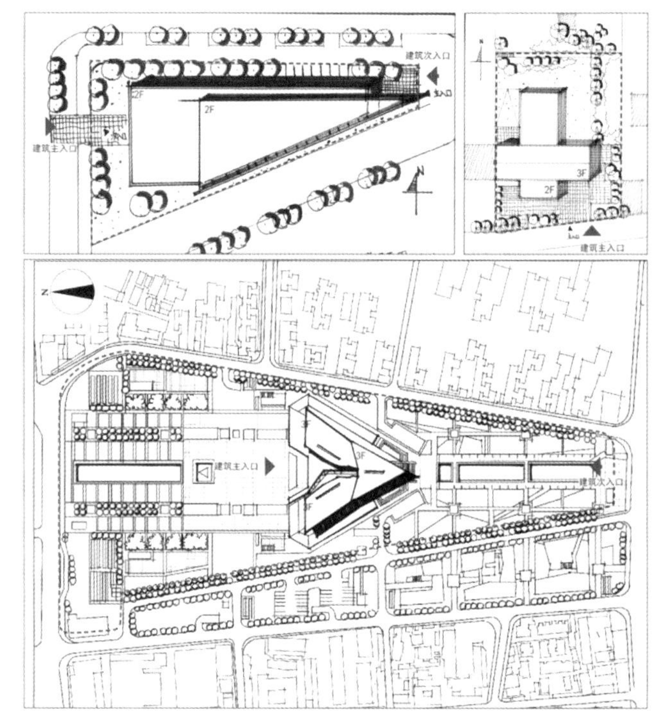

图 1-44 总平面图（王夏露绘）

（2）建筑入口的开设

分析基地周边的交通流线和道路等级。

①在车流量较大的公共建筑（车流、车站）辅道，应避主求次。

②出入口距离大中城市主干道交叉口距离，自道路红线不小于 70 m。

●距离非道路交叉口的过街人行道（包括引道、引桥和地铁出入口），最边缘不小于 5 m。

●距离公共交通站台不小于 10 m。

●距离公园、学校、儿童及残疾人等建筑出入口不小于 20 m。

●道路后退红线：二环路 15 m，主干道 10 m，次干道 5 m。

（3）场地地形的契合

①临山、临水、山地高差地形等特殊地形。

②古树、古建筑等人文景观保留。

2. 各层平面图

平面图实质是剖面图，被剖切到的墙线和柱子线用粗线表示，未剖到的线用细实线表示，高于剖切部分的结构用虚线表现。

（1）绝对标高和相对标高

绝对标高：我国把黄海的平均海平面定为绝对标高的零点，

其他各地标高都以它为基准。总平面图的室外地面标高中采用绝对标高。

相对标高：除了总平面图外，一般都采用相对标高，即把首层室内主要地面标高定为相对标高的零点，并在建筑工程的总说明中说明相对标高和绝对标高的关系。

（2）环境的画法

一层平面图需要交代周边环境，并与总平面图中的环境保持一致。在表达平面图环境时，要注意整体，主要以衬托建筑为目的。

（3）图种和比例尺

图种和比例尺在快题设计中很容易被忽略，建议按照任务书的要求和自己的习惯方式去写。

（4）剖切符号

剖面图的剖切符号应由剖切位置线和投射方向线组成，均应以粗实线绘制。剖切位置线的长度宜为 6~10 mm；投射方向线应垂直于剖切位置线，长度应短于剖切位置线，宜为 4~6 mm。剖切符号的编号宜采用阿拉伯数字或者大写字母，以便为剖面图标注名称，例如，“1-1 剖面图”“A-A 剖面图”。

（5）楼梯和楼梯指针

楼梯局部因受程度剖切，位于窗台上方，故踏步平常表达六七级左右，并采用细斜折断线表现堵截位置。

（6）文字标注

字体工整，文字大小根据图幅大小来定。

（7）中空符号标注

二层空间有跃层空间时，一定要在上层平面上表示出中空符号，表示出视线的通透性。

（8）墙线的表示

墙线一般分为承重墙、非承重墙和玻璃墙，其中承重墙和柱子直接涂黑，非承重墙用灰色表示。墙线不一定用双线画，可以先用单线画，再用马克笔直接描出来，把窗和门留出来。

（9）窗的表示

采用 1 ∶ 50 的比例时，窗的部分用四条线；采用 1 ∶ 100 的比例时，窗的部分用三条线；采用 1 ∶ 200 的比例时，窗的部分用两条线。

（10）上层悬挑空间用虚线表示

当上层空间具有悬挑性质的结构时，应在本层平面图中用虚线表示出其正投影的轮廓，以表示出上下空间的关系。

（11）建筑屋顶或露台

二层平面图中看到一层屋顶空间时，要将屋顶铺地同室内区分开，这种空间为灰空间，不属于建筑面积，但可以表现很好的建筑景观效果。在设计中可以多加运用，但在表现时要标示清楚，和室内空间分开，可以使用文字来表示，如“屋顶花园”“露天花园”等。

（12）局部平面

当二层平面只占一层平面的很少一部分，且看不出具体怎么对接时，需要用牵引线来表示出两层具体的对位情况。

（13）尺寸线

任务书要求标注尺寸线时要进行标注，没有要求时一般不需要标注。

（14）平面图上色

平面图室内不需要上色，主要将室外环境进行上色，室内留出来。

3. 立面图

立面图主要是表明建筑外立面形状，以及与周边建筑和环境立面之间的关系。要仔细刻画门窗，表示其在建筑外立面的位置、形状、开启方向等，以及表达建筑外立面的材料应用，如石头、木头、玻璃等 。

立面图的表现需要注意以下问题。

①命名。按建筑各面的朝向命名 ，例如，东立面、西立面等；按建筑外貌特征命名，例如，正立面、背立面、左侧立面；按平面图中的数字或字母命名，例如，“1-1 立面图”“A-A 立面图”等。

②立面图的用线。立面图的外轮廓线用粗实线表示，室外地坪线用 1.4 倍的加粗实线表示，其他部分用细实线表示 。

③立面图需要表示室外配景环境，例如，花坛、草坪、大树等。

④立面图要注重投影的表示，不同长度的投影线可以表示出建筑体块的前后关系。

4. 剖面图

①表明建筑物竖向空间的布置情况。

②表明建筑物被剖切部位的高度，各层梁板的具体位置，以及墙、柱关系、屋顶结构形式等。

③表明在此剖面内垂直方向室内外各部位构造尺寸，如室内净高、楼层结构、楼面构造和各层厚度尺寸。

④建筑剖面图表现需要注意以下问题。

a. 剖切位置 ：常取楼梯间、门窗洞口和构造比较典型、空间变化比较丰富的部分。

b. 名称标注：剖面图的名称标注必须与底层平面图上所标的剖切位置和剖视方向一致。

c. 剖面图的用线：被剖切到的墙、梁、板、柱等轮廓线用粗实线表示，在板、梁上涂黑色。板的厚度在表示上是梁厚度的二分之一，没有剖切到的、但看得见的地方用细实线表示。

d. 标高的具体内容：室内首层地坪标高、室外地平标高、各层平面标高、门洞口标高、窗台标高、雨篷底面标高、檐口标高、女儿墙标高。

e. 剖面图所用的比例应与立面图的比例保持一致，剖面图中一般不表达材料（图 1-45 ~图 1-47）。

5. 分析图和设计概念

在快题设计图纸的表达过程中，要注重分析图的表达。分析图一般是设计思路的图示化呈现，可以清晰地表达出设计过程中设计者对于整体方案的考虑过程。因此，对整套图纸起到补充和丰富图面的作用。

分析图在绘制时一般包括以下几种。

（1）设计概念分析

在快题设计表达中，通过对设计主导概念、逻辑结构和设计过程的表达，呈现设计中“why”的问题。

（2）基地环境分析

基地环境与建筑形体组合、建筑功能分区和基地流线组织密切相关，总平面设计的结果很大一部分是属于基地环境分析的结果，不可忽略。

（3）功能分析和建筑流线分析

结合平面图来表达建筑功能上的动静分区、内外分区是否合理，建筑流线是否有交叉等。

（4）建筑体块和建筑造型分析

主要分析建筑形体的生成逻辑，建筑与周边的环境是否协调等。

（5）建筑设计元素分析

主要针对文脉建筑和地域性建筑，通过建筑设计元素的演变及延续来体现文脉的传承。

在快题设计中分析图既是体现设计思路与设计深度的最佳方式，也是图纸表达中不可或缺的一部分（图 1-48、图 1-49）。

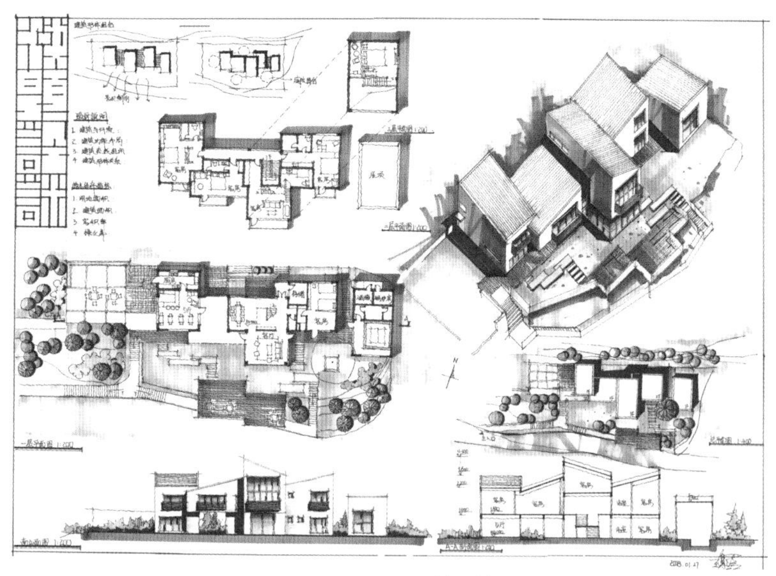

图 1-45 整套快题表达示范（一）（王夏露绘）

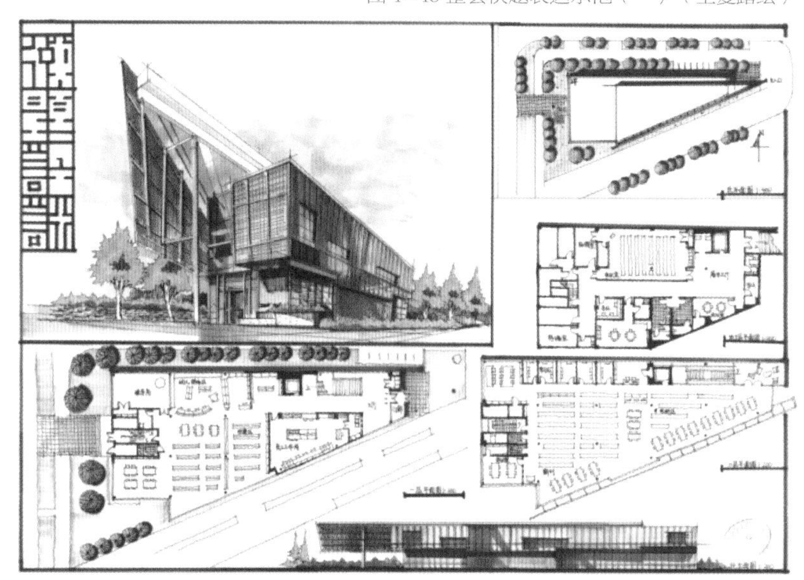

图 1-46 整套快题表达示范（二）（王夏露绘）

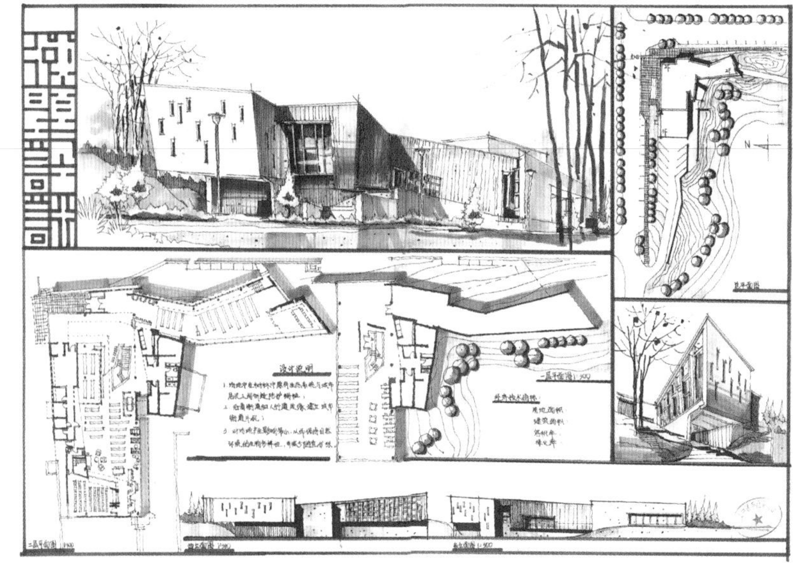

图 1-47 整套快题表达示范（三）（王夏露绘）

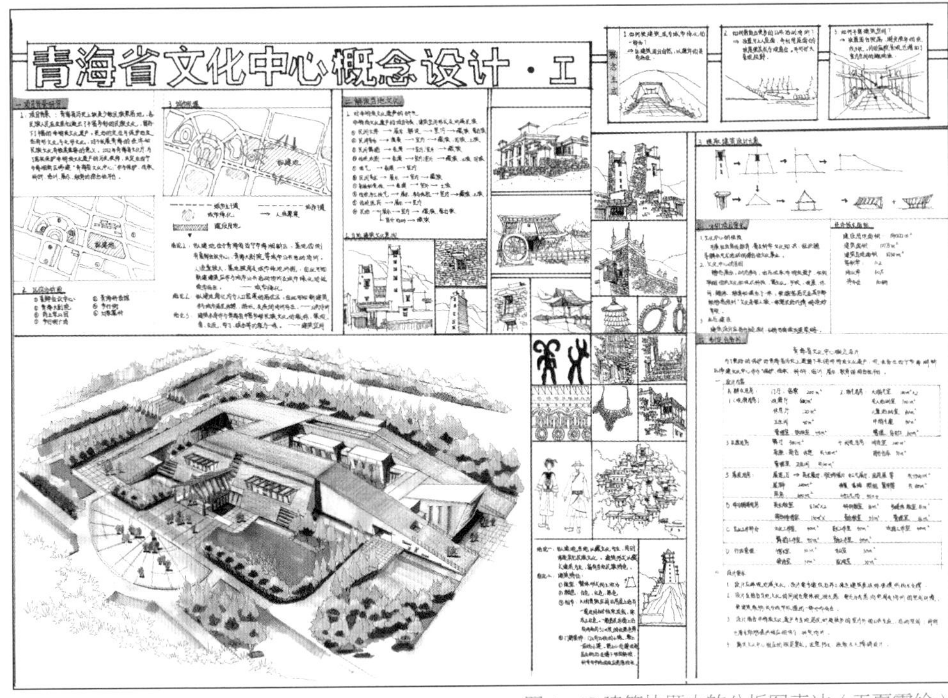

图 1-48 建筑快题中的分析图表达（王夏露绘）

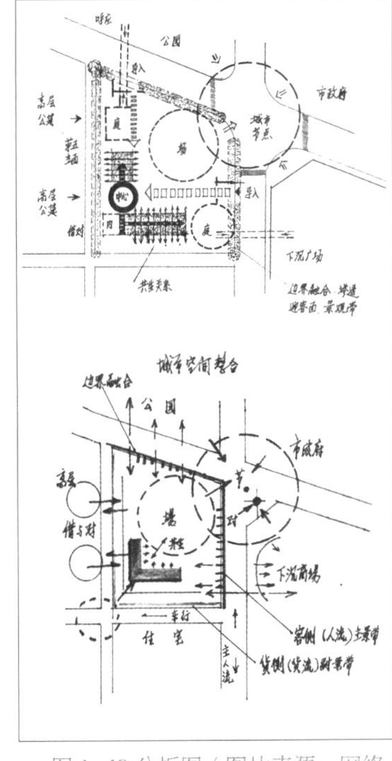

图 1-49 分析图（图片来源：网络）

四、建筑快题设计的应试准备

建筑快题设计的应试准备与其他科目有很大不同，不仅需要考生将相关规范、基本知识熟记于心，也需要进行大量的实战训练，以提高考生解决问题的能力。建筑快题设计对方案的手绘表达也有非常高的要求，因此，在备考之初，考生就应该将其特点了然于心，并寻找相应的对策。

1. 认识上的准备

首先，要调整心态，切不可急功近利。无论是考研快题设计，还是入职快题设计考试，快题考查的是个人的设计能力与解决方案设计过程中各种问题的能力，因此，在快题设计准备的过程中切不可走捷径，而应脚踏实地地去总结考题类型，并有针对性地总结设计方法。在备考的过程中，不断寻找自己的薄弱部分，并做相关练习。

其次，要端正学习态度，切不可抱有侥幸心理。考前准备是通过自己的系统复习，弥补与考试要求的差距，这也是对自身知识体系完善与修复的过程，千万不能存有侥幸心理。在准备的过程中，也不能闭门造车，要不断学习优秀案例，“取之精华”，运用到我们的设计中。设计能力的其中一个表现就是考生对优秀案例的积累量，以及如何将优秀案例用自己的语言表达出来。

2. 建筑方案设计训练的准备

对于专业考生来说，设计能力主要靠大学阶段的学习和积累，在短期内能做到的事情就是提高熟练程度，掌握快速表现技巧，使自己在有限的时间内展示出大学期间的学习成果。而对于跨专业的考生来说，设计水平基本为零，想在短期内“从无到有”，只能借助针对性较强的突击训练。下文将为考生推荐一个从模仿到自主创作、从简单到复杂、从分解到整体的训练方法。

（1）简单的平面型方案训练

一字形、L 形、工字形、回字形训练。从简单的平面形式开始训练，学习简单平面形式的演变过程。在建筑方案设计过程中，很多优秀案例都是由基本型演变而来，在学习优秀案例的过程中，也可以用此方法将复杂平面反推，回归到原始的基本型，便于深入地理解方案。

对于基础较差的考生，可以从基本型平面形式入手，在此基础上做简单的切割、旋转与组合，然后在建筑造型与建筑立面上寻找突破（图 1-50、图 1-51）。

（2）节点功能空间的训练

无论什么类型的建筑，入口、门厅、楼梯、卫生间的设计都非常重要。建筑入口作为内外空间的连接点，左右着建筑空间形态的整体构思，必须重视。当人们体验建筑时，总是通过特定的

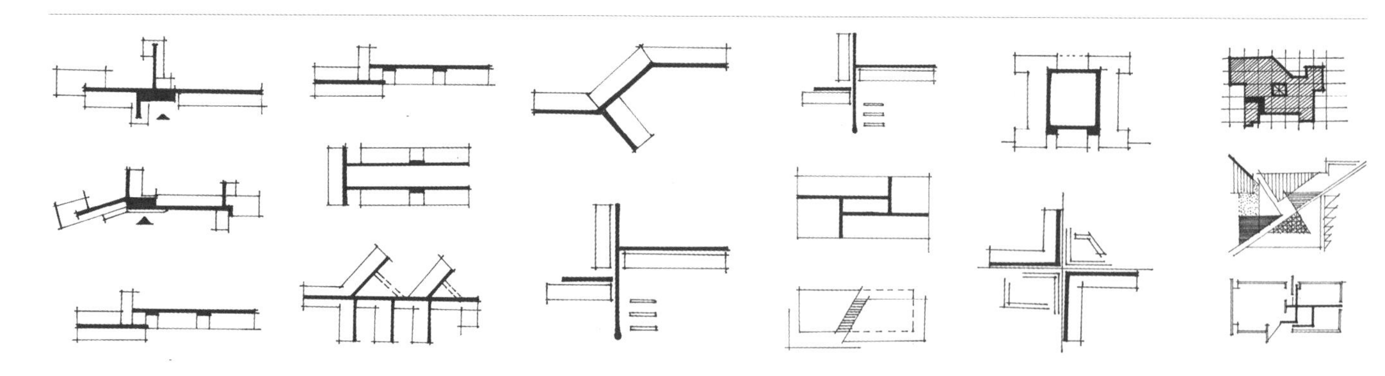

图 1-50 平面图形式（一）（王夏露绘）

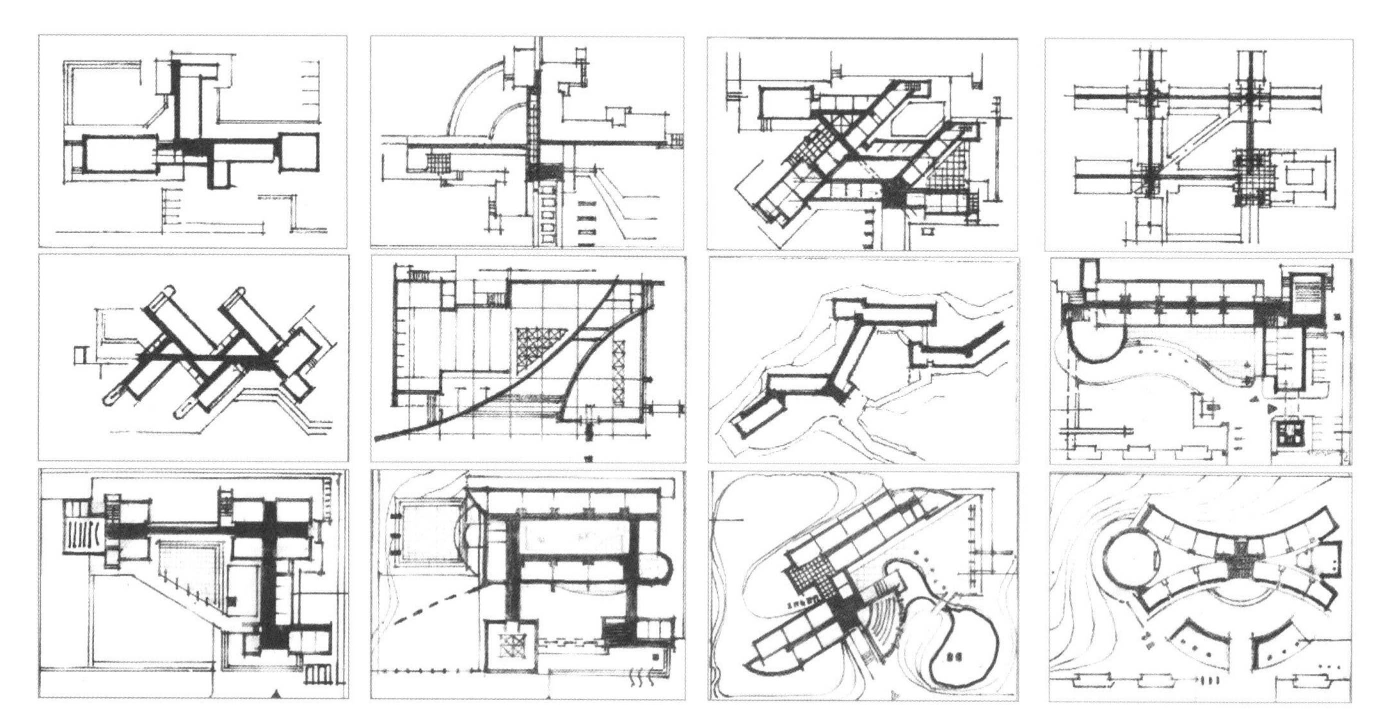

图 1-51 平面图形式（二）（王夏露绘）

时空转换，完成一定的空间序列。在众多的空间要素中，建筑入口至关重要，不仅能使人们的视觉停留和反复观瞻，成为内部空间序列的“开场白”、室外空间的构图中心，也是整个建筑形体的中心和重点。

门厅作为进入建筑中的第一空间，承接着建筑入口，是整个建筑空间序列的开始，因此，对空间氛围的营造与空间设计十分重要。楼梯是垂直交通的重要空间，运用得当也可以成为丰富建筑形体的重要部分。在快题设计训练的过程中，可以将这些重要的空间节点提出来单独训练。

（3）建筑造型的训练

建筑造型与快题设计中的效果图是考生非常头疼的部分，要想在这一部分有所突破并不难，找对方法才是关键。

首先，要坚持建筑草图的练习。在画建筑草图的时候不能只是“写”造型，而要分析造型的演变过程，找到建筑造型的基本型——方形。在此基础上切割、变化，并学习建筑立面的设计方法。

其次，要坚持体块切割的训练。

第三，要坚持建筑立面设计的训练。

（4）模拟训练

快题设计是时间性很强的考试科目，在日常的局部和整体训练以后，后期的模拟训练一定要严格按照考试规定的时间来完成。只有经过模拟实战阶段，才能把握考试的节奏，并逐步提高临场应变能力。模拟训练时，建议找到所要报考院校的往届考题，有针对性地进行演练。

3. 绘图能力训练的准备

快速设计图面表达，主要体现在线条的练习、建筑效果图透视角度训练（包括鸟瞰图和轴测图，并找到自己比较擅长的表达方式）、图面上色（包括马克笔的配色）等。最终图面效果的好坏直接影响到设计作品对于观者的吸引力，在一定程度上能直接影响观者的情绪。图面效果若表现得好，观者自然想多看两眼，理解也会更加深刻，反之亦然。另外，图面效果能够直观地反映出设计者的素质与修养，进而推断出其设计水平的高低与设计能力的强弱。

可以从以下几个方面来提高图面效果的表达：

①排版，包括版面字体的设计、图纸的排布等。

②配色。

③配景。

④图面的主次关系与视觉冲击力（图1-52）。

4. 规范知识的准备

在建筑快题设计考试中必定会考查考生对规范知识的掌握程度，因此，考生必须将这些规范知识铭记于心，并能灵活运用。

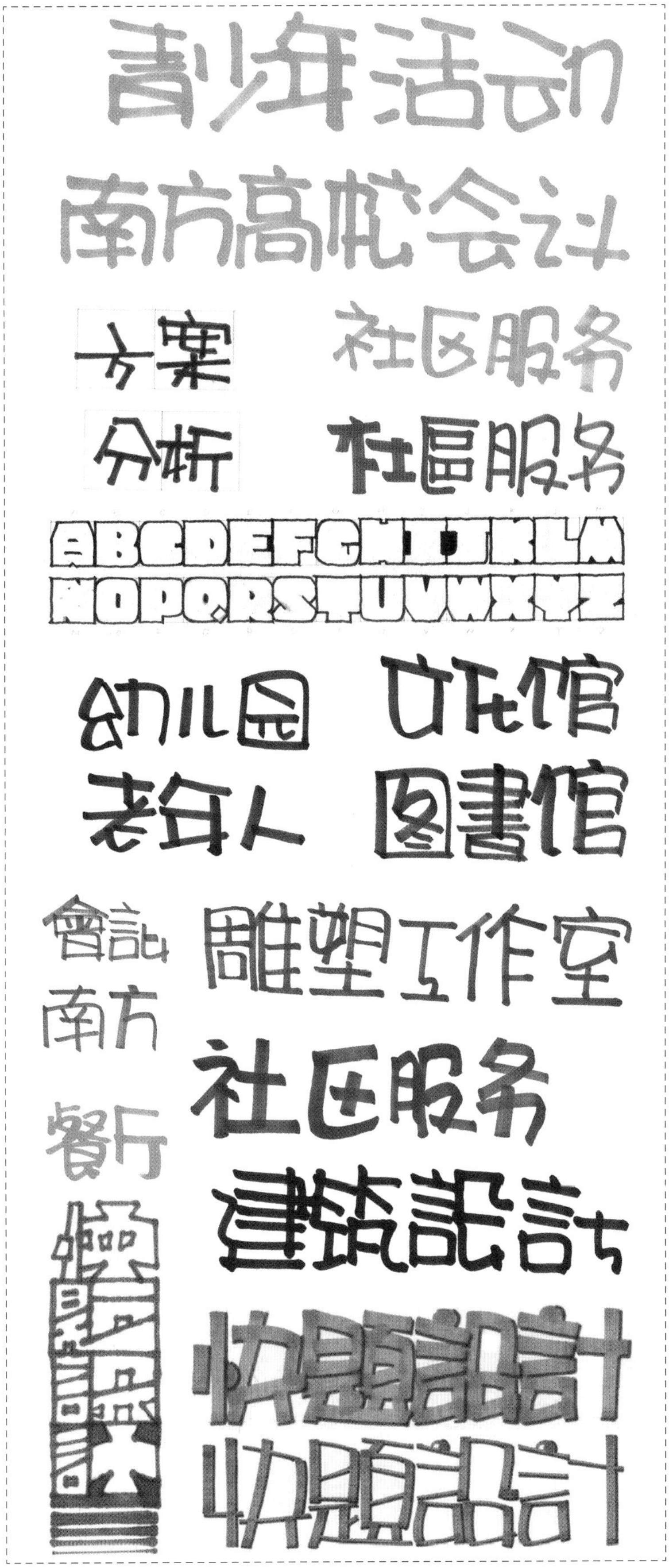

图 1-52 排版字体（张许乐绘）

五、建筑快题设计方案的评价

1. 满足环境的设计条件

满足环境的设计条件即对场地设计的考虑，首先，要明确场地设计的重要性，它要优先于建筑单体设计。任何一栋建筑都要放在特定的环境中，因其具有不可随意性，必须要与周边环境相结合。其次，思路总是要从整体到局部逐步展开，这样才能把握大局，并为方案的成功奠定基础。

在场地设计的过程中，我们要明确两大任务：一是确定场地的出入口，二是确定“图底关系”。

（1）场地出入口的确定

场地出入口的数量一般有两个，一主一次。前者大多为使用者服务，后者多为内部或后勤服务。相比之下，考生要优先考虑主入口的位置。那么，怎样确定场地主入口呢?

首先，明确主入口应该迎向主要人流的方向，即先要分析城市道路关系。在任务书的地形图中，一定会在用地周边设置若干道路，主要人流一般会在路幅较宽的道路上，但这并不意味主入口就一定会在主干道上，这要看拟建建筑的性质、规模等。有的建筑主入口放在城市主要道路上，如大型公共建筑需要与城市发生密切关系，人流集散也便于处理，而诸如教育类建筑等则需要避开城市主干道。上述仅仅是一般原则，并不是一定的。即使是教育类建筑，如果用地周边仅有一条较宽的道路，也只能将主入口放在此。因此，主入口的确定要根据现有条件进行分析，并主要考虑人流方向。

其次，场地次入口多为内部使用，在设置时应尽量与主入口分开，不要出现内外人流交叉的情况。

（2）场地的“图底关系”

一般情况下，建筑不可能占满场地，总会因为各种因素，如红线退让、入口广场、内庭院、道路、活动场地、绿地、停车场地、保留因素（如古树、古迹）等形成若干大小的室外空间。此时，建筑作为“图”，室外空间作为“底”，两者之间的关系非常重要，如果“图底关系”的前提有缺憾，甚至错误，后期建筑设计方案将会一错到底。

建筑的若干出入口与室外场地的若干因素（如道路、广场）是否联系紧密，室内外高差的过渡和室内外空间转换的处理、建筑四周边界与场地之间的关系等，诸多细节累计起来，一方面可以看出方案设计的深度，另一方面也可以判断出考生的基本素质与修养。

2. 功能的合理分区与布局

满足功能的使用要求是最基本的评价标准，其要求包括：功能分区要明确，房间布局要符合功能的秩序，房间的尺寸、形状要符合使用要求和设备配备，不同流线的组织要通畅、互不干扰，各功能空间要满足建筑物理环境（如通风、采光、隔声）的基本要求等。在以上功能要素中，最重要的要素是流线设计，因为只有流线设计合理，才能有效、合理地组织空间，正确地配置垂直交通体系（图 1-53 ~图 1-54）。

3. 符合技术的基本要求

在建筑快题设计中，技术上的考核点主要体现在平面柱网与剖面图上。平面柱网一般按照相同面积较多的功能房间的大小来确定，例如，在收藏馆设计中，办公用房、装裱用房、创作室、管理用房等房间大小要求为 30 m^2，可以将柱网间距定位在 8.1 m 或 8.4 m，除去单面走廊，一跨刚好分为两个房间。如果房间大小为 20 m^2，则可将柱网间距定为 7.2 m。在确定柱网时，可以根据功能用房的面积来确定。

在剖面图中，需要注意室内外高差、梁的看线、女儿墙、剖到的墙体加粗、剖到的柱子涂黑、每层标高等。

在建筑快题设计中一般使用框架结构，但一些大空间的功能部分也要格外注意，例如，报告厅、大会议室等，这些大空间房间内部不能出现柱子，一般采用网架结构，其结构体系最好独立出来，上层不再设置其他功能用房。

4. 创造愉悦的空间形式

建筑空间设计是建筑设计中的重要部分，虽然在建筑快题设计中设计深度与方案表达的部分十分有限，但空间效果在平面上也可以反映出来，例如，某个房间面积符合任务书的要求，但平面形状长宽超过 1 ：2，近似走廊空间；或者某个房间原本空间形态完整，却被另一个后置房间占去一角，形成 L 形房间；或者出现多个有锐角形态的房间；或者平面房间出现穿套、平面构成零乱，房间组合随意性大，明显缺乏章法等，这些看似是平面设计的问题却反映了考生空间造型弱的特点，也会影响最终成绩。

5. 符合相关规范

符合基本尺寸及相关规范的要求，常见的规范有：《建筑设计防火规范》（GB50016—2014）、《民用建筑设计通则》（GB50352—2005）、《无障碍设计规范》（GB50736—2012）等。

六、建筑快题考试的时间分配

以常见的六小时建筑快题设计为例。

方案 1.5 h——柱网轴线 0.5 h——首层平面图 40 min——主立面图 0.5 h——透视图 2 h——二、三层平面图共

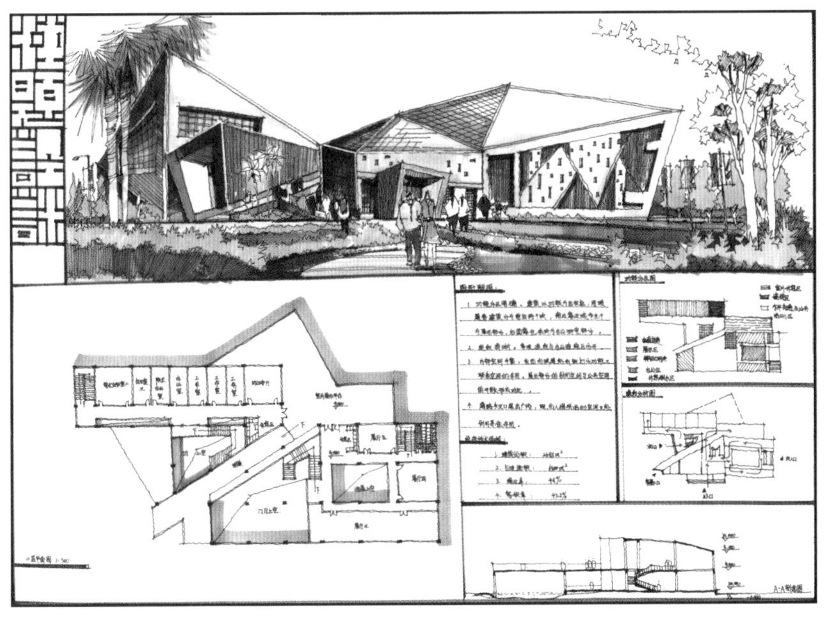

图 1-53 整套快题表达示范（一）（王夏露绘）

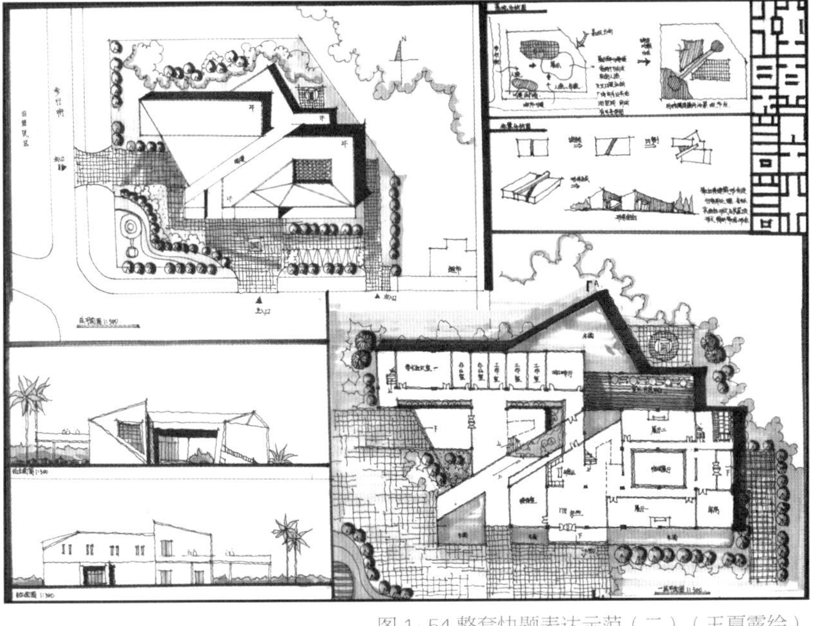

图 1-54 整套快题表达示范（二）（王夏露绘）

40 min——总平面图 0.5 h——次立面图 0.5 h——2 个剖面图共 40 min，机动时间 0.5 h，各段时间包括上色时间（图 1-55）。

之所以先画主立面图和透视图，是因为除了首层平面图外，透视图是最重要的，而画透视图，先得把主立面图画出来。把这几个最重要的图画完，考生的心理压力可以减少很多，剩下的时间再画相对次要的图。

分配好时间，每画一个图就记下时间，全套图完成以后，要反思自己在哪些图的绘制上超时较多，以便针对性地提高。

①功能分区是一定要遵守的，不能产生功能分区的错误。

②结构一定要上下对得上，柱网规则、整齐能减少不少麻烦。

③入口的空间处理是空间的重点，应准备一些有趣的入口内外部空间处理方法。

④体形要有处理，让考官能看出你的造型能力，不要一看见三角地就做三角形满铺平面。平面构图一般要顺从环境肌理和地形，体块交接处、收尾处要有处理。

⑤交通流线顺利，楼梯数量合适、位置得当，走道联系合理。

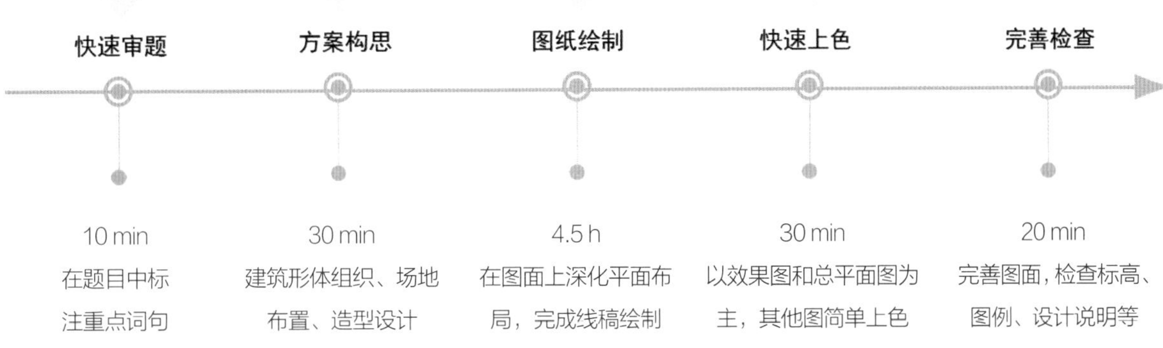

图 1-55 时间安排（王夏露绘）

第二章　建筑快题方案设计的应试方法

Test Method of Fast Design Schemes

◆任务书的解读与分析

◆方案构思和设计起步

一、任务书的解读与分析

1. 解读任务书

①根据任务书要求的数据，把握好总建筑面积、各功能块要求面积、灵活自由面积、基地的绿化面积和可用面积，估计需要做几层才能满足面积要求。

②确定任务书要求的建筑性质、主要功能及特殊功能。

③根据道路情况，决定主次入口的可布置方位。

④周边环境有何特殊要求，要素对体形有何限制，环境中有何可利用的要素。

⑤若周围有建筑，防火间距和消防通道的设置要求。

⑥地上停车位的数量，地下车库入口有无特殊要求。

⑦建筑风格有无特殊要求，建筑手法有无特殊要求。

总之，第一步要先转化任务书所给的信息，尽可能转变成为设计语言，并对建筑规模和建筑定位有一个整体判断（图2-1）。

图2-1 解题步骤（王夏露绘）

2. 任务书核心问题与分析

建筑设计的过程是不断地处理各种矛盾的过程，之所以方案有优劣、设计水平有高低，就是因为在这个问题上各人大相径庭。那么，如何解决设计中的矛盾？最初拿到任务书时，考生肯定是没有头绪的，因为很多矛盾错综复杂地交织在一起，但在快速设计的过程中，关键是解决主要矛盾，即隐藏在任务书中的核心问题。那么，如何抓住核心问题呢？

（1）明确各个设计阶段的主要任务

（2）善于抓住主要矛盾的主要方面

一对主要矛盾必定会有主次，我们要善于抓住起支配作用的矛盾，这需要多方面因素，如知识面、经验、分析能力等。

例如，设计第一步的主要矛盾是解决建筑与环境这对矛盾。环境条件在设计任务中是起主导作用的，它有不可改变性，在设计的过程中，我们需要尽可能地去适应它，而不能不顾环境条件与之对立，甚至去改变它。

即使带环境条件，自身也包含着各种因素，如道路、建筑、朝向、景向、风向等，它们不是均等重要，而是有主有次、有利有弊、有联系有矛盾。在设计的过程中，考生要具体问题具体分析。

例如，当朝向与景观发生矛盾时，如果是景观、休闲建筑，我们要抓满足景向要求这个矛盾的主要方面，而舍弃朝向要求；至于东西向，可以通过其他设计手法加以改善。但如果设计的是生活类建筑（如住宅）或医疗建筑，情况就正好相反，矛盾的主要方面是朝向而不是景向，如果两者不能兼得，应先照顾朝向的重要性。

（3）分清是方案性问题还是设计手法问题

方案性问题是设计程序要我们解决的问题，如场地设计、功能分区、房间布局、交通组织、卫生间配置、结构系统，这六个设计步骤要做的事情，需要获得满意的方案性成果。而房间开门、楼梯形式、房间面积、卫生间洁具、入口形态、庭院设计、造型装饰等，则是设计手法的问题，即使处理不当，也可以在后续设计中加以修正。

分清了方案性问题与设计手法问题，考生就可以在有限的时间内先抓主要矛盾，解决方案性问题。至于设计手法问题，有时间、有能力去解决当然好，万一解决不了，或没时间解决，考官也是会理解的，千万不能不分主次地去面对设计的所有问题（图2-2）。

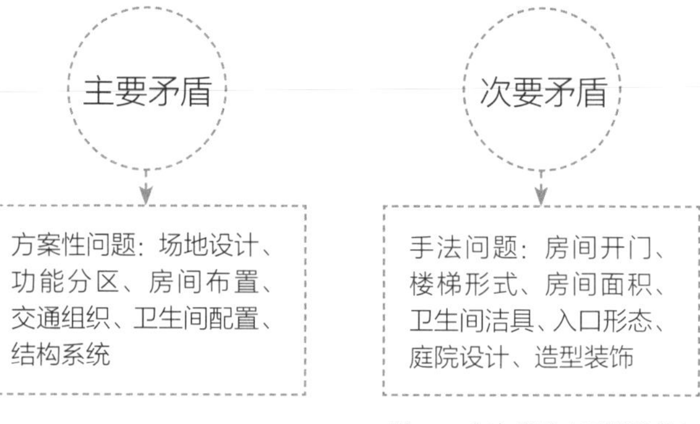

图2-2 主次矛盾（王夏露绘）

二、方案构思和设计起步

1. 方案构思

方案构思阶段有两种方法：正向思维和逆向思维（图2-3）。

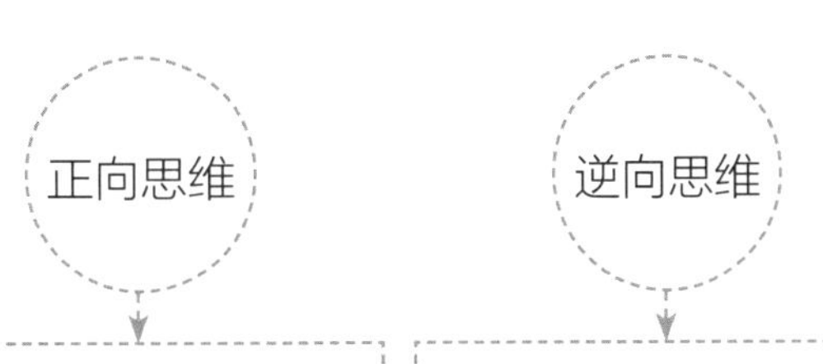

图 2–3 方案构思（王夏露绘）

（1）正向思维

①总平面图构思。明确总平面图的设计条件，包括：场地主次入口，建筑设计所确定的“图”的形状和位置，以及建筑的各个主次入口，场地保留的设计条件（如树、景点、水体等）和地下空间向地面的各类出入口等。

对室外场地进行功能分区。根据场地主次入口和建筑主次入口，区分内外人员与车辆活动的范围，由此确定内外使用区域。

设计要素的分布。这个部分可以采用系统分析的方法，逐步将设计要素分析到位，而不是一个一个排位置。例如，对外使用区可先分为公众活动区与车辆停放区。然后，在人与车各自的范围下再分析下去，可将人的活动范围分为广场区、景观休闲区等，将车的活动范围分为停车区、行车区，同时应兼顾人与车两者范围彼此的关系。内部使用区可以分为办公使用的领域和后勤使用的领域，应与各自建筑出入口有着紧密的联系。如果设计对象规模大、总平面图设计要素多，还可以在各自的功能区内分析下去。

交通分析。当总平面图设计要素基本就位后，就要通过场地内道路系统将它们串联起来，成为联系方便的有机整体。

在总平面图设计中，我们要进行水平交通分析。水平交通的起始点应在场地设计时已经确定的主次入口上，一般而言，主要入口是作为公众使用的人行入口，次要入口是作为车行出入口。在人行与车行两类水平交通中，要先抓住主要的水平交通体系，即车行路的布置。车行路布置的原则是把场地的各个功能区连通起来，通常的做法是在建筑周边做环形通道，一则可以连接建筑一层各个出入口，二则满足设有环形消防车道的要求。车道的形态不是通过有形界面（如墙体、隔断、小品等）围合而成，而是通过绿化限定的。车道如何定位，要根据设计命题的要求确定。

②立面设计方法。以三维空间的概念来推敲二维空间的立面透视效果。立面效果在现实中是不存在的，我们总是以仰视或者俯视角度观看建筑，这样几个立面都能发生形状和尺寸的变化。因此，不能把立面看成“面”的状况，而应以三维空间的立体概念，从仰视或者俯视角度对其实际效果进行研究。

例如，一个立面的两端怎么处理？不能孤立地去推敲，而要从透视的角度看它与左邻右舍如何衔接与过渡，包括体量咬合、材料衔接、虚实关系、色彩过渡等。又如，对立面天际轮廓线的推敲，不要把它看成是在同一个垂直面上的效果。因为前后体量的立面天际轮廓线，在正常透视上会出现错位、变化，甚至互相遮挡的情况，只有按照实际透视的效果去研究立面天际轮廓线，才符合现实情况，且在立面比例推敲中，从实际效果考虑，考生会为避免在透视中有比例失真的情况发生而有意去矫正立面的比例关系。

以建筑的使用功能为基础正确表达立面个性。建筑的使用功能不同，体现出来的空间形态也不同，反映在外部形态与立面个性上就有所差别，如博物馆的厚重、商业建筑的通透、电梯塔的高耸、交通建筑的舒展、幼儿园的活泼等。另外，在立面设计过程中，还应融合新理念、新材料、新手段，以创新意识开拓出多元的新途径。

以合理的结构与构造为依据，反映立面的真实性。立面设计过程中，要遵循结构逻辑、构造做法，而不能做一些毫无依据的附加装饰构建使立面“丰富”起来，更不能随心所欲地违背结构逻辑去玩形式主义的立面“效果”。

运用系统思维处理好立面形式美各要素的有机关系。立面上的各个构成要素，如墙、柱、门、窗、洞、装饰、色彩、材质、线条等，如何有秩序地成为一个有机整体，除了需要设计者以美学的修养、艺术的眼光、高超的手法进行精雕细琢外，更需要运用系统思维综合处理好它们之间的矛盾。既要避免毫无美学修养，在立面上简单挖门窗洞，使立面形式美的表达苍白无力，也要力戒画蛇添足地在立面上堆砌符号、滥用手法，使立面形式美的表达包装过度。

（2）逆向思维

①设计概念构思。建筑设计的切入点是建筑所处基地的地理环境或人文环境，重点考虑建筑与环境之间的关联性，或建筑对周边建筑文脉的延续。在分析功能之前，应先重点考虑建筑形体的生成逻辑，然后再考虑建筑的各种功能。

②确定设计概念。例如，某高层综合体设计，着眼点在于城市建筑与环境之间的关系，摒弃传统城市设计中建筑与环境单一的并列关系，而增加两者之间的互动。因此，在建筑设计的过程

中考虑如何解决建筑与环境之间的互动关系成为贯穿设计始终的概念。这不仅体现在建筑平面的布局上，也体现在建筑的空间设计与立面设计上（图 2-4）。

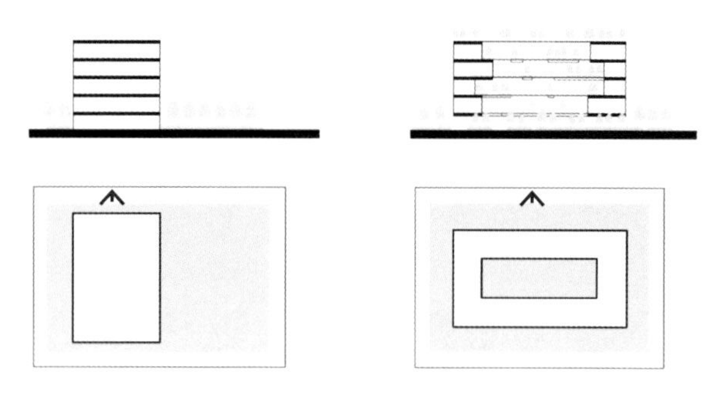

图 2-4 建筑的概念生成（马禹绘）

③确定建筑形态。建筑的设计理念确定后，开始考虑建筑体量及形态的生成过程（图 2-5），从城市尺度研究建筑与城市之间的关系，确定建筑场地的性质，并确定合适的空间策略。为了加强建筑与环境之间的互动，可以选择内庭院的空间布局。在探索空间的策略上，以“城市绿地——将基地还原给城市”的主旨推进，探索底层架空和围合庭院的空间方式，让建筑基地仍作为城市绿地服务于市民。

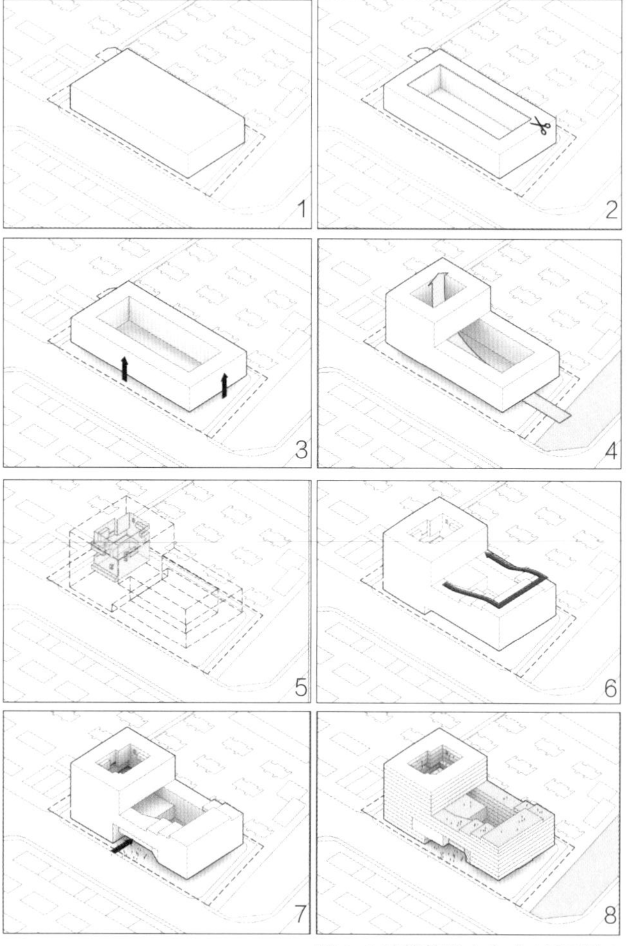

图 2-5 建筑的形态生成（马禹绘）

在此空间策略的基础上进一步深化方案，围合庭院中心，做下沉广场，作为整个场地内的向心点。架空的建筑下方场地开放，作为市民休闲、聚会的场所。

④确定建筑功能。在确定建筑形态时，需要同步推敲建筑的功能分区，并根据任务书确定建筑体块的每个部分应该设置哪些建筑功能。在确定建筑功能时，如果与建筑形态发生冲突，需要协调两者，反复磨合，使之达成一致（图 2-6）。

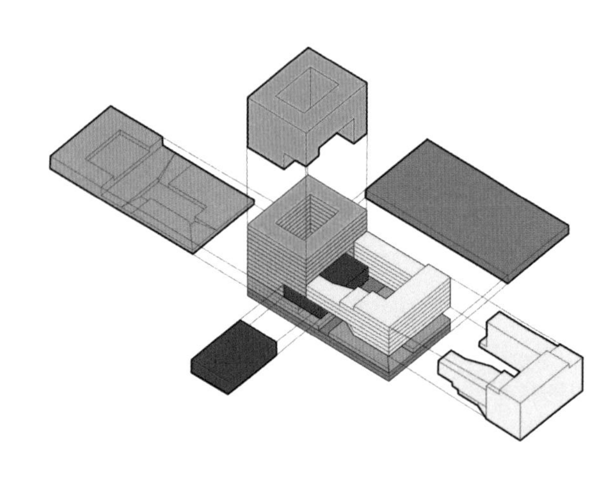

图 2-6 建筑的功能分区（马禹绘）

⑤在贯彻设计理念的基础上深化建筑细部。为了加强基地“城市绿地”的性质，在建筑的室内中庭部分植入垂直绿化（图 2-7），并在建筑屋顶的部分设计屋顶花园，打造绿色休闲文化场所（图 2-8），同时考虑建筑的外立面效果与整体的建筑外观（图 2-9）。

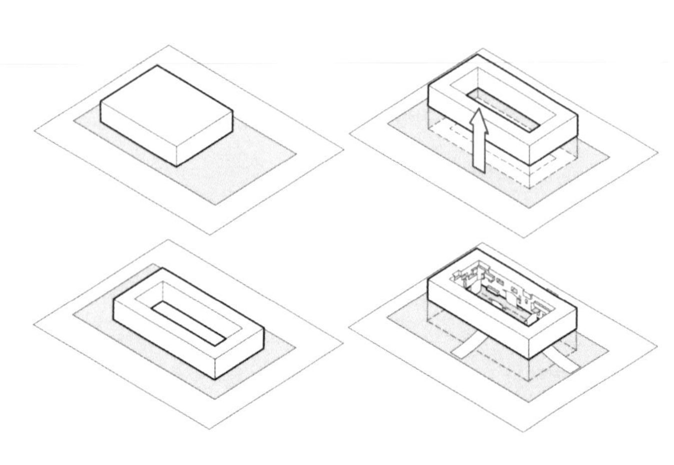

图 2-7 建筑内庭院立面形态设计（马禹绘）

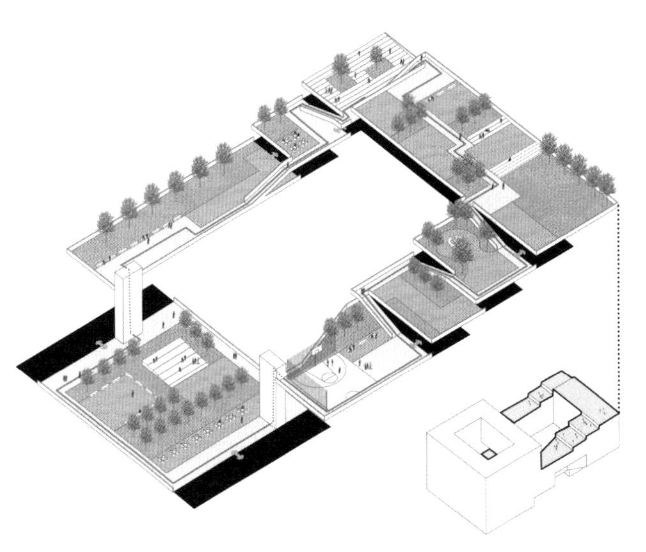

图 2-8 建筑屋顶花园（马禹绘）

图 2-9 建筑整体效果图（马禹绘）

在建筑快速设计过程中，逆向思维的优势非常明显，考生在分析完任务书给出的基地条件后，应寻找合适的设计理念，并分析建筑形体的生成，与此同时同步考虑建筑功能与体块之间的关系，这样才能让最终设计的方案达到一气呵成的效果。另外，在图纸中将构思方案的过程表达出来，不仅能让图纸内容更加饱满，也让建筑设计的过程变得更有逻辑性。

2. 设计起步

平面、立面、剖面设计都有各自的程序和方法，但三者又相互关联、相互制约，谁都不能单独“冒进”，只能同步推敲、齐头并进。

（1）从平面设计起步

一般而言，平面设计最能表达建筑各部分的功能关系和空间关系，以及建筑与外部联系的各种方式。因此，从平面入手对展开快速建筑方案设计较为有利，但先起步的平面设计不是无条件的设计，会受到造型构思的制约，是有条件的设计。

当平面设计通过设计程序的运作，产生方案的雏形时，我们只是获得了一个大的功能关系认可、结构系统的初步确定、体量组合基本满意的方案毛坯，并作为剖面设计和立面设计的依据。但对外墙定位及其上的门窗洞口尺寸和一些小的形状变化等，还需要等剖面设计和立面设计结构来进行补充修正。因此，可以先将平面设计放一放，不要深陷其中。

（2）启动剖面设计

以平面设计为条件，根据开间、进深尺寸，画出若干最具代表性的剖面轮廓。所谓最具代表性的剖面轮廓，是指最能反映各层的标准空间形态，或内部空间的变化处（如中庭、夹层、错层等），或入口室内外高差变化处、外部造型有特征处。这些位置的剖面轮廓形态一方面依据平面设计的尺寸，另一方面依据功能要求或造型要求来确定层高。还需要在剖面图上将门窗洞口的尺寸、窗台高度、室内外高差处理，以及楼板与外墙相交处的节点构造等表示清楚，以便为立面设计准备好条件。至此，剖面设计只是完成了主要内容，仍有一些细节，如外墙与外柱的定位关系、坡屋顶高度等，有待立面设计的结果来核对。所以，剖面设计也不能一步到位，也需要暂时搁置起来。

（3）展开立面设计

立面设计以平面方案、剖面条件、体量关系为依据，但又不是被动的反映，而是以自身的形式美要求反作用于平面、剖面，让其做适当的调整。因此，立面的总长和门窗定位要依据平面设计的相应尺寸而定，立面的天际轮廓、门窗洞口高度以及立面的起伏变化要依据剖面外墙上的相关标高而定。当立面设计需要额外增添一些必要的造型要素时，先要反馈给剖面，看看这些意图在结构、构造上能否实现，若可以，则剖面设计再做进一步完善。

（4）平面最后定案

平面、立面、剖面设计的互动推敲过程，决定了三者的设计应同步展开。因此，平面、立面、剖面三个图应相继出现，并由整体到局部、从大轮廓到细节完善，协同推进。只有当剖面设计和立面设计最终确定，才能将所有变动、增减的设计内容反馈给平面设计，进行局部修改完善，直至快速建筑方案设计完成。

由上可知，平面、立面、剖面的整合设计实际上是由系统思维方法决定的。三者作为快速建筑方案设计中的三个领域，是不可分割的，在设计过程中应同步运行、“携手并进”，这样不但可以提高设计效率，也能保证设计目标的完美实现。

第三章　建筑快题设计的元素解析

Element Analysis of Architecture Fast Design

◆建筑的环境构成
◆建筑的形体构成
◆建筑节点
◆建筑的立面构成

一、建筑的环境构成

在对待建筑与环境的关系问题上，有两种观点：第一种观点认为建筑应该是自然的，要成为自然的一部分；第二种观点认为建筑是人工产品，不应模仿有机体，而应与自然构成对比的关系。

建筑与环境关系的实质是：建筑应与环境共存，并相互联系，即建筑与环境相统一。如果将其平面化，可以看作是“形和底”的关系，通常把要素组织在正、负两个对立的组别里，把图形当作正的要素，称之为“形”；把图形的背底当成负的要素，称之为“底”。

“形”与“底”之间不只是对立要素的关系，它们共同形成不可分离的实体，就像是形体和空间的要素共同形成建筑的实体一样（图 3-1、图 3-2）。

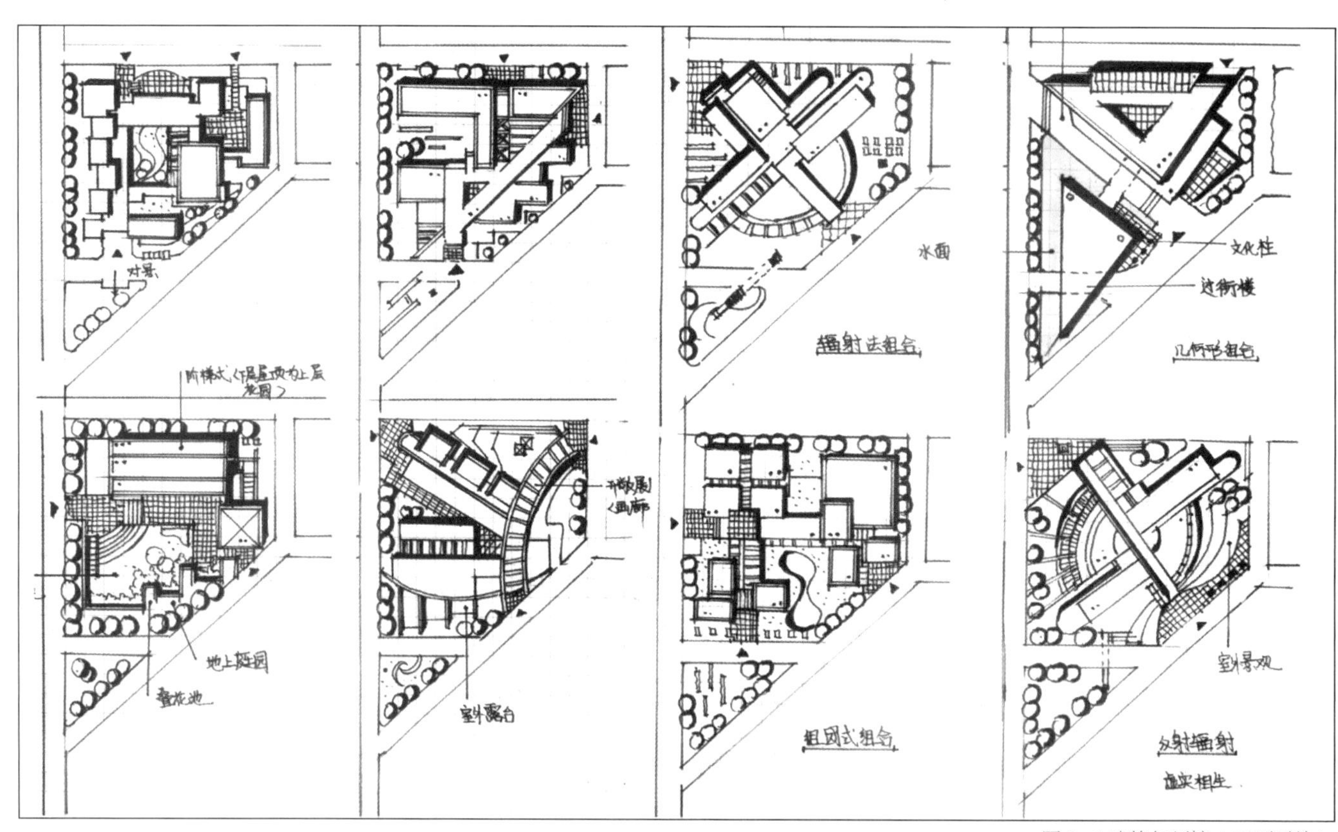

图 3-1 建筑与环境（王夏露绘）

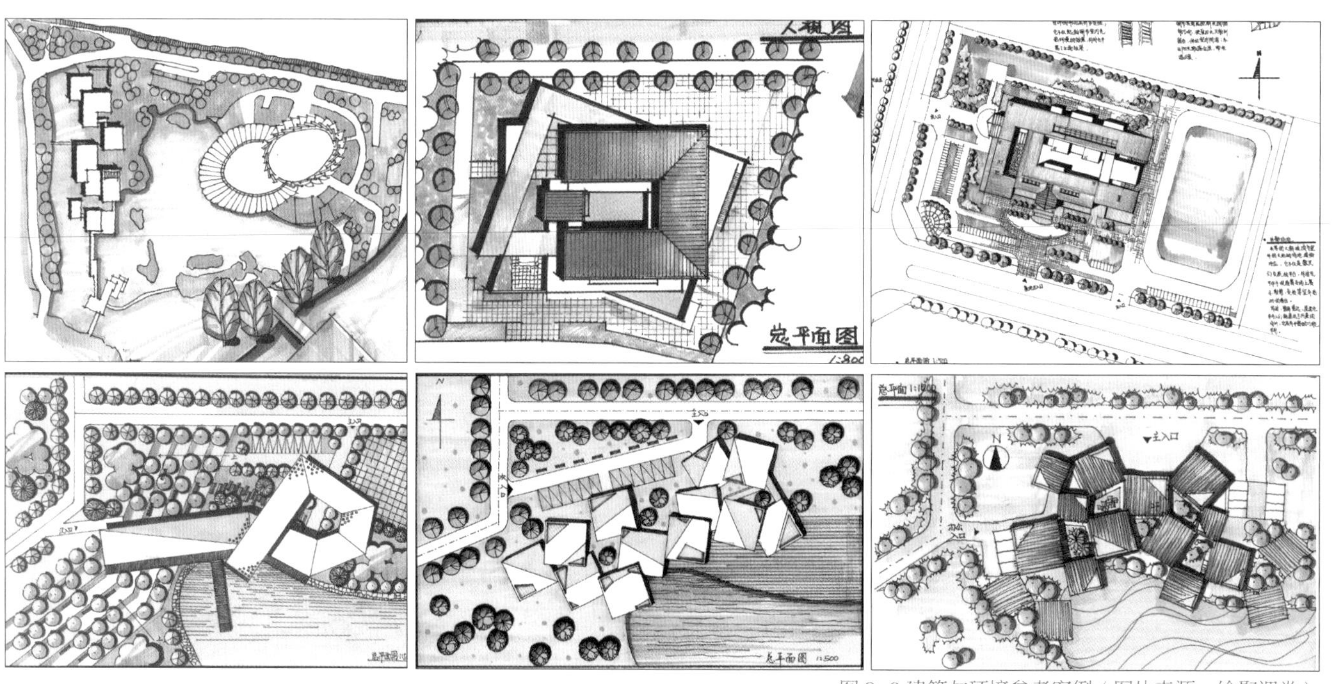

图 3-2 建筑与环境参考案例（图片来源：绘聚课堂）

二、建筑的形体构成

1. 加法操作

建筑体量是其内部空间构成的外部表象，是空间构成的结果。建筑体量的产生可以看作功能空间堆叠产生的结果，是各功能分区体量整体贡献的结果。

各功能分区的体量在组合方式上可以分为：垂直叠加、水平叠加和混合叠加，通过形体的叠加形成丰富的建筑形体。

（1）垂直叠加

垂直叠加是一种竖向的叠加方法，功能分区也采用垂直分区的方式，其需要注意的关键点是交通核，以及上下空间的结构关系（大空间上面不能叠加小空间）（图 3-3）。

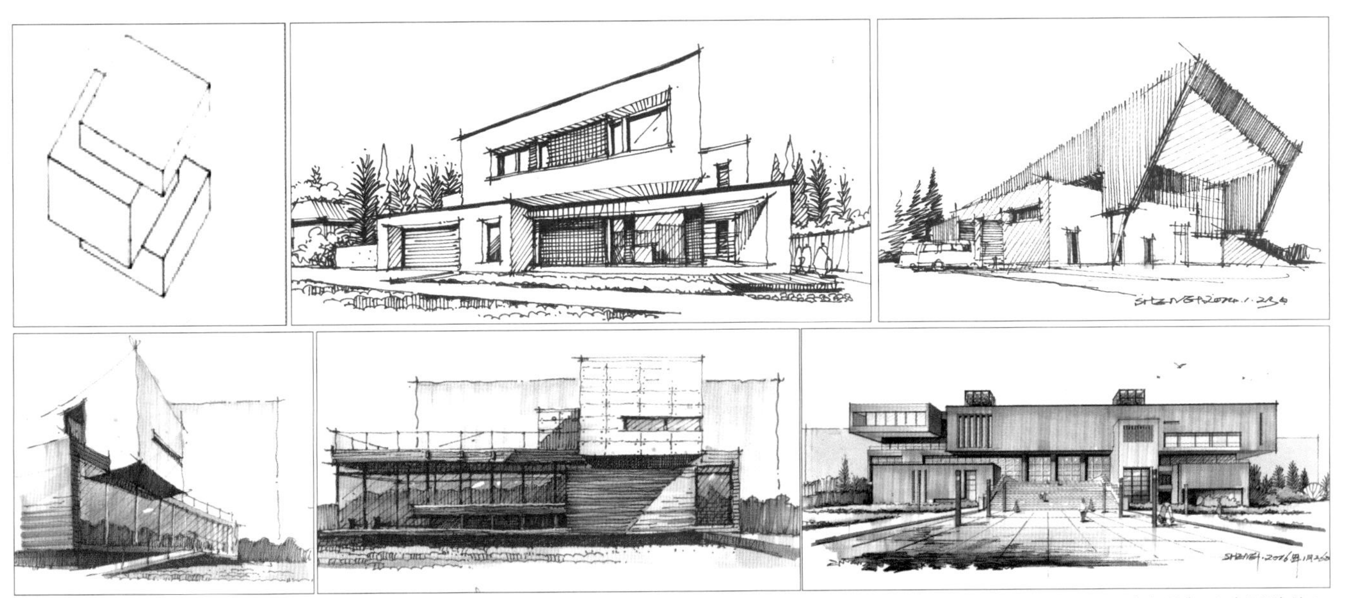

图 3-3 垂直叠加（李国胜绘）

（2）水平叠加

水平叠加，即水平分区，功能区之间采取并置的方式，结合形体上高低错动的变化，产生丰富的外部观感（图 3-4）。

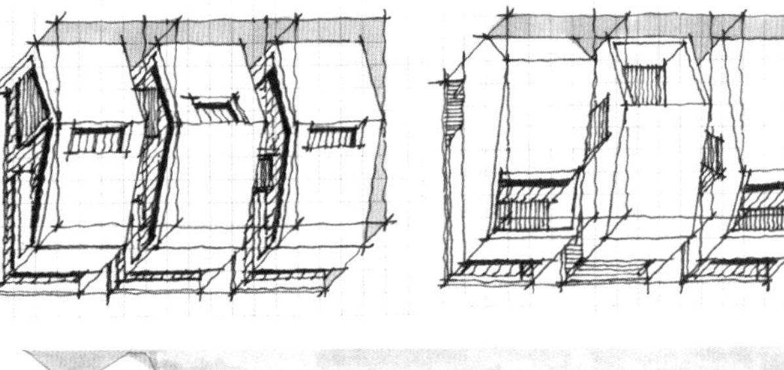

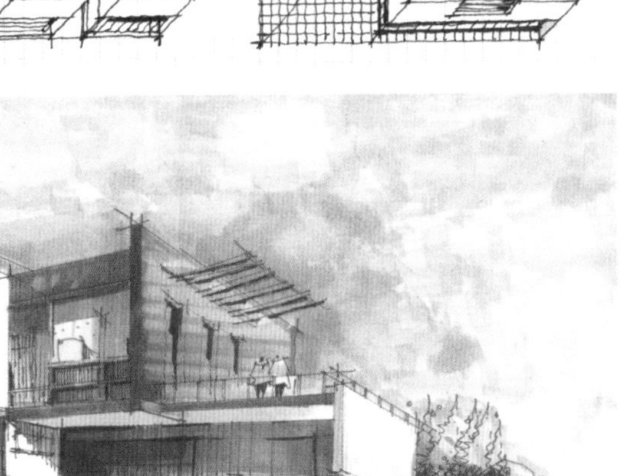

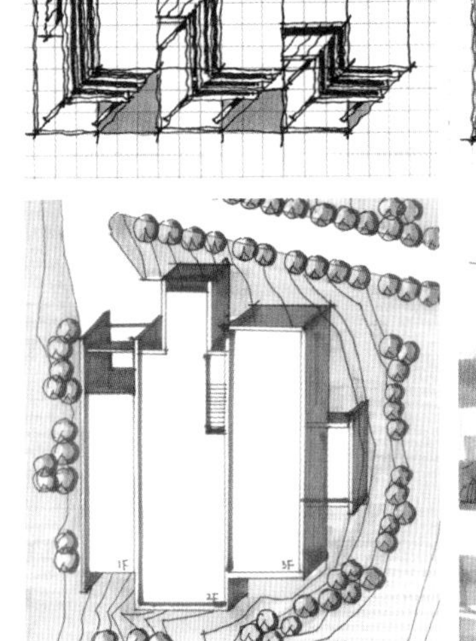

图 3-4 水平叠加（王夏露绘）

（3）混合叠加

混合叠加结合了水平叠加和垂直叠加两种操作手法，大部分比较复杂的建筑都是水平和垂直共同叠加的结果。在体量叠加的过程中，可以是简单方盒子的叠加，也可以通过 U 形、L 形、条形体量进行叠加，形成不同方向的建筑体量的凹凸关系（图 3-5、图 3-6）。

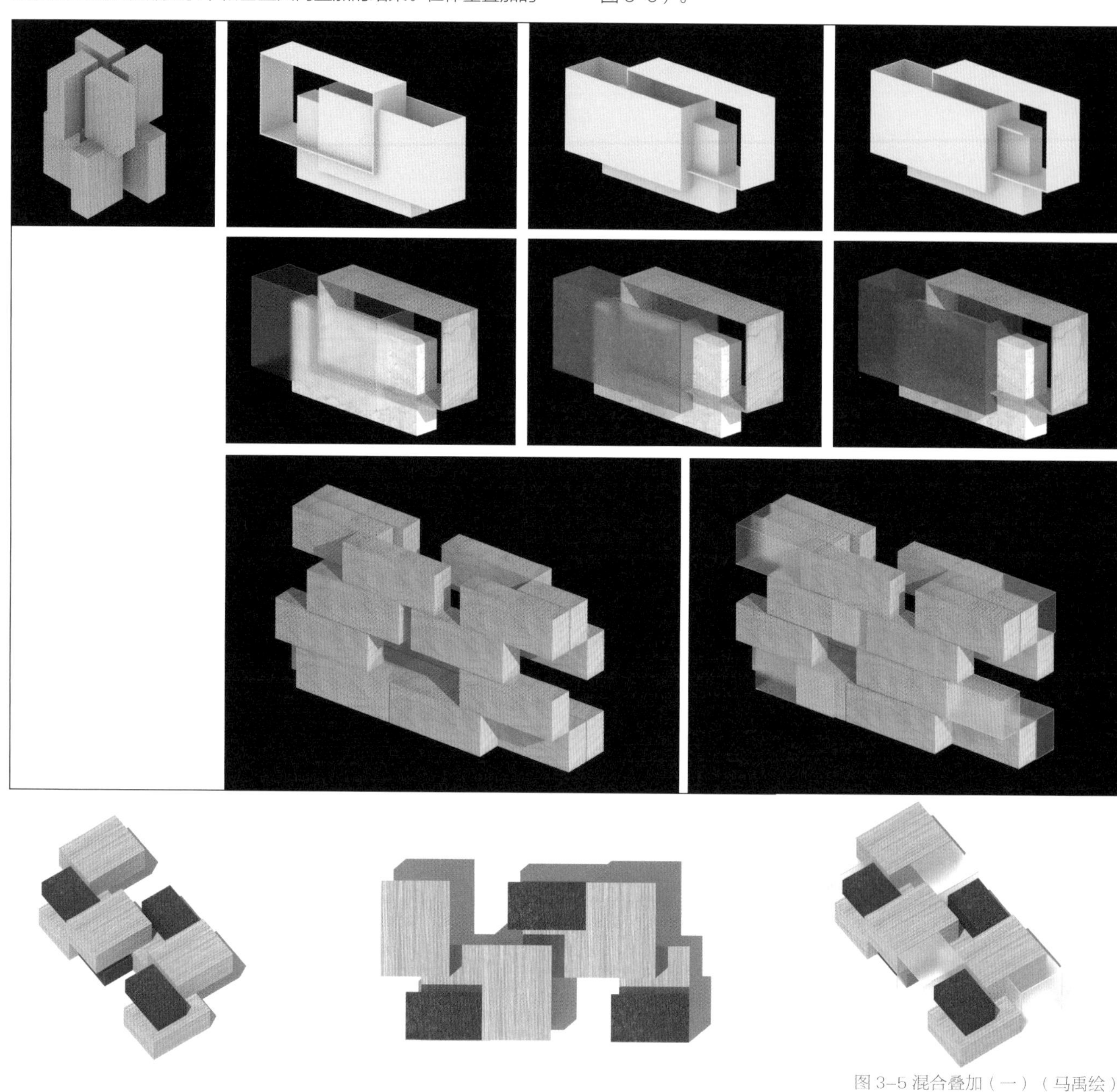

图 3-5 混合叠加（一）（马禹绘）

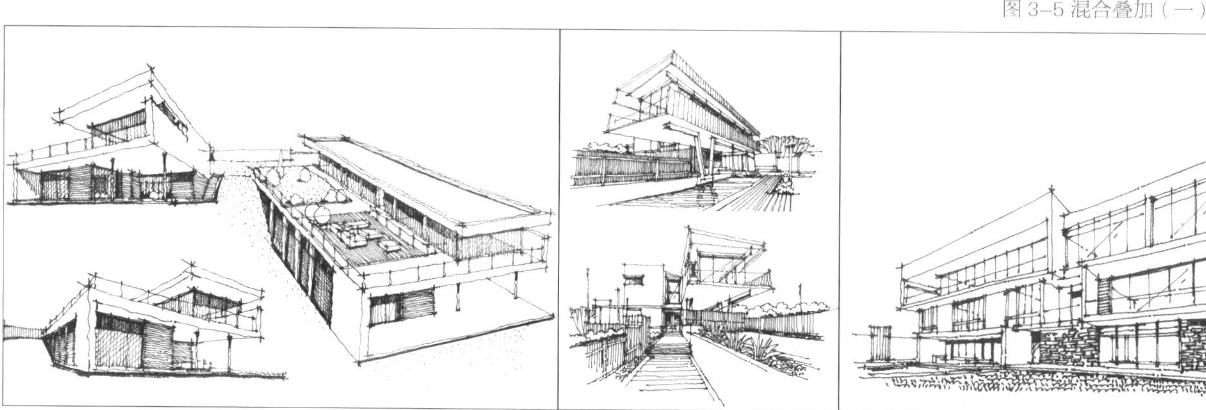

图 3-6 混合叠加（二）（李国胜绘）

2. 减法操作

一般情况下在基本形体基础上进行挖切、削减等操作，让原形保持完整性，削减的体量和位置对原形产生一定的影响，并起到强调作用。在基本形体基础上进行切割，不仅能增强建筑形体的形式感，还能形成丰富的外部空间，回应场地环境。

常见的减法操作如图 3-7 ~图 3-14 所示。

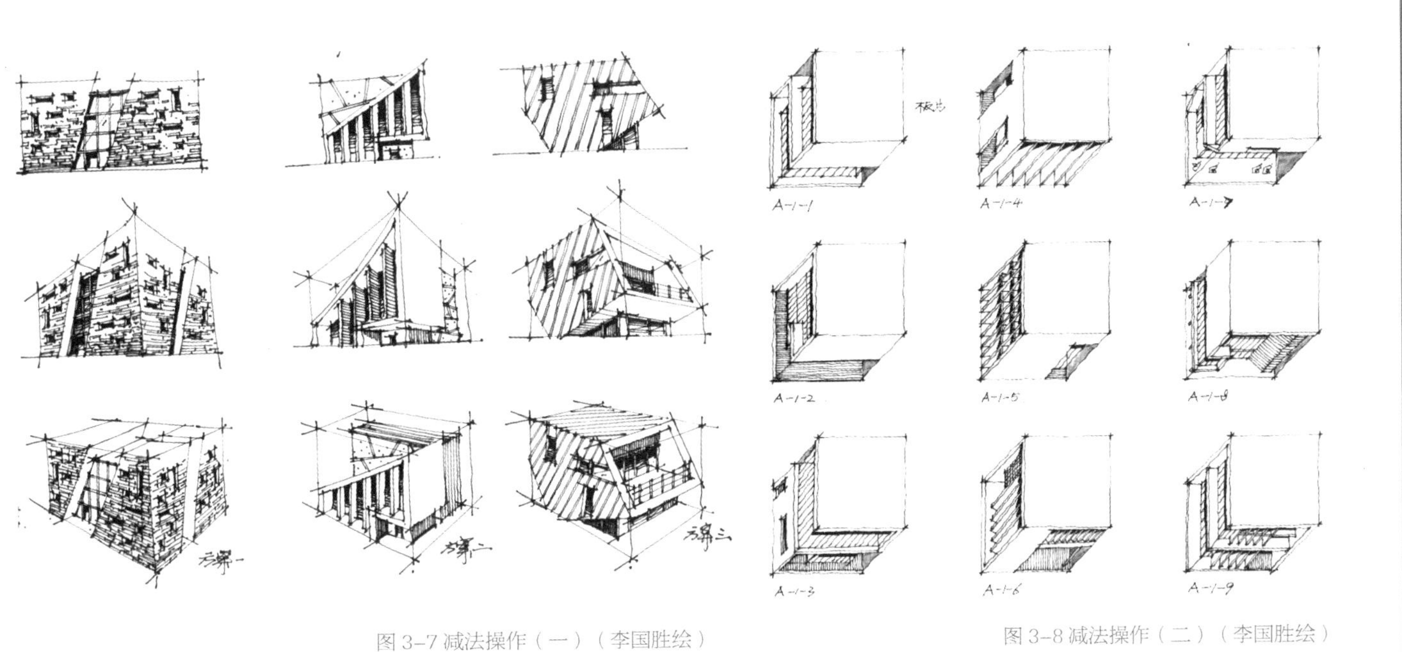

图 3-7 减法操作（一）（李国胜绘）

图 3-8 减法操作（二）（李国胜绘）

图 3-9 减法操作（三）（李国胜绘）

图 3-10 减法操作（四）（李国胜绘）

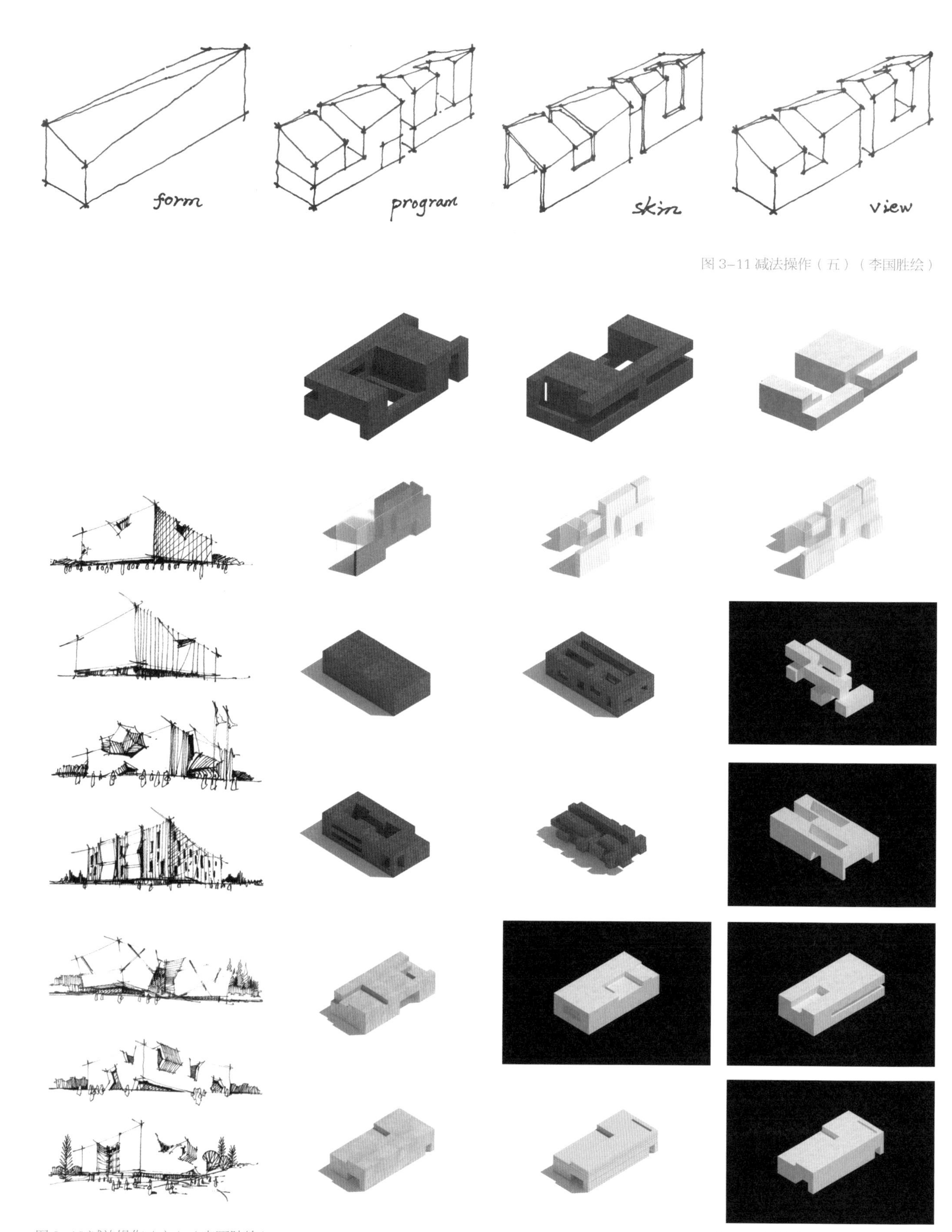

图 3-11 减法操作（五）（李国胜绘）

图 3-12 减法操作（六）（李国胜绘）

图 3-13 减法操作（七）（马禹绘）

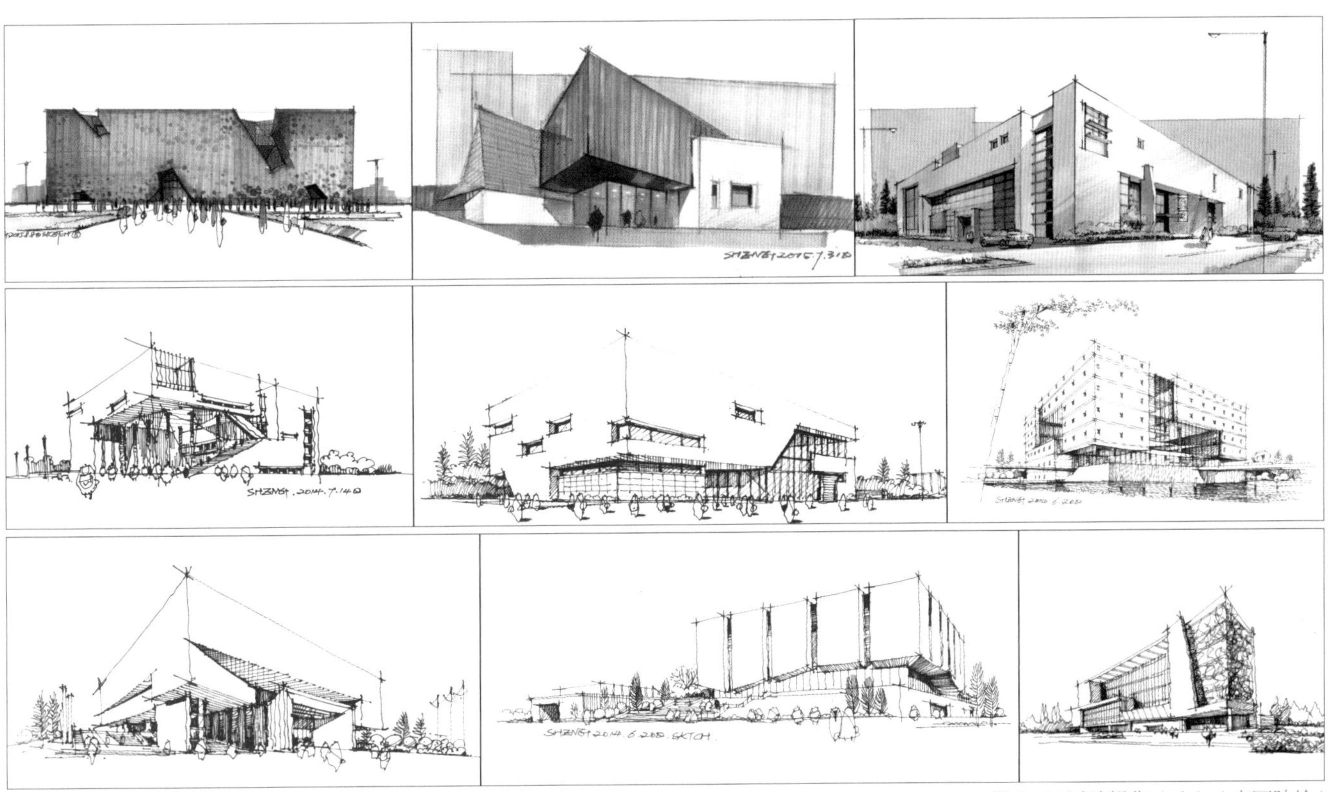

图 3–14 减法操作（八）（李国胜绘）

3. 变形操作

通过对建筑体块进行形体上的拉伸、扭曲、折叠、旋转、倾斜等操作，使建筑形态变得极具动感（图 3-15 ~ 图 3-20）。

图 3–15 变形操作（一）（李国胜绘）

图 3–16 变形操作（二）（李国胜绘）

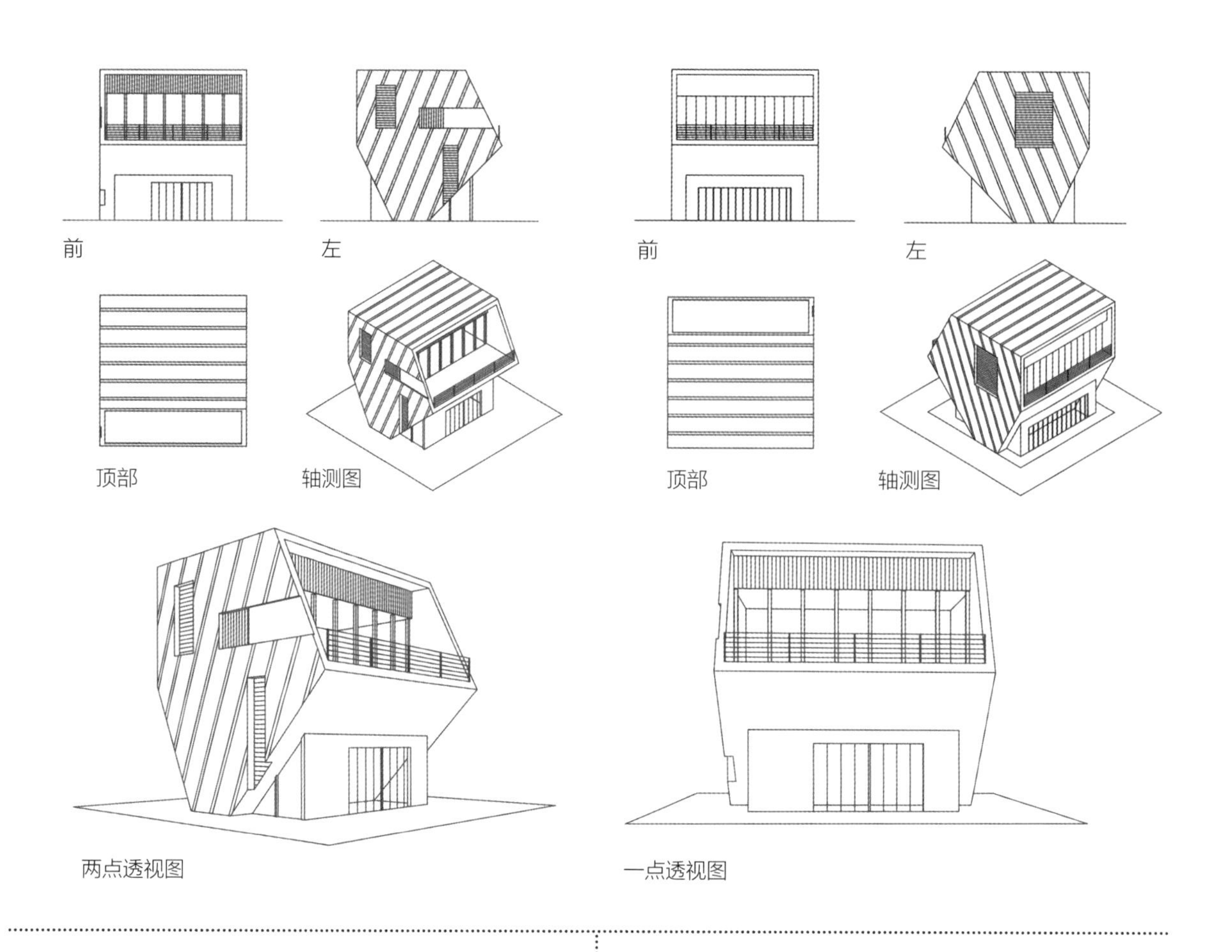

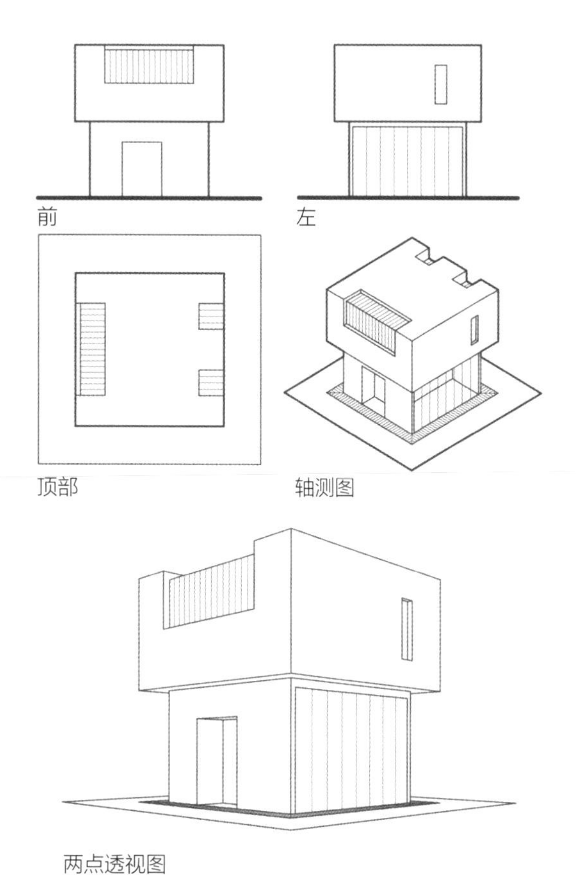

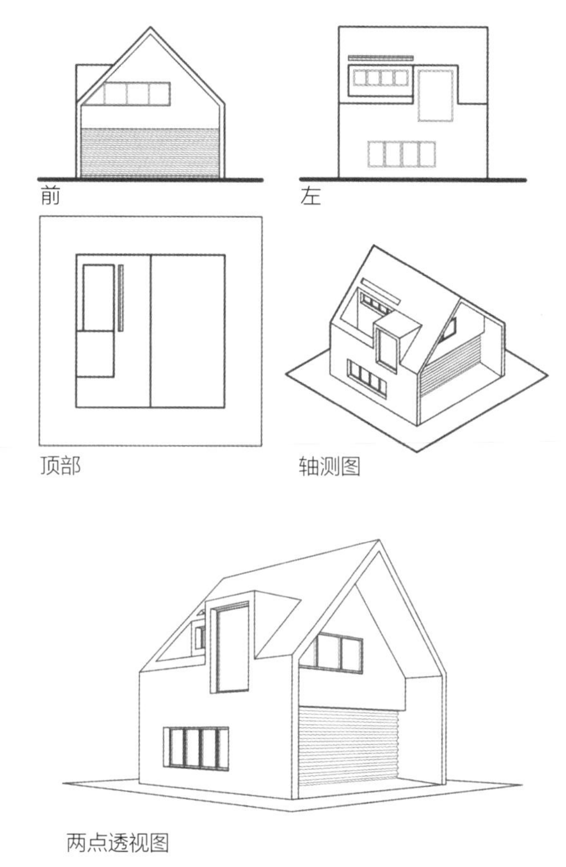

图 3-17 造型训练合集（一）（马禹绘）

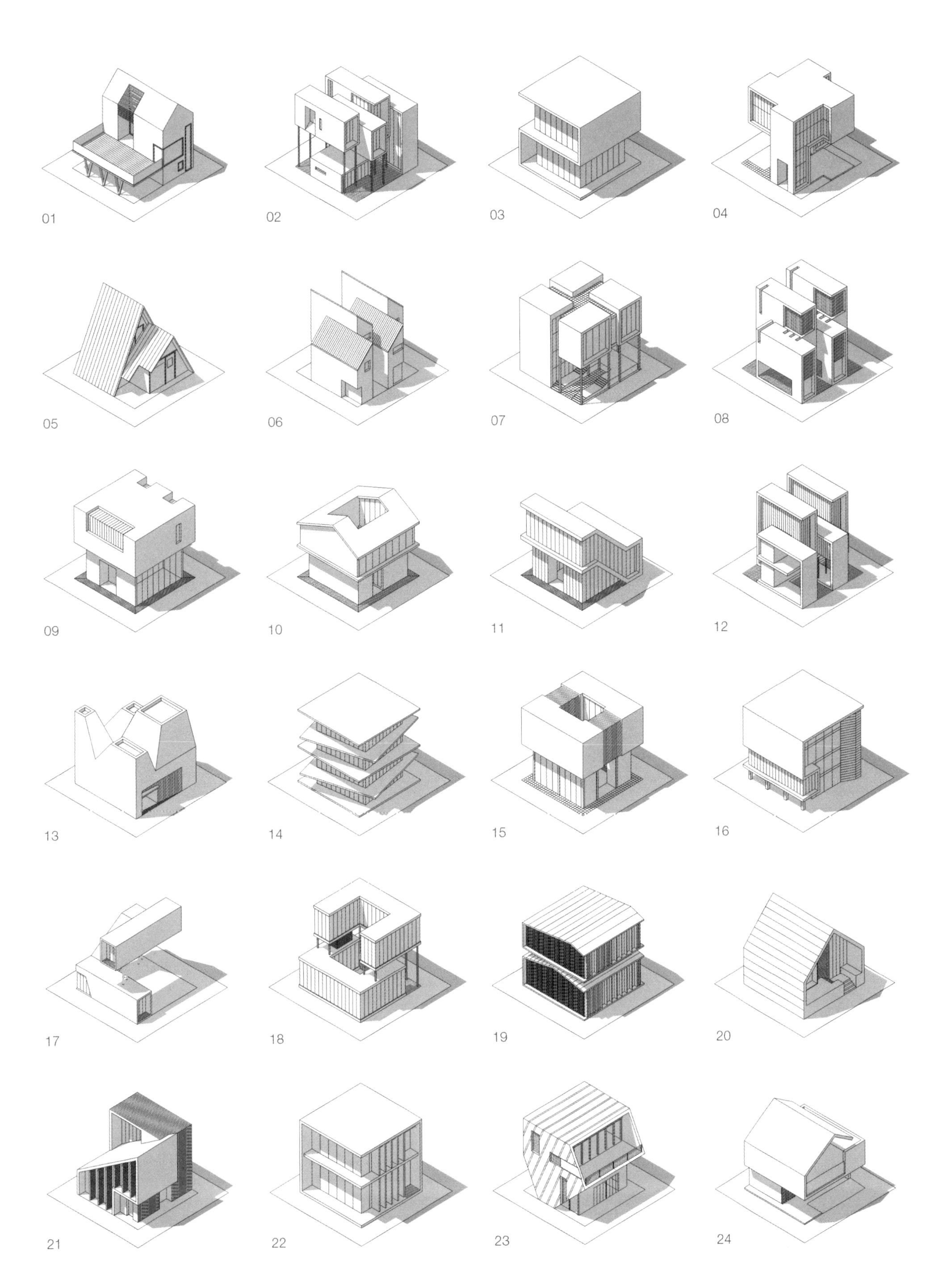

图 3-18 造型训练合集（二）（马禹绘）

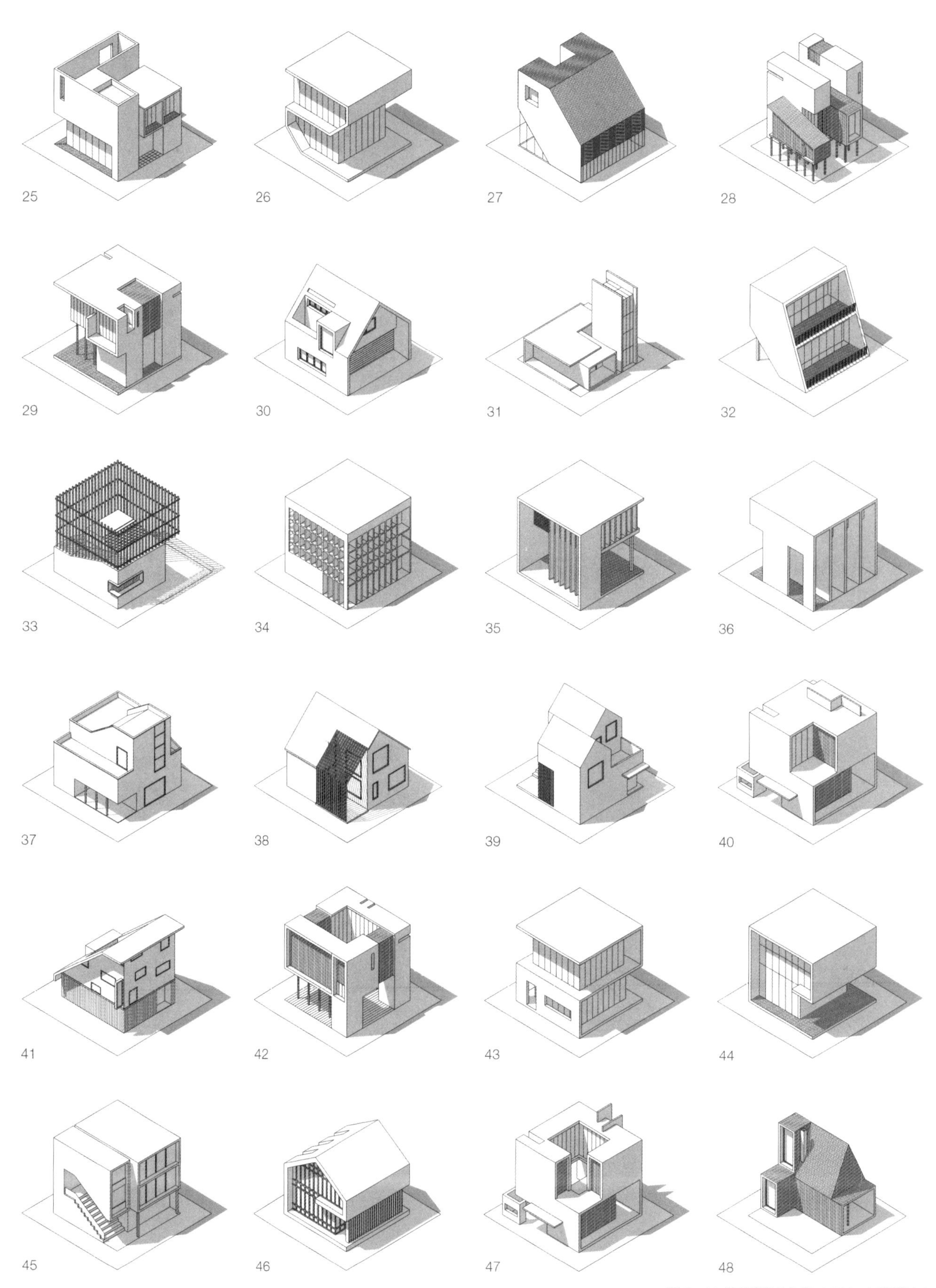

图 3–19 造型训练合集（三）（马禹绘）

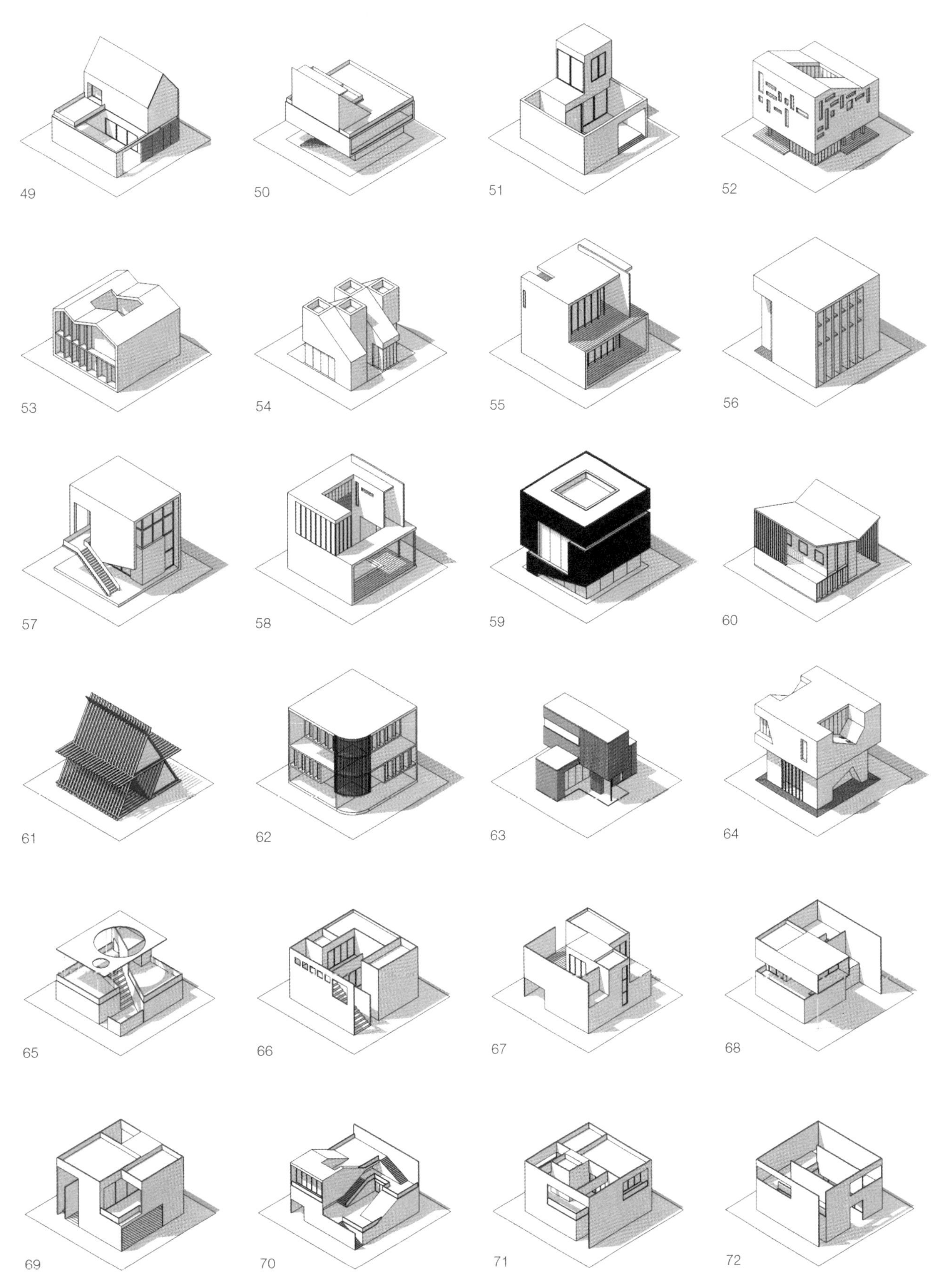

图 3-20 造型训练合集（四）（马禹绘）

三、建筑节点

1. 建筑入口

建筑入口在整体建筑设计中具有非常重要的作用，不仅能引起人的视觉停留，起到提示作用，也是建筑内部空间序列的“开场白”和整个建筑形体的中心。在设计过程中，考生要注意建筑入口与整体的协调统一，并重点考虑空间属性、环境意向、文化特征等制约因素。

设计要点：建筑入口要考虑建筑前的一系列空间媒介，不仅使人们便捷地接近建筑，更能在进入建筑前受到一系列景象的感染，从而产生微妙的心理情绪（图 3-21 ~图 3-23）。

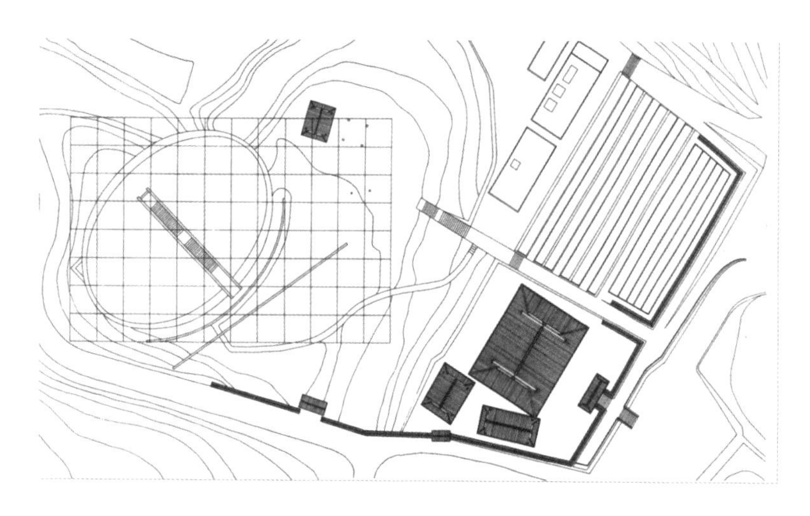

图 3-21 建筑入口（一）（图片来源：网络）

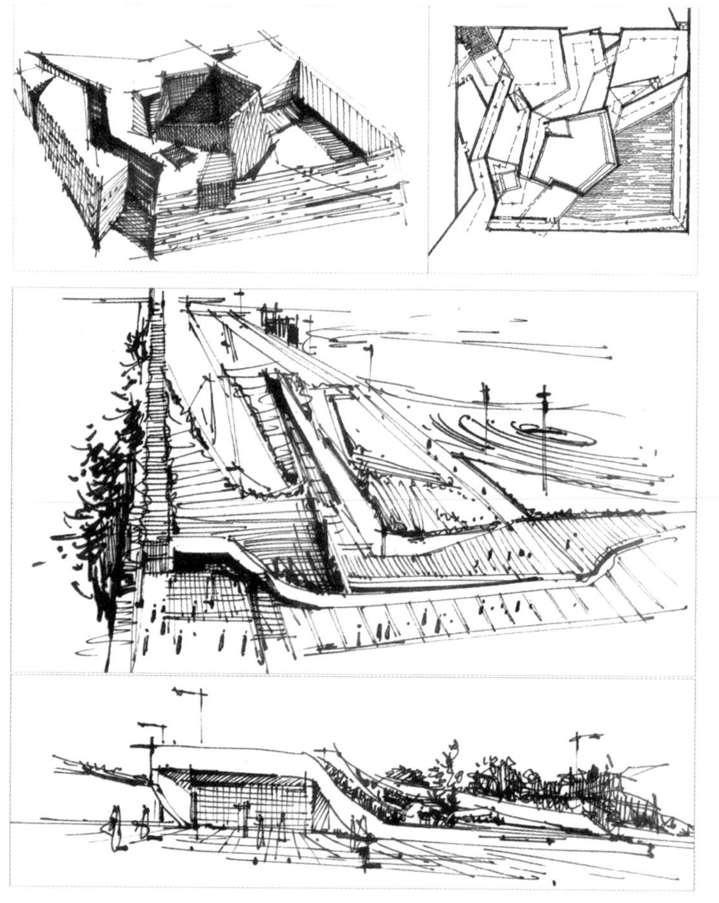

图 3-22 建筑入口（二）（王夏露绘）

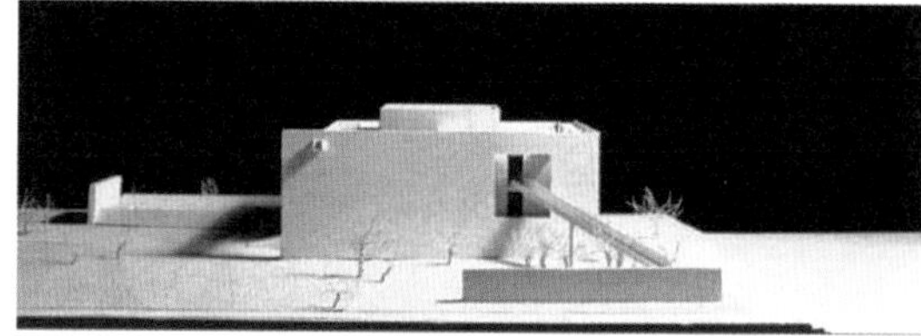

图 3-23 建筑入口（三）（图片来源：网络）

（1）转折

设置转折的入口通径，可以拉长进入建筑的时空距离，丰富审美体验，也可以创造出步移景异或渐入佳境的入口景观。建筑景观体验的趣味性、空间的导向性，有利于建筑内外之间整体空间的表达。

（2）遮蔽与缺口

遮蔽可以缓和建筑内外的对立关系，丰富入口空间体验的层次，形成受人欢迎的场所。

目的：对入口的暗示或引导（建筑内外之间的界面被柔化或虚化，形成过渡性的空间，建筑入口也被恰当地强调出来）。

方式：商店或住宅通过微小的退让形成内凹式界面，并辅以绿化或个性铺装。构架的利用也可以产生空间引导性，形成有趣的入口空间（图 3-24 ~图 3-27）。

图 3-24 建筑入口（一）（王夏露绘）

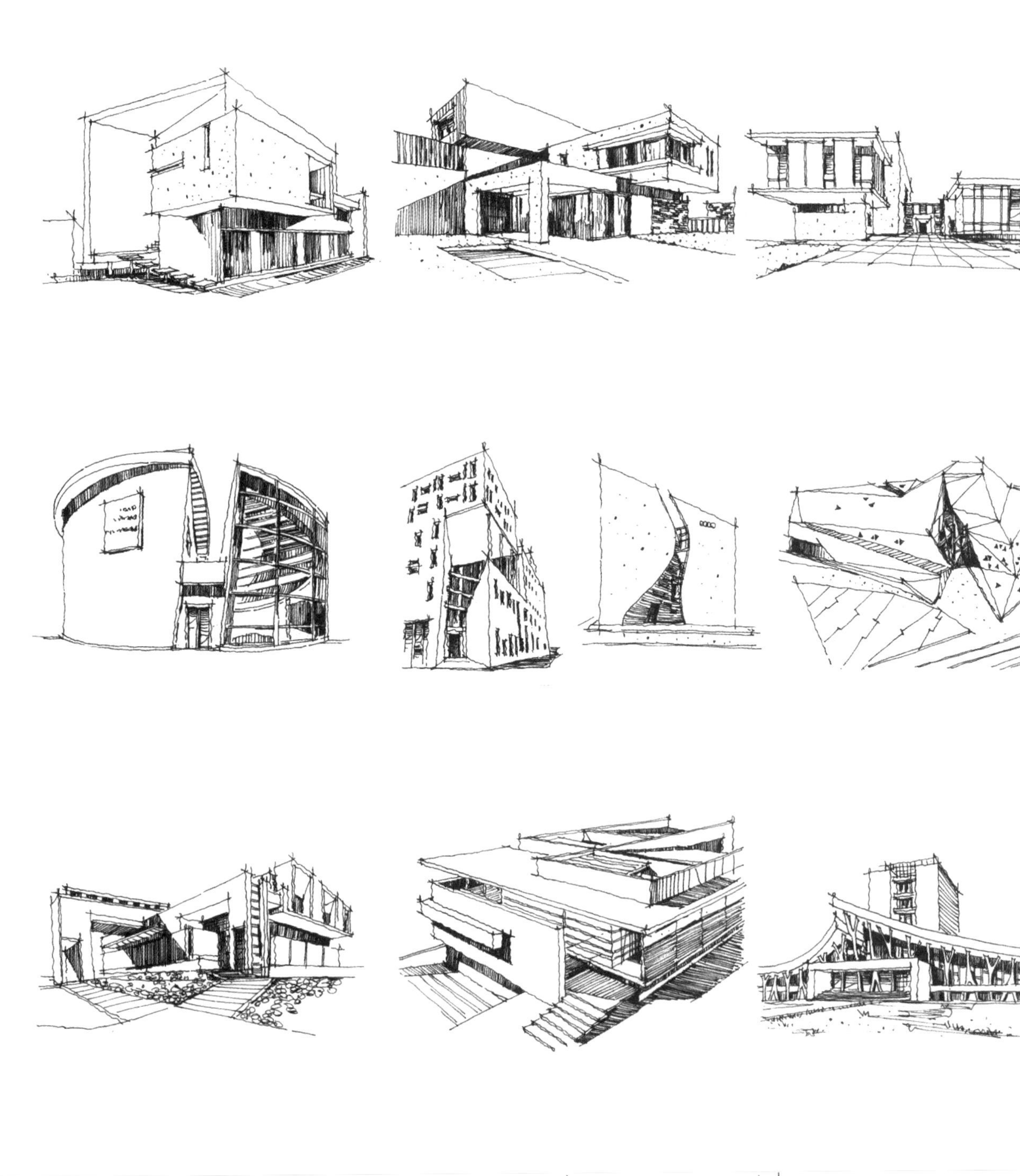

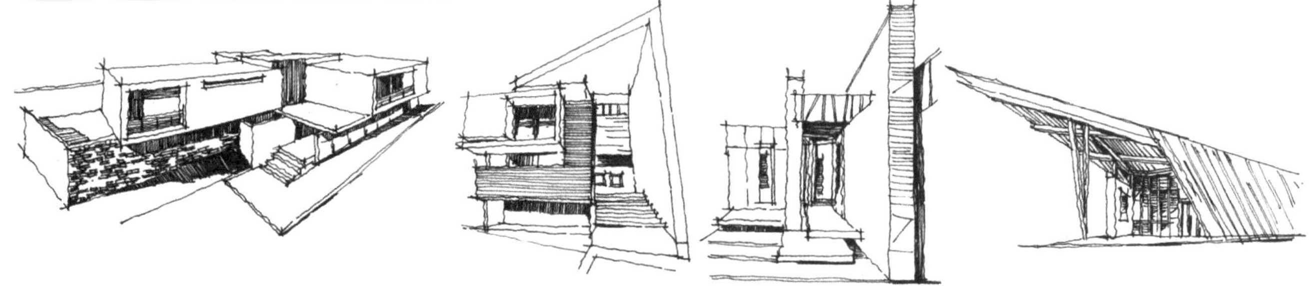

图 3-25 建筑入口（二）（王夏露绘）

图 3-26 建筑入口（三）（王夏露绘）

图 3-27 建筑入口（四）（李国胜绘）

（3）地面抬起 / 底层架空

沿着抬起地面的边缘建立一个垂直表面，从视觉上加强该范围与周围地面之间的分离性（图 3-28 ~图 3-33）。

图 3-28 地面抬起（一）（李国胜绘）

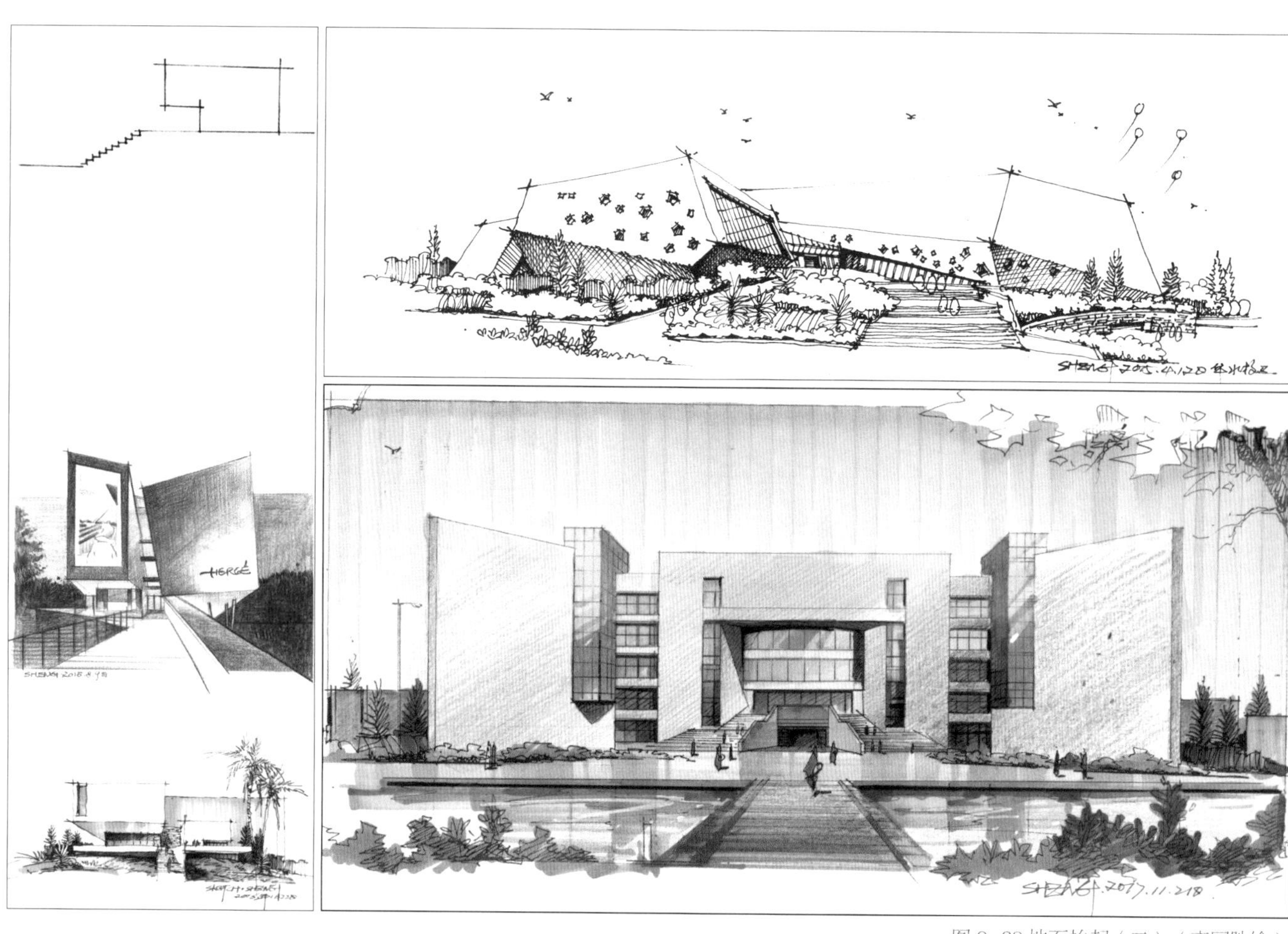

图 3-29 地面抬起（二）（李国胜绘）

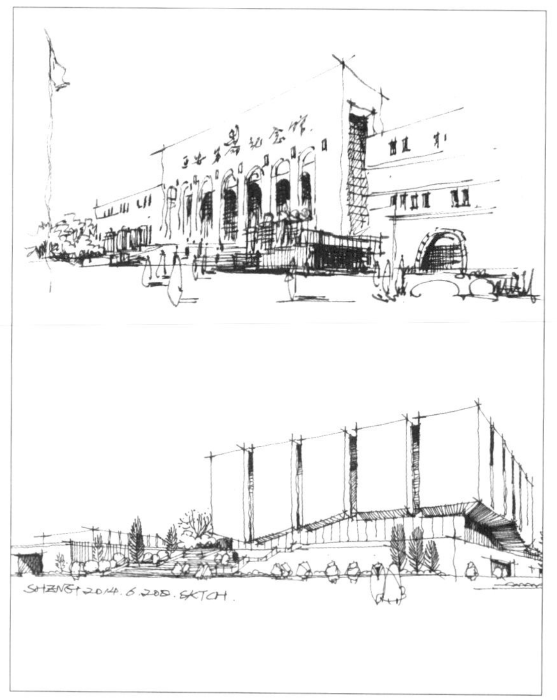

图 3-30 地面抬起（三）（李国胜绘）

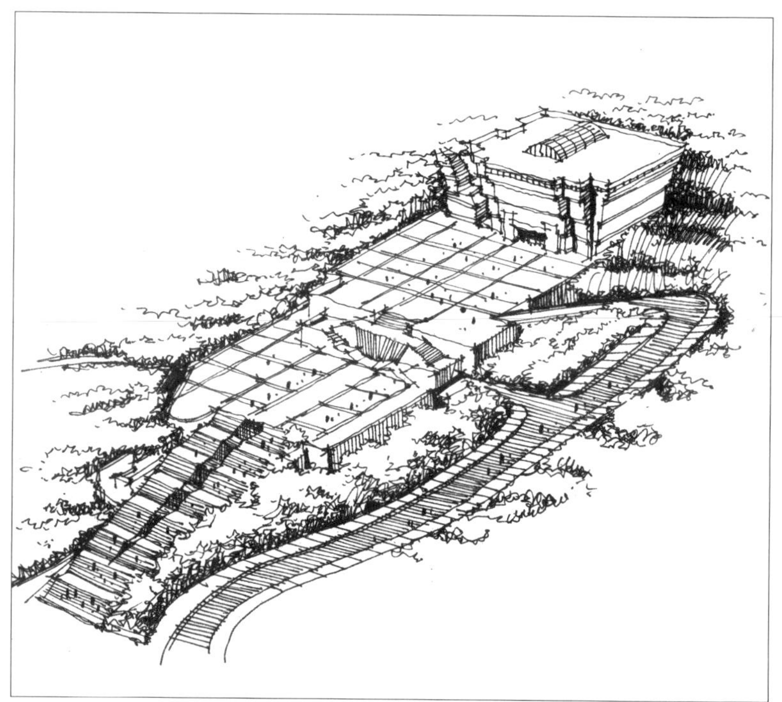

图 3-31 地面抬起（四）（王夏露绘）

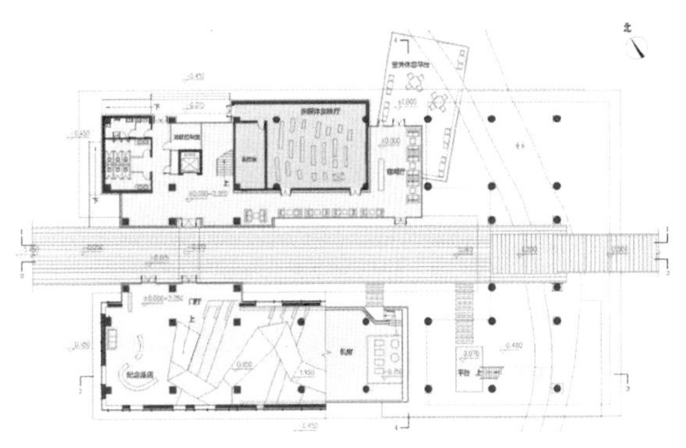

图 3-32 地面抬起（五）（图片来源：网络）

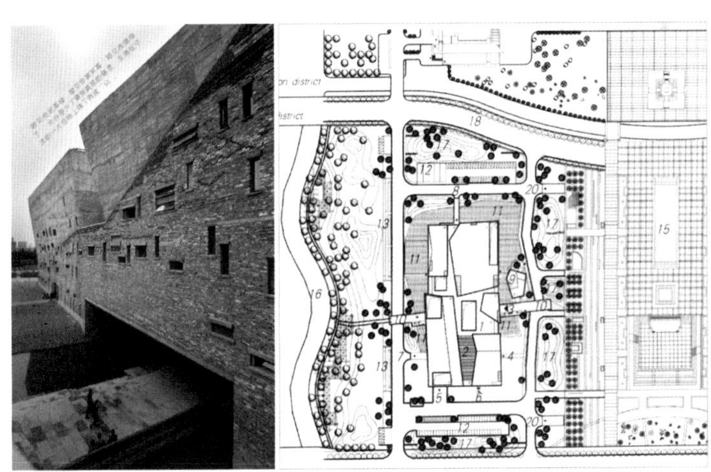

图 3-33 地面抬起（六）（图片来源：网络）

（4）地面下沉

一个水平面下沉到地平面以下，利用下沉的垂直面限定一个空间体积，具有目的性、稳定性（图 3-34 ~图 3-36）。

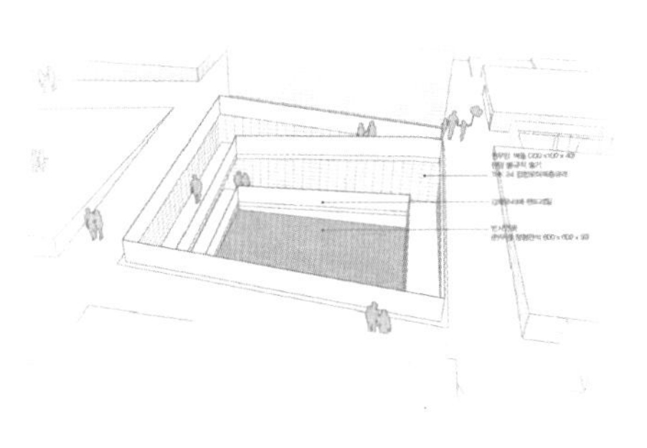

图 3-34 地面下沉（一）（图片来源：网络）

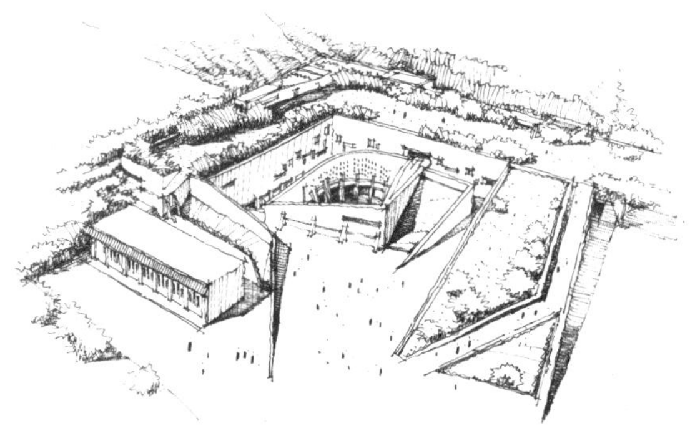

图 3-35 地面下沉（二）（王夏露绘）

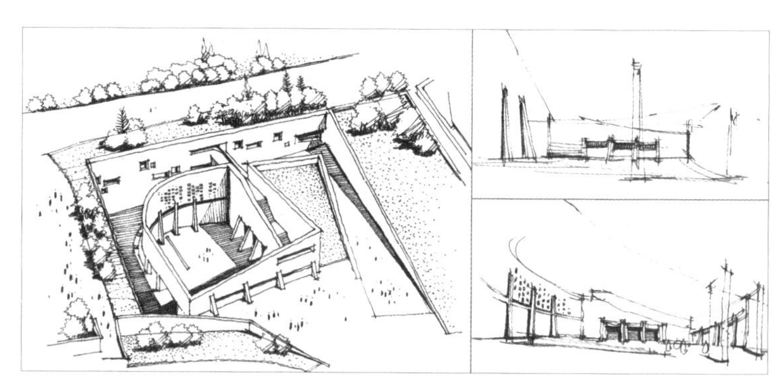

图 3-36 地面下沉（三）（王夏露绘）

（5）廊道

一排柱子可以限定空间体积的边缘，也可以使空间及其周围具有视觉和空间的连续性；沿线性方向排列的柱，可以形成一个面，柱子之间的距离越近，所表现的平面感越强（图 3-37）。

图 3-37 廊道（图片来源：网络）

（6）入口构架

当建筑形体本身变化不大或主立面比较平整时，可以在建筑入口处设置构架来强调入口（图 3-38 ~图 3-40）。

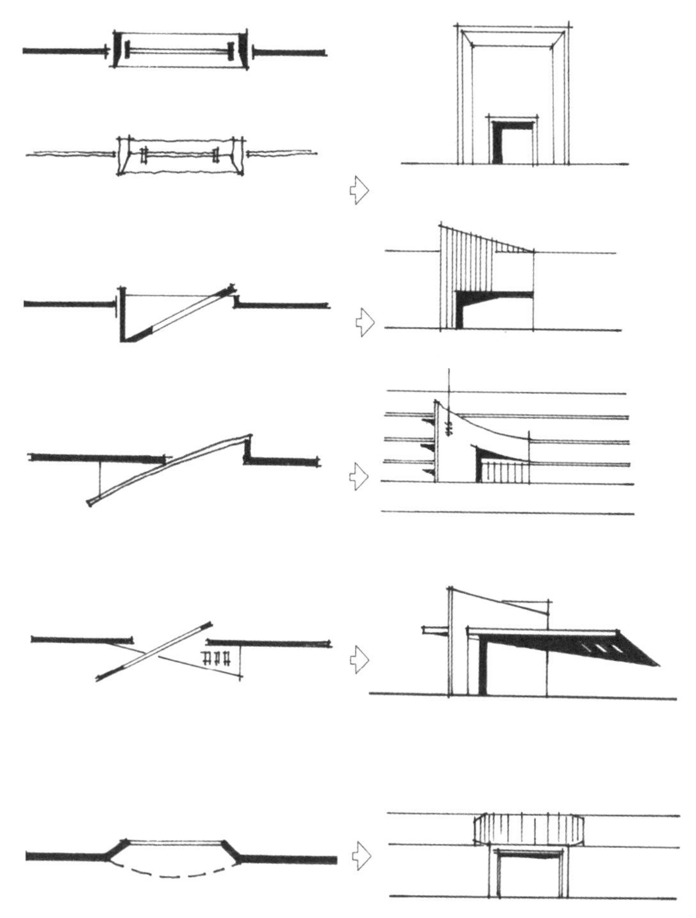

图 3-38 入口构架（一）（王夏露绘）

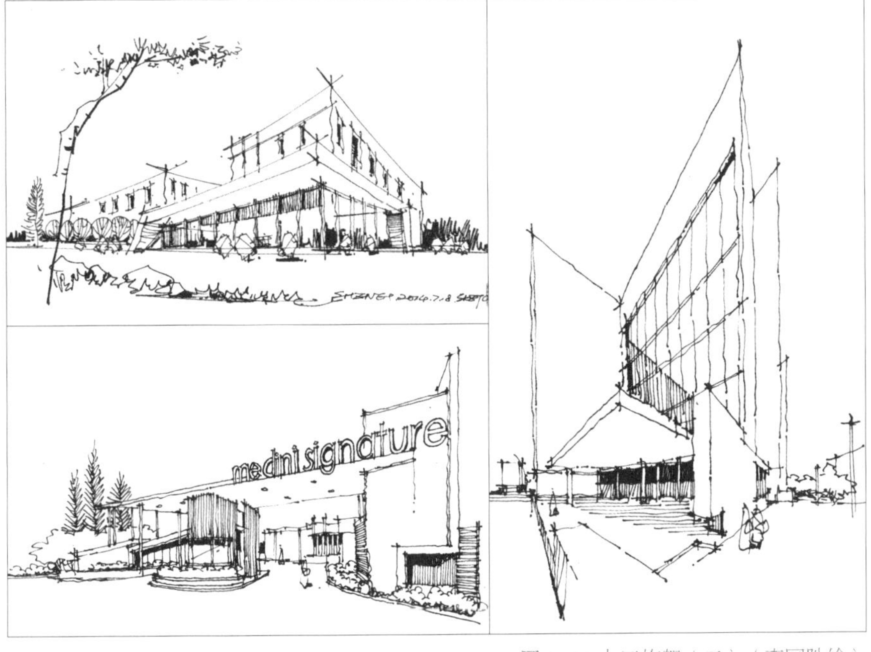

图 3-39 入口构架（二）（李国胜绘）

图 3-40 入口构架（三）（图片来源：网络）

2. 建筑门厅

门厅位于建筑主入口，在功能上起着枢纽作用，对于不同的建筑类型和不同地区，门厅也被称为进厅、前厅、大厅、大堂。

（1）门厅的处理原则

可停留性、方向引导性、空间的丰富、适宜的尺度。

（2）门厅的功能

休息（可与茶座、休息室结合设计）、接待、展示（可布置成开放展厅，但应画出展板的布局）。

（3）门厅与展厅结合的常规处理手法

通高、退台。

（4）门厅与交通的关系

门厅内设置坡道楼梯，门厅内不设置坡道楼梯。

（5）门厅与景观的处理

通高中庭内的景观、门厅与景观院落的设计。

（6）通高与采光

通高空间中的天窗采光、侧窗采光、内庭院采光。

（7）门厅与卫生间的关系

视线不能直接相对，但应与门直线距离较短。卫生间不能设置在人流集中经过的地方，也不能设置在某一特定功能区的尽端（图 3-41、图 3-42）。

图 3-41 建筑门厅（一）（图片来源：网络）

图 3-42 建筑门厅（二）（图片来源：网络）

3. 建筑楼梯 / 大台阶（图 3-43 ~图 3-47）

图 3-43 建筑楼梯 / 大台阶（一）（图片来源：网络）

图 3-44 建筑楼梯 / 大台阶（二）（图片来源：网络）

图 3-45 建筑楼梯 / 大台阶（三）（图片来源：网络）

图 3-46 建筑走道及楼梯（一）（马禹绘）　图 3-47 建筑走道及楼梯（二）（图片来源：网络）

四、建筑的立面构成

1. 开窗形式

（1）点窗的形式与功能

①调节平衡。

②重点强调。

③点窗的线化和面化构图。

当一排或一列点窗的窗间距小于窗子本身的宽度，并且延伸得足够长时，可以形成线窗的感觉；通过墙面的色彩或质感变化来联系点窗，形成条窗的感觉；通过窗及窗间墙的突出或凹入，形成条窗的感觉；通过立面上其他构件联系点窗，使其有条窗的感觉（图 3-48）。

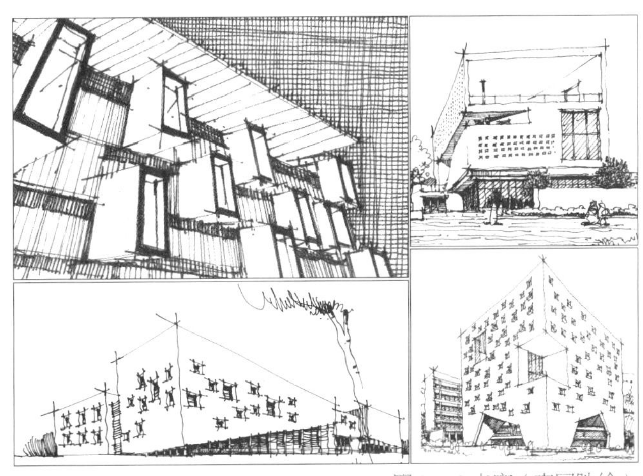

图 3-48 点窗（李国胜绘）

（2）线窗的形式与功能

在建筑立面上，线构图的窗即线窗。

①分割。当一个立面整体或部分显得臃肿，或过于厚重时，可以用通长的线窗进行分割。通过分割，整片的面变成面与面的组合排列，立面的表达变得丰富起来。建筑的山墙部分经常会用到这种处理手法。线的分割把整体划成部分，并形成新的图形，具有造型功能（图3-49）。

②连接。在建筑设计中，经常会使用到形体的连接、穿插。将体量间直接连接，会给人形体黏滞、含糊的感觉。在连接处用线窗处理则能清晰地表达形体间的关系。条窗要做得简洁完整，窗棂与窗面颜色要接近（图3-50）。

图3-49 分割（图片来源：网络）

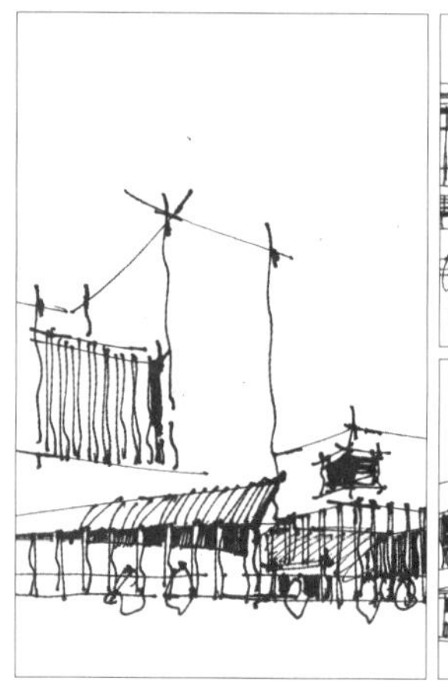
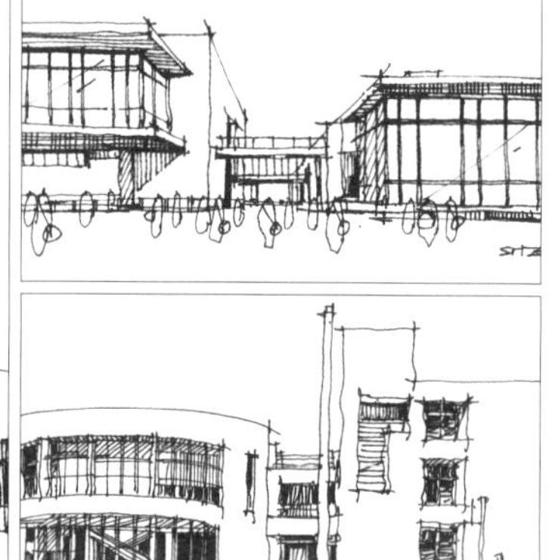

图3-50 连接（李国胜绘）

③方向性。

粗线——厚重、稳健、坚固。

细线——精致、脆弱、敏锐。

直线——刚直、坚定（并排的垂直条窗能给人向上、刚正、坚毅的感觉；平行的水平条窗能给人平稳、安定、祥和的感觉）。

曲线——优雅、轻盈、调和（因形式不同有着不同的性格）（图3-51）。

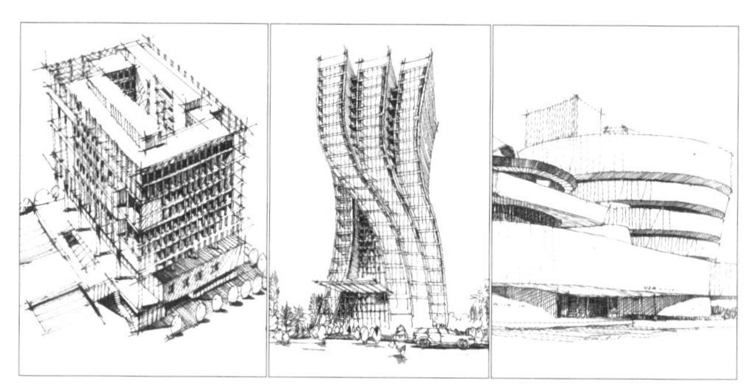

图3-51 方向性（李国胜绘）

④条窗的面化。条窗大面积地排列可以形成“虚”的面。条窗和墙面要平齐，尤其当墙面是铝板或铝塑板等光滑材料时，其构成的立面如同一张光滑、完整的表皮（图3-52）。

图3-52 现行元素的面化（马禹绘）

（3）面窗的形式与功能

面窗可以看作是点窗的面积扩大或条窗的宽度增加。面窗的面积较大时，视觉效果更为醒目，富于力度感。建筑立面上的面窗有两大类，一类是纯粹由窗所构成的“虚面”，另一类是由点窗和条窗高密度集合而形成的面（图3-53）。

①通过“虚”的面窗与实墙形式强烈的虚实对比。

②通过大面积的面窗营造通透的室内空间，将室外景观引入室内，打造连续性的室内外空间。

③通过转折面窗形成通透的建筑体量。

图3-53 面窗的形式与功能（图片来源：网络）

2. 立面色彩

在各种视觉要素中，色彩是敏感的、富有表情的要素。色彩可以在形体表现上附加大量的信息，使建筑表达具有可能性和灵活性。

窗的色彩主要靠窗面来表现，最常用的窗面材料是玻璃。立面上，不同颜色的玻璃窗相搭配可以丰富建筑的视觉表达（图3-54）。

图 3-54 立面色彩（图片来源：网络）

3. 立面肌理

肌理是指形象表面的纹理，可以反映出不同形象的差异，使人产生各种感觉，例如，软与硬、干与湿、粗糙与细密、有规律与无规律、有光泽与无光泽等（图 3-55）。

图 3-55 立面肌理（图片来源：网络）

4. 立面细部（图 3-56）

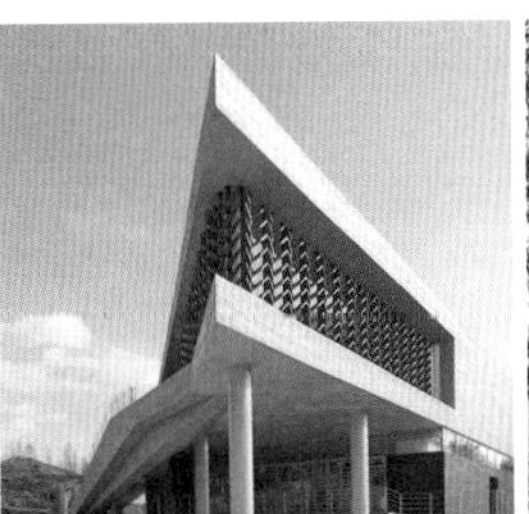

图 3-56 立面细部（图片来源：网络）

第四章　分类型建筑快题方案设计解析

Exposition of Classified- Architecture Fast Design Schemes

◆博览类（博物馆、纪念馆、收藏馆等）建筑方案设计

◆图书馆类建筑方案设计

◆餐饮类建筑方案设计

◆幼儿园建筑方案设计

◆老年人建筑方案设计

◆旅馆类建筑方案设计

◆休闲娱乐建筑方案设计

一、博览类（博物馆、纪念馆、收藏馆等）建筑方案设计

博览建筑类型包括各类博物馆、展览馆，以及其他规模的陈列馆、展览中心等。博物馆具有采集保管、调查研究、普及教育三大基本职能，按规模可分为：大型馆（面积大于10 000 m^2）、中型馆（面积4000~10 000 m^2）和小型馆（面积小于4000 m^2）。

1. 博物馆的功能组成及功能分析

（1）博物馆的功能组成

基本组成功能：展览陈列区、观众服务区、藏品保管区、文保技术区、行政管理区、学术研究区、设备后勤区。

（2）功能分区及功能关系（图4-1）

（3）博览建筑流线

一般分为观众流线、专业人员流线、藏品流线、行政管理流线，各流线有单独的出入口与外界联系。

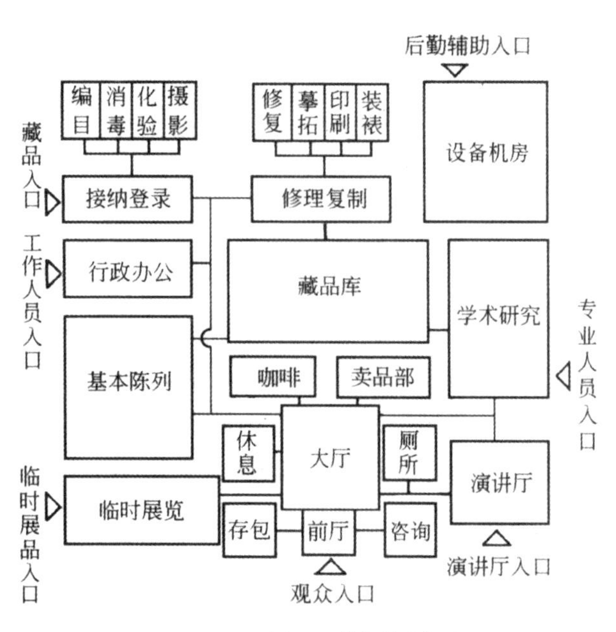

图4-1 博物馆功能关系图（王夏露绘）

2. 博物馆建筑设计的相关规范

（1）总平面图

①馆区内应功能分区明确，室外场地和道路布置应便于观众活动、集散和藏品装卸运送。

②陈列室和藏品库房若临近车流量集中的城市主干道布置，沿街一侧的外墙不宜开窗。

③新建博物馆的基地覆盖率不宜大于40%。

④馆区内应设置自行车和机动车停放场地。

（2）建筑设计

①藏品的运送通道应禁止出现台阶，楼地面高差处可设置不大于1 ：12的坡道。对温度、湿度较为敏感的藏品不宜露天运送。

②大、中型馆的藏品宜按质地分间储藏，每间库房面积不宜小于50 m^2，应单独设门。重量或者体积较大的藏品宜放在多层藏品库房的地面层上。

③藏品暂存库房、鉴赏室、储藏室、办公室等用房应设在藏品库房的总门之外。

④收藏对温湿度较敏感的藏品，应在藏品库房或藏品库房的入口处设置缓冲间，面积不小于6 m^2。

⑤陈列室的面积、分间应符合灵活布置展品的要求，每一个陈列主题的展现长度不宜大于300 m。

⑥陈列室单跨时的跨度不宜小于8 m，多跨时的柱距不宜小于7 m。

⑦大、中型馆内陈列室的每层楼面应配置男女厕所各一间，若该层的陈列室面积之和超过1000 m^2，则应该再适当增加厕所的数量。男女厕所内至少应该设置2个大便器，并配有污水池。

⑧大、中型馆宜设置报告厅，位置应与陈列室较接近，并便于对外开放。报告厅宜按1~2 m^2/座设计。

⑨藏品库区的防火分区面积，单层建筑不得大于1500 m^2，多层建筑不得大于1000 m^2，同一防火分区的隔间面积不得大于500 m^2。陈列区的防火分区面积不得大于2500 m^2，同一防火分区内隔间面积不得大于1000 m^2。

⑩藏品库区电梯和安全疏散楼梯应该设置在每层藏品库房的总门之外，疏散楼梯应采用封闭楼梯。

⑪陈列室外门应该向外开启，不得设置门槛。

3. 博物馆建筑方案设计的应试要点

（1）总平面图设计的要点

妥善选择馆区用地与城市衔接的主次入口位置，使之对外做到主入口能迎合主要人流方向，次要入口便于馆内人员和藏品的进出，且两者适当拉开距离，有利于博物馆建筑对外开放部分与馆内作业两大功能分区的布局。

合理把握馆区内用地的“图底关系”，做到“图”的覆盖率不大于40%。建筑适当集中，且以南北朝向为主。场地平面形状便于按室外功能分成若干区，且有足够的馆前广场和停车场地。

（2）建筑方案设计的要点

根据建筑用地出入口位置与总平面图的“图底关系”使博物馆的展览陈列区、观众服务区、学术研究区、收藏保管区、行政

办公区、设备后勤区六大部分的功能分区合理，使观众参观路线与藏品运送路线互不交叉。

陈列室是博物馆的核心部分，需要解决好“三线”（流线、光线、视线）的设计问题。对于考生来说，重点是解决陈列室的流线问题，陈列区的布展形式分为以下几种：

①串联式（图 4-2）。

特点：首尾衔接，互相穿套，适用于有一定空间序列的建筑。

优点：序列性强，流线紧凑，方向单一，简洁明确；流线不重复，不逆行，不交叉。

缺点：活动路径不够灵活，易产生拥挤，不利于单独开放。

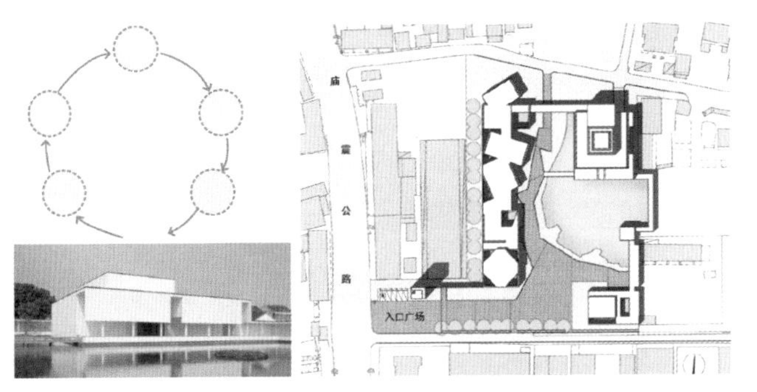

图 4-2 串联式建筑案例（图片来源：网络）

②放射式（图 4-3）。

特点：各空间围绕着交通枢纽空间形成放射式组合。

优点：参观路线紧凑，使用灵活，各空间可以单独开放。

缺点：枢纽空间中参观路线不够明确，容易产生流线迂回交叉的问题。

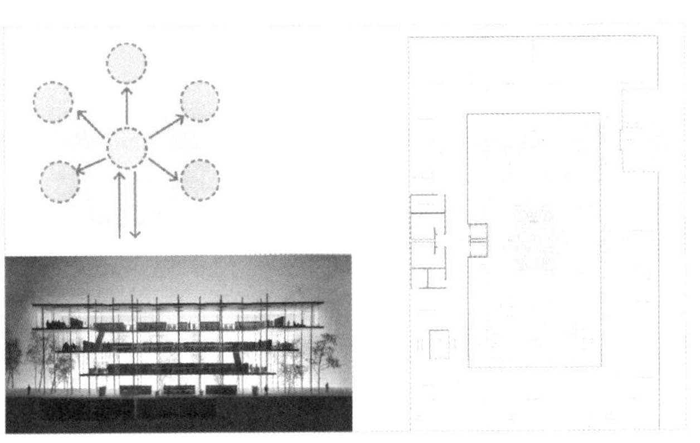

图 4-3 放射式建筑案例（图片来源：网络）

③放射兼串联式（图 4-4）。

优点：灵活性较强，空间布局紧凑，兼具串联 / 放射和通道相联系的优点。

缺点：若处理不当，易使枢纽空间采光、通风不良，也易造成参观路线不明确和人流大时的拥挤与混乱。

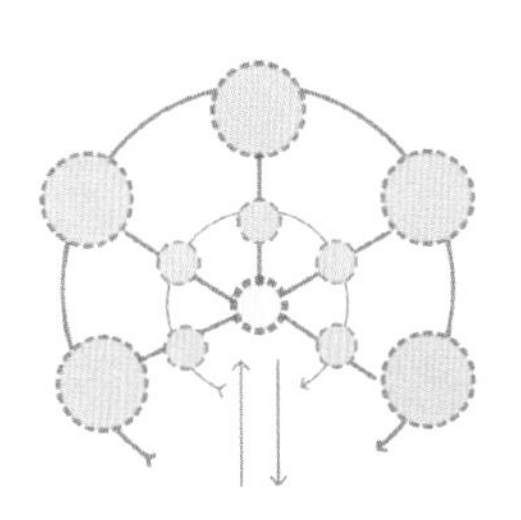

图 4-4 放射兼串联式建筑案例（图片来源：网络）

上述陈列方式及人流组织要合理、路线要简洁，防止逆行和阻塞，并安排好观众休息的场所。

陈列室的开间应不小于 7 m，当陈列室为单线陈列时，跨度应不小于 7 m；当陈列室为双线陈列时，跨度应不小于 10 m。陈列室净高一般为 4~6 m。

藏品库区内不应该设置其他用房，每间藏品库房面积不宜小于 50 m^2，并单独设门。藏品库房应尽量少开窗，以免阳光射入。藏品库房应接近陈列室布置。

垂直交通设施的布置应便于观众参观的连续性和顺序性。

4. 相关案例列举（图 4-5 ~ 图 4-10）

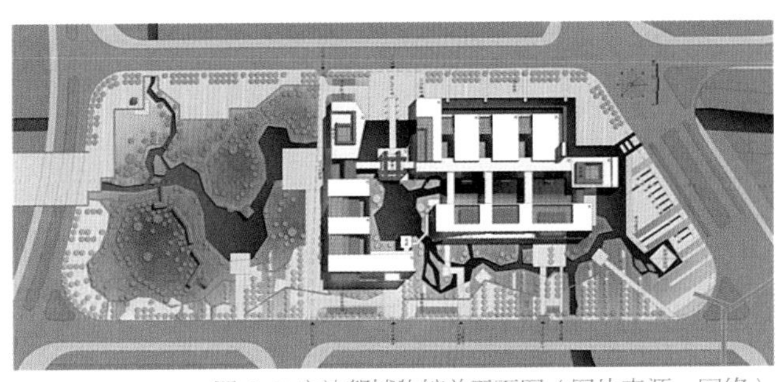

图 4-5 宁波帮博物馆总平面图（图片来源：网络）

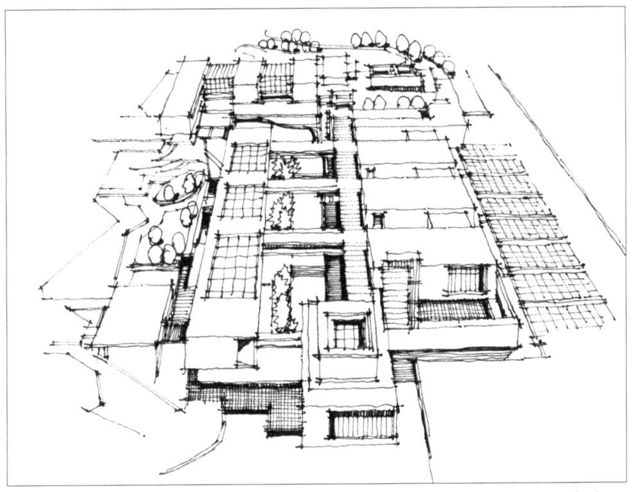

图 4-6 宁波帮博物馆鸟瞰图（李国胜绘）

图 4–7 高黎贡手工造纸美术馆鸟瞰图（王夏露绘）

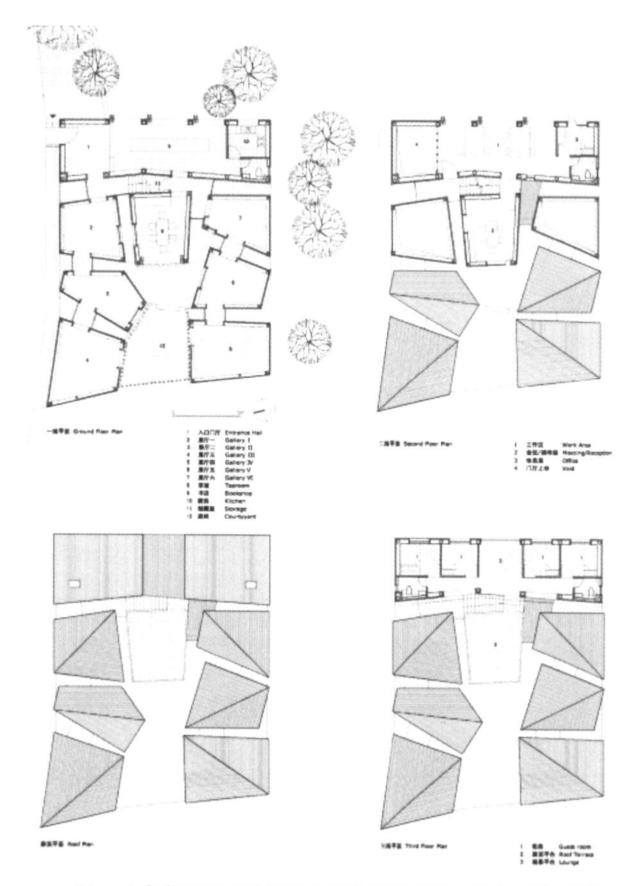

图 4–8 高黎贡手工造纸美术馆各层平面图（图片来源：网络）

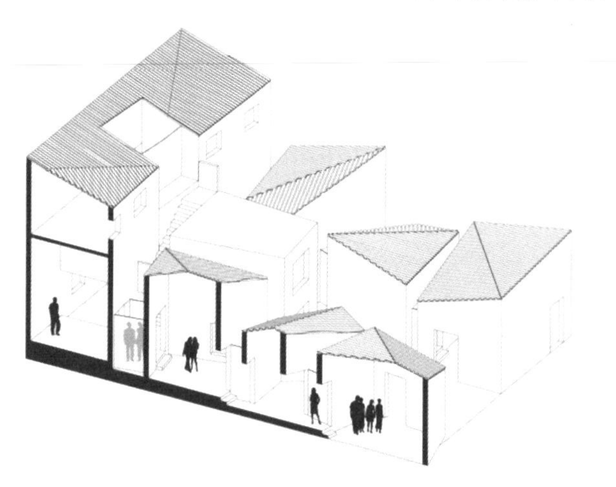

图 4–9 高黎贡手工造纸美术馆剖透视图（图片来源：网络）

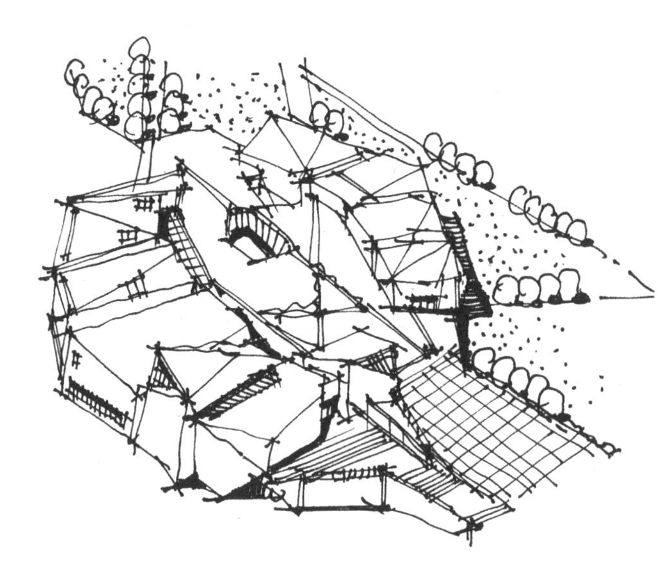

图 4–10 兵器博物馆（李国胜绘）

二、图书馆类建筑方案设计

图书馆建筑类型包括公共图书馆、科研图书馆、高等学校图书馆、中小学图书馆等，按照规模可以分为：大型图书馆（藏书量 150 万册以上）、中型图书馆（藏书量 50~150 万册）和小型图书馆（藏书量 50 万册以下）。

1. 图书馆的功能组成及功能分析

（1）图书馆的功能组成

图书馆最基本的功能组成包括：公共活动区、情报服务区、阅览区、藏书区、行政业务区、技术设备区（图 4–11）。

（2）功能分区及功能关系

图书馆流线主要包括读者流线和书籍流线，两者不要交叉干扰。此外，还有工作人员流线，能方便工作人员到达图书馆各区。

读者流线根据不同读者对象又分为儿童读者流线、报刊读者流线、普通阅览流线和研究人员流线，不同流线会对各阅览区的布局产生影响。

2. 图书馆建筑设计的相关规范

（1）总平面图

①总平面布置应功能分区明确、总体布局合理、各功能区联系方便、互不干扰，并留有发展余地。

②交通组织应做到人、车分流，道路布置应便于人员进出、图书运送、装卸和消防疏散。

③设有儿童阅览区的图书馆，应有单独的出入口，室内外应有设施较完善的儿童活动场地。

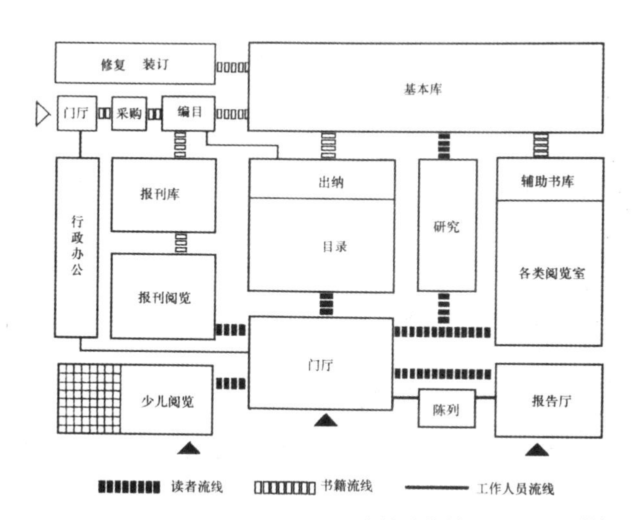

图 4-11 图书馆功能关系图（王夏露绘）

④建筑基地覆盖率不宜大于 40%。

⑤基地内应设置供内部和外部使用的机动车停车场和自行车停放设施。

（2）建筑设计

①图书馆各空间柱网尺寸、层高、荷载设计应有较大的适应性和使用的灵活性。

②图书馆各类用房除了有特殊要求外，应利用天然采光和自然通风。

③建筑设计应该考虑无障碍设计。

④书库框架结构的柱网宜采用 1.2 m 或 1.25 m 的整数倍。

⑤书库和阅览区的楼地面宜采用同一标高。

⑥阅览区应光线充足、照度均匀，防止阳光直晒。

⑦阅览区的建筑开间、进深及层高应该满足家具、设备合理布置的要求，并应考虑开架管理的使用需求。

⑧二层及二层以上书库应至少有一套书刊提升设备。

⑨阅览区应该在入口附近设管理（出纳）台和工作间。

⑩阅览区不得被过往人流穿行，独立使用的阅览空间不得设于套间内。

⑪使用频繁、开放时间长的阅览室宜邻近门厅布置。

⑫珍善本阅览室与珍善本书库应毗邻布置；阅览室和库房之间应设缓冲区，并设分区门。

⑬音像资料视听室宜自成区域，与其他阅览室之间互不干扰。

⑭电子出版物阅览室宜靠近计算机中心，并与电子出版物库相连通。

⑮儿童阅览室应与成人阅览区分隔，单独设出入口，并与出纳空间毗邻。当与出纳共处同一空间时，应有明确的功能分区。

⑯目录检索空间应靠近读者出入口，并与出纳空间毗邻。当与出纳共处同一空间时，应有明确的功能分区。

⑰300 个座位以上规模的报告厅应与阅览区隔离，独立设置，并设置专用休息处、接待处及厕所。

⑱公用厕所和专用厕所宜分别设置。公用厕所卫生洁具按人数男女各半计算，并应符合下列规定：

a. 成人男厕按每 60 人设大便器一具，每 30 人设小便斗一具。

b. 成人女厕按每 30 人设大便器一具。

c. 儿童男厕按每 50 人设大便器一具，小便器两具。

d. 儿童女厕按每 25 人设大便器一具。

e. 洗手盘按每 60 人设一具。

f. 公用厕所内应设污水池一个。

g. 公用厕所中应设残疾人使用的专门设施。

⑲采编用房应与读者活动区分开，与典藏室、书库、书刊入口有便捷联系，平面布置应符合采购、交换、拆包、验收、登记、分类、编目和加工等工艺流程的要求。

⑳装裱、照相等业务用房不应与书库、非书资料库贴邻布置。

㉑图书馆的安全出口不应少于两个，并应分散设置。

㉒书库、非书资料库、藏阅合一的阅览空间，防火分区最大允许建筑面积：为单层时，不应大于 1500 m^2；多层、建筑高度不超过 24 m 时，不应大于 1000 m^2；高度超过 24 m 时，不应大于 700 m^2。当防火分区设有自动灭火系统时，其允许最大建筑面积可按上述规定增加 1 倍；每个防火分区的安全出口不应少于两个，但建筑面积超过 100 m^2 的特藏库、胶片库和珍善本书库可设一个安全出口。

㉓书库、非书资料库的疏散楼梯，应设计为封闭楼梯间或放烟楼梯间，宜在库门外邻近设置。

3. 图书馆建筑方案设计的应试要点

（1）总平面图设计的要求

图书馆的对外工作区（读者阅览区）、对外开放区（陈列厅、报告厅等）和内部工作区（行政办公、业务办公及技术设备用房）在总平面图中的布局要分区明确，各自有直通外部道路的出入口，其流线互不干扰，但联系方便。

有必要的室外场地，建筑覆盖率控制在 40% 以内。在场地设计时，应注意设置室外活动场地，休息、绿化用地及道路停车场用地。

保证主体建筑有良好的朝向、自然通风和环境安静条件。当图书馆临城市嘈杂道路一侧，在进行建筑布局时，应采取措施，保证阅览区不受外界噪声干扰。

（2）建筑方案设计的要点

合理安排藏、借、阅三大基本部分，它们的布局方式决定了图书馆建筑的平面形式和读者与图书基本流线的关系。在进行平面布局时，必须使书籍、读者、服务之间的流线畅通，避免交叉干扰，最大限度地缩短工作人员取书和运书的距离，减少读者借书的等候时间。常采用的方法是藏、借、阅融于一个阅览区，但基本书库要与阅览区有直接的联系。

图书馆各功能分区首先在竖向上将基本书库区、行政区、业务办公区设置在底层，将全馆服务中心，如目录厅、总出纳台、信息中心，以及部分阅览区和交通枢纽设置在主层（中小型图书馆主层即为底层，中大型图书馆主层常设在二层），而将其他主阅览区和特殊阅览区设置在高楼层。

对于阅览区而言，还应考虑不同读者的特点，将相对嘈杂的儿童阅览区和阅览时间短、读者进出频繁的报刊阅览区布置在底层，将大量读者所使用的普通阅览区，以及人数少、阅览时间长的研究读者使用的珍本阅览区、专题研究区等设置在高楼层。上述分层布局原则主要是为了减少不同人流的交叉迂回，并为楼层各阅览区创造安静的环境。

在平面功能分区中要做到内外有别，严格把读者活动、阅览区与内部人员工作区分开。读者流线既不应与书籍流线相互交叉干扰，又要联系方便、交通便捷。在进行平面功能布局时，要注意动静分区，将业务工作区与读者使用区分开、阅览区与公共活动区分开。各阅览区要将成人阅览区与儿童阅览区分开，成人阅览区要将浏览读者使用的阅览区与研究读者使用的阅览区分开。

①阅览区的设计要点：

a. 要有良好的朝向、采光和自然通风条件，以及安静的环境。

b. 阅览区的辅助书库可设在其附近，也可内设开架库。

c. 普通报刊阅览区宜设在图书馆主入口附近，并靠近报刊库。在大、中型图书馆中常将报纸与杂志分室阅览，而阅报室可专设入口。

d. 专业期刊阅览室应邻近专业期刊库，并设单独的出纳台，一般设在高楼层。

e. 参考阅览应邻近目录室、馆内阅览出纳台和读者咨询处，并宜设辅助书库及单独的目录柜。室内可按开架方式布置，一般设在高楼层。

f. 专业阅览区和研究室应邻近专业图书的辅助书库及其出纳台与目录室。研究室可设置成大小不同的单间或研究厢，一般设在高楼层。

g. 儿童阅览区宜设单独的出纳台和辅助书库，宜布置在底层，并有单独出入口和厕所。如有可能，最好辟有室外阅览场地，但要便于管理。

②书库设计的要点：

a. 中小型图书馆的各种书库以集中设置在一层为宜，大型图书馆可分为基本书库、辅助书库、阅览区开架书库。

b. 辅助书库、出纳台、各阅览区应与基本书库保持便捷的联系。

c. 基本书库内宜设工作人员专用楼梯，楼梯宽度不小于0.8 m，并设书籍的提升设备。

d. 出纳目录厅要靠近图书馆主入口，两者可邻近设置（大型图书馆），也可组合在一个房间内（中小型图书馆），出纳与书库应有良好的水平或垂直联系。

e. 图书馆结构柱网的开间尺寸应与图书馆家具（主要是书架和阅览桌）的尺寸呈模数关系（一般为2.5 m），并考虑空间使用的灵活性、可变性，采用大开间，以6.3 m、7.5 m为主（图4-12 ~图4-15）。

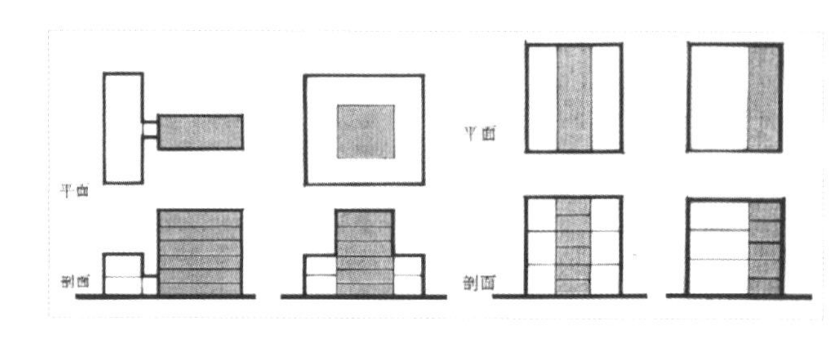

图4-12 书库与阅览室的剖面关系（图片来源：网络）

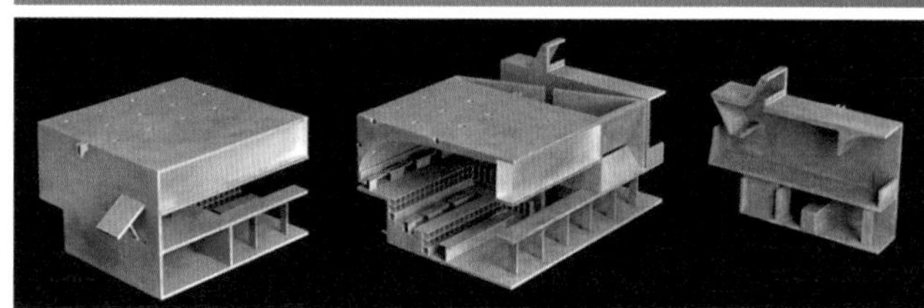
图4-13 海边三联书店（一）（图片来源：网络）

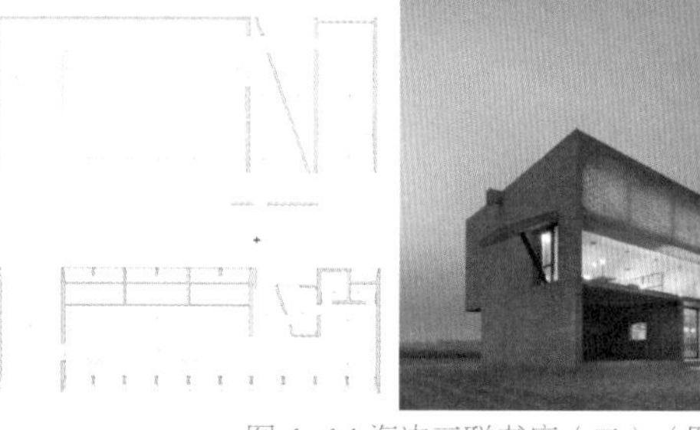
图4-14 海边三联书店（二）（图片来源：网络）

图 4-15 四川美术学院虎溪校区图书馆（图片来源：网络）

三、餐饮类建筑方案设计

餐饮类建筑包括各类餐厅、饮食店、快餐店和食堂。餐厅可分高级、中级、一般三个级别，其建筑标准、面积标准、设施水平均有所不同。本节着重阐述营业性餐厅的建筑方案设计。

1. 餐厅的功能组成及功能分析（图 4-16）

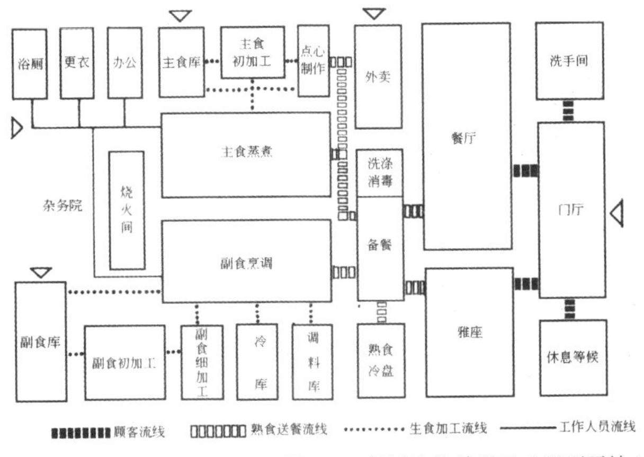

图 4-16 餐厅功能关系图（王夏露绘）

2. 餐饮建筑设计的相关规范

（1）总平面图

①餐厅建筑的用地出入口应按人流、货流分别设置，妥善处理易燃、易爆物品及废弃物等的运存路线与堆场。

②在总平面图布置上，应防止厨房的油烟、气味、噪声及废弃物等对邻近建筑的影响。

③一、二级餐厅建筑宜有适当的停车空间。

（2）建筑设计

①餐厅室内净空为 2.6 ~ 3 m。

②餐厅室内采光与通风良好。

③就餐者专用厕所位置应隐蔽，其前室入口不应靠近餐厅或与餐厅相对。

④一、二级餐厅厕所应符合下列规定：

a. 厕所应男女分设。

b. 餐厅小于 100 座时，设男大便器一个、小便器一个，女大便器一个。餐厅大于 100 座时，每 100 座增设男大便器一个，或小便器一个，女大便器一个。

⑤一、二级餐厅应设洗手间，当餐厅小于 50 座时，设一个中洗手盆；当餐厅大于 50 座时，每 100 座增设一个中洗手盆。

⑥外卖柜台或窗口临街设置时，不应妨碍就餐者通行，距人行道宜有适当距离，并应有遮阳、避雨、防尘等设施。外卖柜台或窗口在厅内设置时，不宜妨碍就餐者通行。

⑦厨房制作间应按原料处理、主食加工、副食加工、备餐、食具洗存等工艺流程合理布置，严格做到原料与成品分开，生食与熟食分开加工和存放。

⑧垂直运输的食梯应生熟分设。

3. 餐饮建筑方案设计的应试要点

（1）总平面图设计的要点

餐厅的对外服务部分以及厨房后台工作部分在总平面图中的布局要分区明确，各自有直接对外道路的出入口，其流线完全分隔，互不干扰。

在餐厅主入口前应留有与城市道路的缓冲空间，并适当考虑机动车与非机动车的停车场地。在厨房货物入口处宜留有后院空间，以备暂存废弃物之用，宜留货车的回车场地。

建筑布局要满足良好的采光、通风、日照要求，对景观的考虑要有优先权。厨房的布局应避免烟尘、气味、噪声对附近建筑产生影响。

（2）建筑方案设计的要点

把握好各类餐厅的竖向布局，使顾客就餐路线明确、便捷。

注意顾客流线与送餐流线相对，避免并行。这就要求餐厅的两个入口（顾客入口和送餐入口）距离适宜。

各餐厅空间都需通过备餐与厨房相连，以保证送餐路线便捷，厨房最好不要通过公共过道与餐厅相联系，以防止人流与送餐流线相混。

厨房设计要注意分区明确，合理安排后勤辅助区（办公区、男女更衣室、男女厕所、淋浴间）、库房区（主副食库、冷库、调料库等）、加工区（主食蒸煮、副食烹调、熟食配置等），内部流线清晰，符合工艺流程。

厨房的烤烙间和蒸煮间要单独分隔，以避免大量蒸汽、热辐射对其他加工部分的影响。

餐具洗涤、消毒间宜紧邻餐厅，或有单独的通道与餐厅相连，以便餐具使用后有独立的回收路线。

4. 相关案例列举（图 4-17）

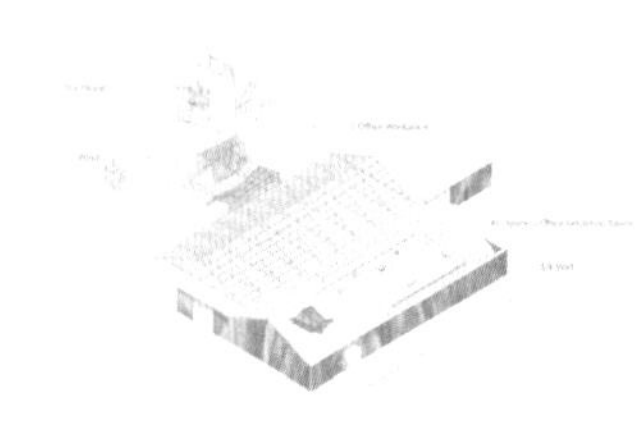

图 4-17 餐饮建筑相关案例（图片来源：网络）

四、幼儿园建筑方案设计

1. 幼儿园的功能组成及功能分析（图 4-18）

2. 幼儿园建筑设计的相关规范

（1）总平面图

①幼儿园应根据设计任务书的要求对建筑、室外游戏场地、绿化用地及杂物院等进行总体布置，做到功能分区合理，方便管理，朝向适宜，游戏场地日照充足，创造符合幼儿生理、心理特点的空间。

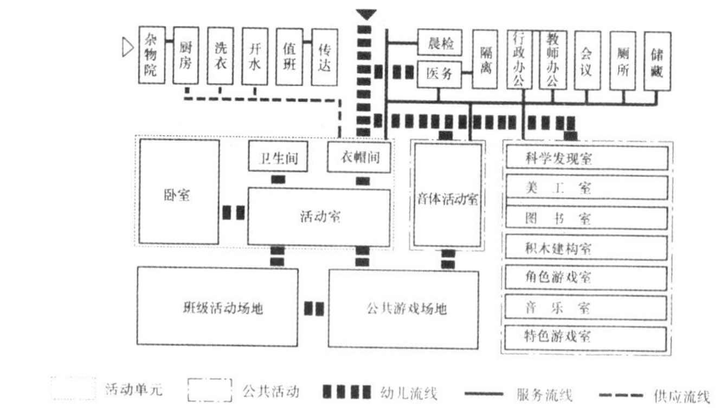

图 4-18 幼儿园功能关系图（王夏露绘）

②幼儿园宜在供应区内设置杂物院，并单独设置对外出入口。

（2）建筑设计

①平面布置应功能分区明确，避免相互干扰，方便管理，有利于交通疏散。

②幼儿园的生活用房应布置在当地最好的日照方位，并满足冬至日底层满窗日照不少于 3 h 的要求，温暖地区、炎热地区的生活用房应避免西晒，否则应设置遮阳设施。

③单侧采光的活动室，进深不宜超过 6.6 m。

④卫生间应临近活动室和卧室，厕所和盥洗室应分隔开来，并应有直接的自然通风。每班卫生间内最少设污水池 1 个，大便器或沟槽 4 个，小便槽 4 位，盥洗台龙头 6 ~ 8 个。

⑤音体室的位置宜临近生活用房，不应和服务用房、供应用房混设在一起。单独设置时，宜用连廊与主体建筑连通。

⑥医务保健室与隔离室宜相邻设置，与幼儿生活用房应有适当距离。隔离室应设独立的厕所。

⑦晨检室宜设在建筑的主出入口处。

⑧幼儿园为楼房时，应设置小型垂直提升食梯。

⑨幼儿园的生活用房在一、二级耐火等级的建筑中，不应设在四层及四层以上，三级耐火等级的建筑不应设在三层及三层以上，四级耐火等级的建筑不应超过一层。平屋顶可以作为安全避难和室外游戏场地，但应设有防护设施。

⑩在幼儿园安全疏散和经常出入的道路上，不应设置台阶，必要时可设防滑坡道，其坡度不应大于 1 ∶ 12 。

⑪楼梯除设成人扶手外，还应在靠墙一侧设幼儿扶手，其高度不应大于 0.6 m。楼梯栏杆垂直线饰间的净距不应大于 0.11 m。当楼梯井宽度大于 0.2 m 时，必须采取安全措施。

⑫活动室、卧室、音体室应设双扇平开门，宽度不应小于 1.2 m。

3. 幼儿园建筑方案设计的应试要点

（1）总平面图的设计要点

幼儿园场地的主次出入口宜分别设在不同方向的两条临街道路上；当仅临一条街时，应将主次出入口拉开距离。无论哪种主次出入口都不应穿越室外游戏场地，主要出入口宜退让城市道路，以形成家长接送幼儿的等候空间。

在布局建筑与幼儿室外活动场地的“图底关系”中，要同时满足两者的日照、通风要求，即建筑宜居场地之北，幼儿室外活动场地宜处场地之南。有条件者，建筑宜成 L 形布局，开口朝东南向。

幼儿室外活动场地宜成片设置，有利于多项游戏设施的合理布局，以及幼儿活动时便于互换游戏项目。

后勤杂物院应处于场地偏僻一角，不应与其他场地相混。

（2）建筑方案的设计要点

合理安排幼儿生活用房、服务用房和供应用房三大功能区，优先保证幼儿生活用房区处于用地最佳位置，满足日照、通风条件，并尽量获得良好的景观和安静、无污染的环境条件。

幼儿生活用房中的音体室空间较大、层高较高，宜独立设置，但应与各班级活动单元所构成的主体建筑和室外集体活动场地有方便的联系，与主体建筑有连廊，形成不受天气影响的连接方式。

主体建筑的各班级活动单元组合以南廊为佳，既保证各班级活动单元有较好的日照、通风条件，又方便幼儿进出活动室与室外游戏场地。

各班级活动单元中的活动室、卧室、卫生间和衣帽间四者应布局紧凑，优先保证活动室朝南，且面积应大于进深，以获得更多的阳光面和景观面。卧室面积应尽可能紧凑，以减少室内交通面积。若不能保证卧室朝南，不宜呈独立朝北房间，宜与活动室在空间上合二为一，可用无障碍通风和无损空间完整的二次空间划分手段（如矮家具）进行功能分隔。

服务用房宜分为行政管理用房与教师用房，前者应接近幼儿园主出入口，后者宜接近幼儿生活用房区。服务用房若为楼房时，行政管理用房宜在一层，教师用房宜在二层。

供应用房布局不应与幼儿活动流线交叉，重点考虑厨房等房间布局的合理性，严格按照生熟、工艺流程组织房间秩序，食物加工流线不可逆向运行。

幼儿园建筑平面整体布局要有利于创造屋顶活动平台，即建筑体形宜错落有致。如音体室宜为一层，办公楼宜为二层，幼儿生活用房主体建筑为三层，三者共同构成有机整体，各屋顶平台具有可达性。

4. 相关案例列举（图 4-19 ~图 4-24）

图 4-19 大连幼儿园鸟瞰图（一）（图片来源：网络）

图 4-20 大连幼儿园鸟瞰图（二）（李国胜绘）

图 4-21 嘉定新城幼儿园外观图（一）（图片来源：网络）

图 4-22 嘉定新城幼儿园外观图（二）（图片来源：网络）

图 4-23 嘉定新城幼儿园轴测图（图片来源：网络）

图 4-24 嘉定新城幼儿园总平面图（图片来源：网络）

五、老年人建筑方案设计

1. 老年人建筑设计的相关规范

（1）总平面图

①老年人建筑基地应选在地质稳定、场地干燥、排水通畅、日照充足、远离噪声和污染源的地段，基地内不宜有过大、复杂的高差。基地内建筑密度，市区不宜大于 30%，郊区不宜大于 20%。

②道路系统应简洁通畅，具有明确的方向感和识别性，避免人车混行。道路应设明显的交通标志和夜间照明设施，在台阶处宜设置双向照明，并设置扶手。

③老年人使用的步行道路应做成无障碍通道系统，道路的有效宽度不应小于 0.9 m；坡度不宜大于 2.5%，当大于 2.5% 时，变坡点应予以提示，并宜在坡度较大处设扶手。

④在场地设计中，应为老年人提供适当的绿地和休闲场地，并宜留供老年人种植劳作的场地。场地布局宜动静分区，供老年人散步和休憩的场地宜设置健身器材、花架、座椅等设施，并避免烈日暴晒和寒风侵袭。供老年人观赏的水面不宜过深，深度超过 0.6 m 时，应设防护措施。

（2）建筑设计

①步行道路有高差处、入口与室内外地面有高差处应设坡道。室外坡道的坡度不应大于 1 ： 12, 每上升 0.75 m 或长度超过 9 m 时，应设置平台。平台深度不应小于 1.5 m，并应设连续的扶手。

②台阶的踏步宽度不宜小于 0.3 m，踏步高度不宜大于 0.15 m。台阶的有效宽度不应小于 0.9 m，并宜在两侧设置连续的扶手；台阶宽度在 3 m 以上时，应在中间加设扶手。在台阶转换处应设置明显标志。

③独立设置的坡道的有效宽度不应小于 1.5 m；坡道和台阶并用时，坡道的有效宽度不应小于 0.9 m。坡道的起止点应有不小于 1.5 m × 1.5 m 的轮椅回转面积。

④建筑出入口的有效宽度不应小于 1.1 m。门扇开启端的墙垛净尺寸不应小于 0.5 m。出入口内外应有不小于 1.5 m × 1.5 m 的轮椅回转面积。建筑出入口应设置雨篷，雨篷的挑出长度宜超过台阶首级踏步 0.5 m 以上。

⑤公用走廊有效宽度不应小于 1.5 m。仅供一辆轮椅通过的走廊有效宽度不应小于 1.2 m，并在走廊两端设有不小于 1.5 m × 1.5 m 的轮椅回转面积。

⑥公用楼梯的宽度不小于 1.2 m，不宜采用螺旋楼梯和直跑楼梯，每段楼梯的高度不宜高于 1.5 m。

2. 老年人建筑方案设计的应试要点

（1）总平面图设计的要点

确定建筑主入口，在满足建筑交通便利的前提下，尽量扩大南向的建筑面积。在布置场地时，应注意室内外活动场地的联系，以及采光和避风。

建筑主次入口分明，场地动静分区。

（2）建筑方案设计的要点

①功能分区合理，动与静、公共与私密分区明确。

②交通流线便捷，在建筑流线中应设置一些公共交流空间，方便老年人活动与交流。

③应注意无障碍设计，并选择适宜的建筑材料，重点体现建筑的“人文关怀”。

3. 相关案例列举（图 4-25 ~图 4-33）

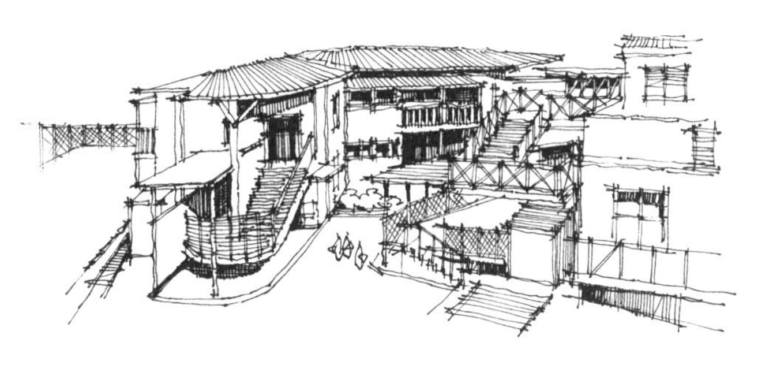

图 4-25 老年人建筑参考案例（一）（李国胜绘）

图 4-26 老年人建筑参考案例（二）（图片来源：网络）

图 4-27 老年人建筑参考案例（三）（图片来源：网络）

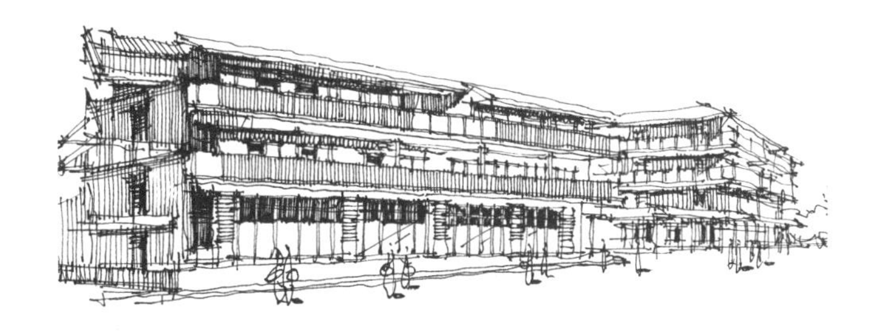

图 4-28 老年人建筑参考案例（四）（李国胜绘）

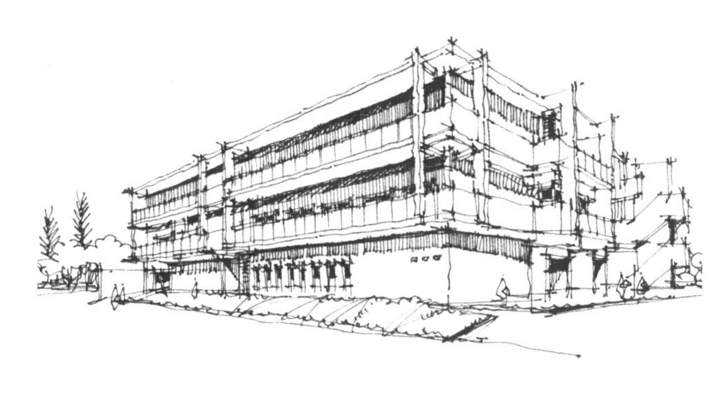

图 4-29 老年人建筑参考案例（五）（李国胜绘）

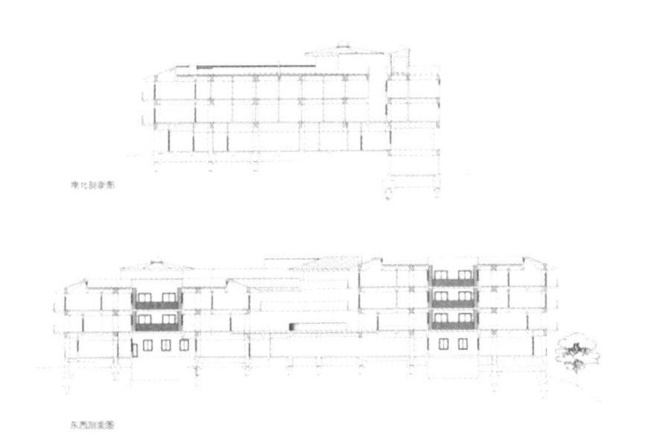

图 4-30 老年人建筑参考案例（六）（图片来源：网络）

图 4-31 老年人建筑参考案例（七）（李国胜绘）

图 4-33 老年人建筑参考案例（九）（图片来源：网络）

图 4-32 老年人建筑参考案例（八）（图片来源：网络）

六、旅馆类建筑方案设计

1. 旅馆建筑的功能组成及功能分析

（图 4-34、图 4-35）

	部分	内容
旅馆	入口接待部分	大堂、总服务台、前台管理、商务中心、堂吧、咖啡座
	住宿部分	客房、活动室、服务台、值班、卫生间、清洁、工具、储藏、会议
	餐饮部分	各式餐厅、厨房、宴会厅、冷热饮厅、风味小吃
	公共活动部分	商店、游泳池、各类球场、球室、健身房、桑拿浴室、按摩室、美容美发、舞厅、卡拉 OK、电子游戏、会议室、多功能厅
	行政办公部分	总经理、部门经理、营销部、客房部、餐饮部、宴会部、商场部、公关部、人事部、保安部、会计部、供应服务部
	后勤服务部分	洗衣房、各类库房、垃圾房、客房管理
	员工生活部分	更衣、浴厕、员工餐厅、员工休息室
	停车部分	地面停车、地下停车、自行车停车处
	各类机房	锅炉房、变配电房、冷冻机房、煤气表房、煤气调压站、空调机房、防灾中心、电话机房、保安中心、电梯机房、电脑机房
	工程维修用房	钥匙工场、家具工场、木工工场、油漆工场、管工工场、电工工场、印刷工场、电视修理工场

图 4-34 旅馆功能组成（王夏露绘）

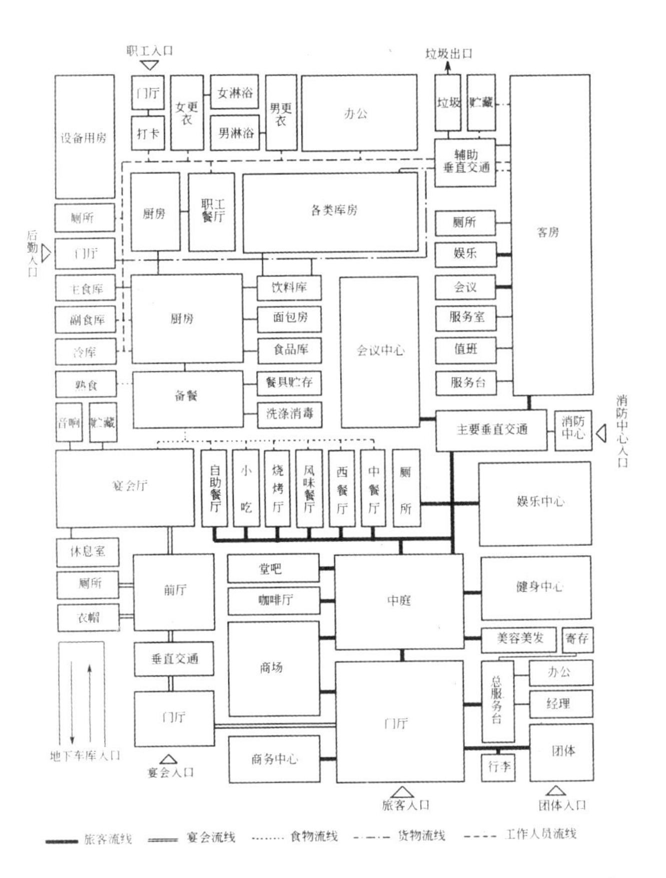

图 4–35 旅馆功能关系图（王夏露绘）

2. 旅馆类建筑设计的相关规范

（1）总平面图设计

①主要出入口必须明显，并能引导旅客直接到达门厅。应根据使用要求设置单车道或多车道，入口车道上方宜设置雨篷。

②不论采用何种建筑形式，均应合理划分旅馆建筑的功能分区，组织各种出入口，使人流、货流、车流互不交叉。

③根据所需停放车辆的车型及数量在用地内或建筑内设置停车空间。

（2）建筑设计

①一般规定。

a. 锅炉房、冷却塔等不宜设在客房楼内，如果必须设在客房楼内时，应自成一区，并应采取防火、减震等措施。

b. 室内应尽量利用自然采光。

c. 一、二级旅馆建筑 3 层及 3 层以上，三级旅馆建筑 4 层及 4 层以上，四级旅馆建筑 6 层及 6 层以上，五、六级旅馆建筑 7 层及 7 层以上，应设乘客电梯。主要乘客电梯位置应在大厅易于看到且较为便捷的地方。

②客房。

a. 客房内应设有壁柜或挂衣空间。

b. 卫生间不应设在餐厅、厨房、食品储藏、变配电室等有严格卫生要求或防潮要求用房的直接上层。

c. 卫生间不应向客房或走道开窗。

d. 客房上下层直通的管道井，不应在卫生间内开设检修门。

e. 服务用房宜设服务工作间、储藏间和开水间，可根据需要设置服务台。

f. 客房层全部客房附设卫生间时，应设置服务人员厕所。

③公共部分。

a. 门厅内交通流线及服务分区应明确，对于团体客人及其行李，可根据需要采取分流措施。总服务台的位置应明显。

b. 大型及中型会议室不应设在客房层。

c. 会议室的位置、出入口应避免外部使用时的人流路线与旅馆内部客流路线相互干扰。

d. 会议室附近应设盥洗室。

e. 会议室多功能使用时，应能灵活分隔为可独立使用的空间，且应有相应的设施和储藏间。

f. 商店的位置、出入口应考虑旅客的方便性，并避免噪声对客房的干扰。

④辅助部分。

a. 厨房应与餐厅联系方便，并避免厨房的噪声、油烟、气味及食品储运对公共区和客房区造成干扰。厨房的平面设计应符合加工流程，避免往返交错，符合卫生防疫要求，防止生食与熟食混杂等情况发生。

b. 洗衣房的平面布置应分设工作人员出入口、污衣入口及洁衣出口，并避免与主要客流路线相交叉。

c. 备品库应包括家具、器皿、纺织品、日用品及消耗物品等库房。备品库的位置应考虑收运、贮存、发放等管理工作的安全与方便。

⑤防火与疏散。

a. 集中式旅馆的每个防火分区应设有独立通向地面或避难层的安全出口，并不少于 2 个。

b. 旅馆建筑内的商店、商品展销厅、餐厅、宴会厅等火灾危险性大、安全性高的功能区及用房，应独立划分防火分区或设置相应耐火极限的防火分隔，并设置必要的排烟设施。

c. 消防控制室应设置在便于维修和管线布置最短的地方，并设有直通室外的出口。

3. 旅馆类建筑方案设计的应试要点

旅馆建筑是功能庞杂的公共建筑，常以多层、高层形式出现。针对该类型考试，难以在两三张图纸中全面表达出一个完整的旅馆建筑设计方案。可以着重了解几个关键的旅馆功能部位设计，其余功能尽可能予以简化。因此，考生对旅馆建筑若干重点功能部位的设计一定要充分理解。

（1）总平面图设计的要点

确定旅馆用地与城市道路的衔接，旅客主要入口的位置宜面向城市道路，以引导客人进入。主要机动车出入口位置距城市干道交叉口应大于 70 m，后勤供应出入口宜在与用地相邻的次要道路上。

正确把握用地的“图底关系”。当用地较宽松时，“图”的部分及旅馆各功能可按使用性质进行合理分区，但建筑布局需紧凑，道路和管线不宜太长。当用地较紧张时，“图”的部分应集中布局，以尽量争取室外场地的面积。

结合总平面场地，确定旅馆各功能部分的单独对外出入口。总平面场地的内容及其要求是：

①入口广场。它是连接场地主要出入口与旅馆建筑主要出入口的重要室外空间。在入口广场上要使客人使用的步行道与机动车行驶的车道严格分开，在旅馆出入口前应适当放宽步行道。

②辅助广场。它是中型以上旅馆辅助出入口（用于出席宴会以及商场购物的非住宿客人出入）前的缓冲地带。布置时不要与旅馆入口广场相混，最好适当拉开距离，以避免非住宿客人穿过旅馆门厅进入宴会厅。

③货物装卸场地。用于旅馆货物出入，位置要隐蔽，要靠近物品仓库或堆放场所，其面积要能满足运输工具的要求。

④职工出入广场。宜设在职工工作及生活区，位置也宜隐蔽。

⑤地面停车场地。保证地面机动车停车场的面积（大客车的停车位尺寸为 3.5 m×13 m，小轿车的停车位尺寸为 2.75 m×6 m），确保停车场内行车通畅，每辆车都能单独出入车位。

⑥道路用地。需考虑环形消防车道。

⑦室外活动场地。争取良好景观、朝向，提高环境质量。重点保证客房楼和主要公共活动部分面向良好景观，防止外部环境和旅馆内各设备对客人用房造成不利影响。

（2）建筑方案设计的要点

①标准间的设计要符合功能使用要求。

a. 标准间是有客房、卫生间、壁柜、小走道、管井 5 个主次不等的空间构成。

b. 这样的平面模式可以在一个框架结构体系中，每个开间可安排两个标准单元，由此确定标准层的框架尺寸，办事客房楼为：7.8 ~ 8 m×（4.6+7.2+4.6）m。

c. 客房入门处宜后退走廊 0.3 m，一方面可使内走廊空间有变化，另一方面客人在门口处短暂停留，可减少对走廊交通的影响。

d. 卫生间洁具布置以大便器居中、浴缸靠走廊、洗脸盆靠卧室为宜。卫生间门开启方向应使浴缸在门扇背后。

e. 壁橱深度要保证在 0.55 ~ 0.6 m 之内。

f. 管道井净宽不应小于 0.6 m。

②标准层的设计要做到功能布局合理，符合消防安全要求。

a. 客房单元类型的配置以双人间客房为主，适当考虑单人间客房和套间。

b. 走廊两侧客房布局宜使房门错开，以减少相互干扰。

c. 电梯厅应布置在适中位置，电梯的排列与厅的宽度以面积紧凑、使用方便为原则。若电梯数量在 4 台以下时，宜一字形排列，可垂直走廊或面向走廊与其平行排列 。若电梯数量在 4 台及以上时，宜相对排列，并组成电梯厅。厅的宽度一般为 3.5 ~ 4.5 m。

d. 疏散楼梯的布置宜有利于客人双向疏散，且宜靠外墙布置，以利排烟、防火。高层旅馆的客房层，电梯、楼梯应设消防前室，防烟楼梯前室的面积为 6 m^2，消防电梯与防烟楼梯合用前室的面积为 10 m^2。

e. 服务用房位置应隐蔽，可设于标准层或端部。服务用房区应有出入口，以供服务人员进出客房区。服务用房包括服务厅、棉织品库、休息区、厕所、垃圾污物管道间，应与服务电梯厅靠近，但服务台及服务员管理房间应设在电梯厅出入口处。

③ 公共部分的设计要做好底层部分的竖向功能分区，合理组织客人流线。

大堂空间应开敞流通，各功能组成部分既划分明确，又浑然一体。总服务台位置应明显，迎合客人进入的方向，其后应布置若干间前台办公用房。大堂内的电梯厅应引人注目，休息区宜偏离主要人流路线，自成一区。

④ 餐饮部分的设计主要考虑以下要素。

a. 平面布置应是客人最易到达的部位，一般大中型旅馆宜设在二层，小型旅馆可设在一层。

b. 严格区分客人进餐流线与厨房送餐流线，做到不交叉、不干扰。由于旅馆餐厅有不同种类（中餐、西餐、特色餐厅、风味小吃等），又各自紧跟不同种类的厨房，因此，若干厨房与相应餐厅配置既避免使不同食客流向相交叉，又要使不同厨房的服务路线不相混。

c. 宴会厅宜布置在平面一端，与底层入口门厅在竖向上有密切联系，尽量避免因人多而影响住宿客人的安静。

d. 注意厨房货物垂直运输路线的合理性，与底层厨房粗加工出入口应有直接联系。

e. 会议部分的设计要使大、中、小会议室自成一区。大会议室前宜有前厅，避免从走廊直接进入。

f. 当客房为高层时，底边至少有一个长边或周边长度的四分之一且不小于一个长边长度，不应布置高度大于 5 m、进深大于 4 m 的裙房，且在此范围内必须设有直通室外的楼梯或直通楼梯间的出口。

4. 相关案例列举（图 4-36 ~图 4-39）

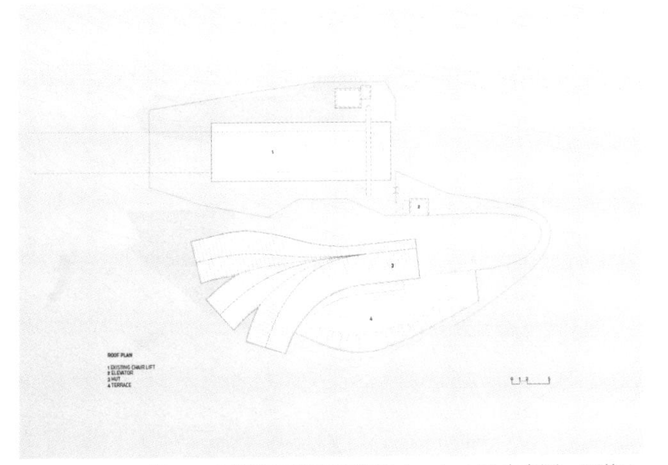

图 4-36 旅馆建筑参考案例（一）（图片来源：网络）

图 4-37 旅馆建筑参考案例（二）（图片来源：网络）

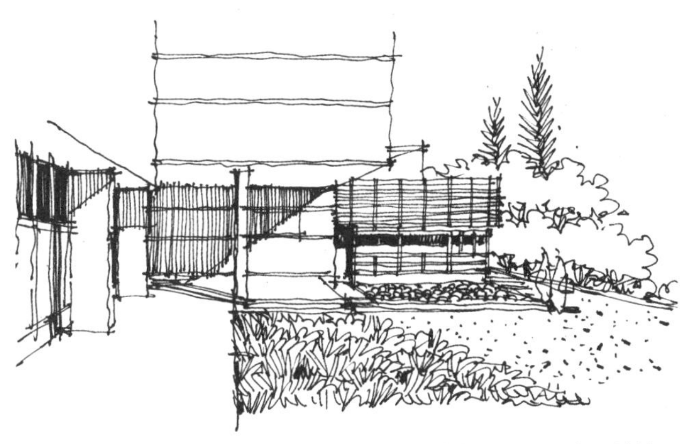

图 4-38 旅馆建筑参考案例（三）（李国胜绘）

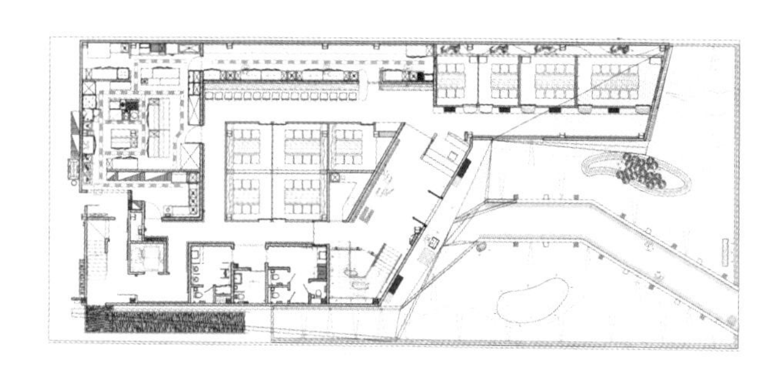

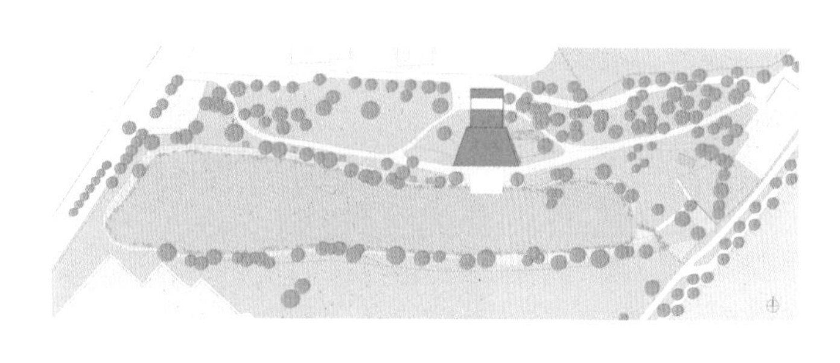

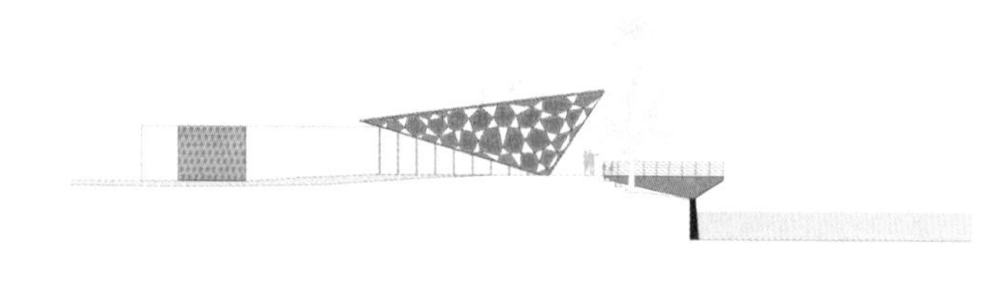

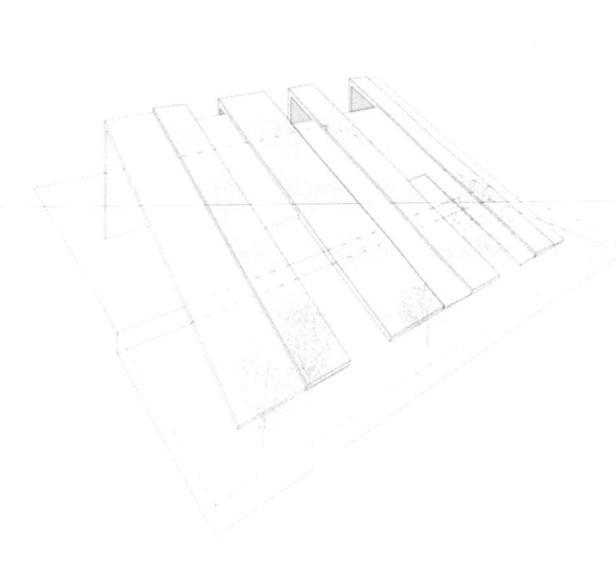

图 4-39 旅馆建筑参考案例（四）（图片来源：网络）

七、休闲娱乐建筑方案设计

1. 休闲娱乐建筑设计的相关规范

（1）总平面图

①功能分区明确，合理组织人流和车辆交通路线，对喧闹与安静的用房应有合理的分区与适当的分离。

②基地按使用需要，至少应设两个出入口。当主要出入口紧邻主要交通干道时，应按规划部门要求留出缓冲距离。

③在基地内应设置自行车和机动车停放场地，并考虑设置画廊、橱窗等宣传设施 。

④当文化馆基地距医院、住宅及托幼等建筑较近时，馆内噪声较大的观演厅、排练室、游艺室等，应布置在距离上述建筑一定距离的位置，并采取必要的防干扰措施。

（2）建筑设计

①文化馆各类用房在使用上应有较大的适应性和灵活性，并便于分区使用、统一管理。

②文化馆设置儿童、老年人专用的活动房间时，应布置在当地最佳朝向和出入安全、方便的地方，并分别设置适于儿童和老年人使用的卫生间。

③当观演厅规模超过 300 座时，观演厅的座位排列、走道宽度、视线及声学设计和放映室设计，均应符合《剧场建筑设计规范》（JGJ57—2016）和《电影院建筑设计规范》（JGJ58—2008）的相关规定。

④当观演厅为 300 座以下时，可做成平地面的综合活动厅，舞台的空间高度可与观演厅等高。

⑤游艺用房应根据活动内容和实际需要设置供若干活动项目使用的大、中、小游艺室，并附设管理及储藏间等。当规模较大时，宜分别设置儿童游艺室和老年游艺室。儿童游艺室的室外宜附设儿童活动场地。

⑥舞厅应具有单独开放的条件及直接对外的出入口。

⑦展览厅应以自然采光为主，并应避免眩光及直射光。

⑧阅览用房应设于馆内较安静的位置。

⑨综合排练室的位置应考虑噪声对邻房的影响，室内应附设卫生间、器械储藏间。

⑩大教室根据使用要求，可设置为阶梯式地面。

⑪美术、书法教室宜为北向侧窗或天窗采光。

⑫观演厅、展览厅、舞厅、大游艺室等人员密集的用房宜设置在底层，并有直接对外的安全出口。

2. 休闲娱乐建筑方案设计的应试要点

（1）总平面图设计的要点

①室外场地应有明确的功能分区。

a. 群众活动场地、内部工作人员和货物出入场地应明确分开。

b. 主入口前广场与观演厅、舞厅单独对外，出入口前场地既分隔又有联系。

c. 馆内休闲活动场地与交通集散场地应明确分开。

②组织好场地内人流与车流的交通。

③应有利于创造优美的城市环境。进行总平面设计时，注意“图底关系”，与相邻建筑所形成的城市空间形态有利于强化馆前广场和建筑自身形象的艺术表现力。

④应使建筑室内外活动空间的功能相联系。健身用房宜与室外运动场地有联系，儿童游艺室宜与室外儿童活动场地有直接而方便的联系，演艺部分的后台用房宜与露天剧场紧密结合。

⑤注意节约用地，并留有发展余地。

⑥应避免馆内活动噪声对邻近建筑产生不良影响。

（2）建筑方案设计的要点

①功能分区应合理，做到闹、动、静三区自成体系。

②流线应简洁，并根据各功能区人流活动的特点，组织相应流线。

③空间形式要有较大的灵活性，宜采用框架结构、灵活隔断和多用途空间综合利用方式。

图 4-40 休闲娱乐建筑参考案例（一）（图片来源：网络）

3. 相关案例列举（图 4-40、图 4-41）

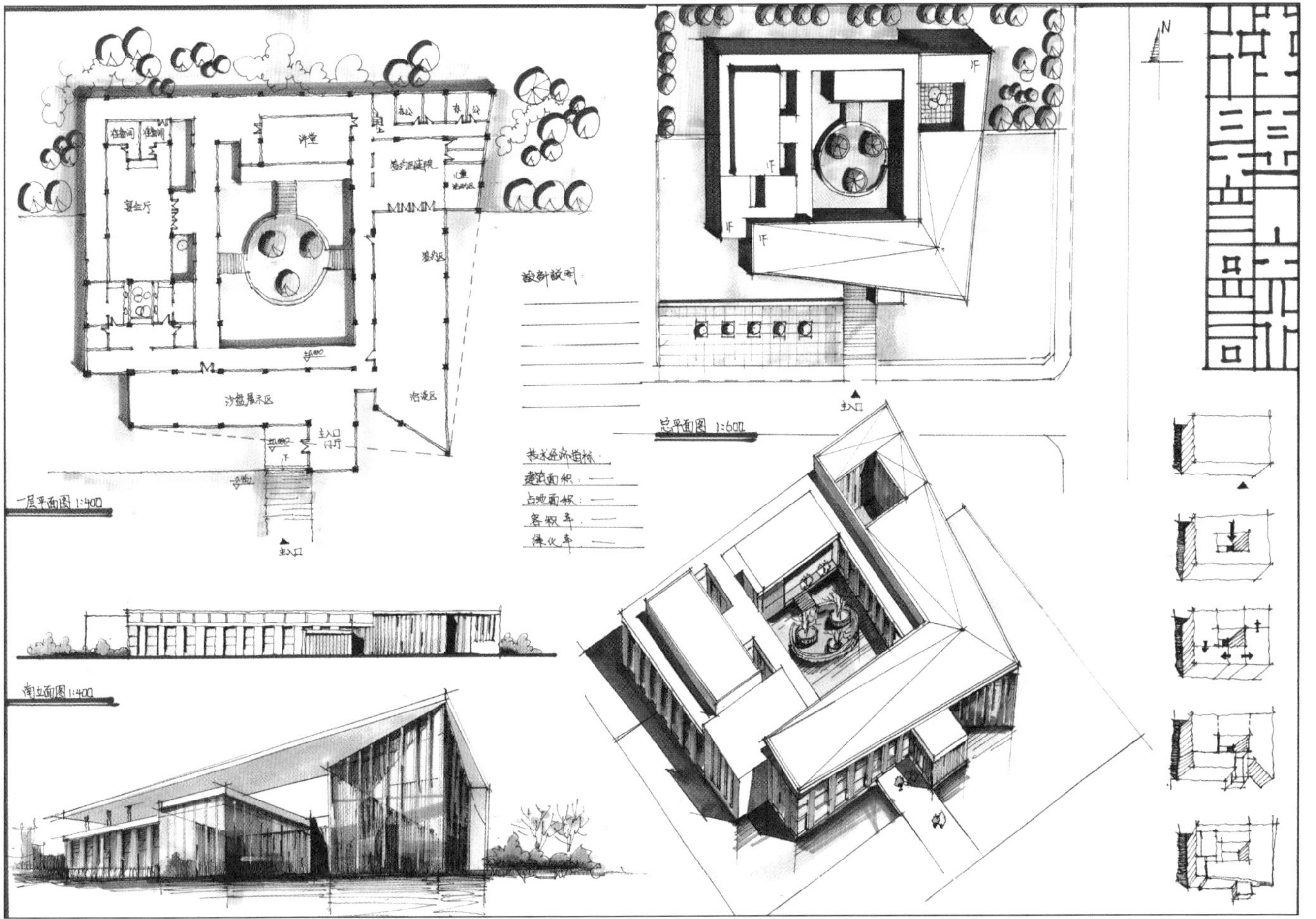

图 4-41 休闲娱乐建筑参考案例（二）（王夏露绘）

第五章　真题作品解析

Interpretation of Examinations

◆城市博物馆建筑设计

◆民间收藏品馆

◆小型岭南社区民俗博物馆设计

◆社区图书馆设计（一）

◆社区图书馆设计（二）

◆湖景餐厅设计

◆幼儿园建筑设计（一）

◆幼儿园建筑设计（二）

◆广州市郊青年旅舍建筑设计

◆某南方高校会议中心设计

◆平面设计工作室设计

◆历史街区中的联合办公空间建筑设计

◆建筑学院学术展览附楼设计

一、城市博物馆建筑设计

1. 真题题目

（1）场地要求

长江中下游某海滨城市旧城区，形成于19世纪末20世纪初。根据该区形成的风貌特点，结合该城市发展的需要，此区最终被规划部门确立为商业及文化休闲区，为市民及外来旅游者休闲、观光、购物提供场所。城市博物馆建设场地参见“用地红线区”，建筑后退红线距离可根据城市景观、场地交通以及相关规范的一般要求自行控制（图5-1）。

（2）建筑主要功能

城市博物馆主要为市民及来访者提供该城市历史文化、民俗风情、著名人物及历史事件之场所。内容包括：

①陈列区：基本陈列室、专题陈列室、临时展室、室外展室、进厅、报告厅、接待室、管理办公室、观众休息室、厕所等。

②藏品库房：库房、暂存库房、缓冲间、制作及设备保管室、管理办公室。

③技术和办公用房：鉴定编目室、摄影室、消毒室、修复室、文物复制室、研究阅览室、管理办公室、行政库房。

④观众服务设施：纪念品销售及小卖部、小件寄存所、售票厅、停车场、厕所等。

⑤总建筑面积：4000 m^2（误差在100 m^2以内）。

（3）成果要求

①总平面图：1 ∶ 500，附必要的说明文字或注释。

②各层平面图：1 ∶ 200，应注轴线尺寸及总尺寸，各层面积，附必要的说明文字或注释。

③剖面图：1 ∶ 200，应注关键位置标高，附必要的说明及文字。

④外景透视图：不小于A4大小。

⑤图幅及用纸：A2。

⑥图纸绘制：徒手或工具线条，表现方法不限，透视图或轴测图图纸内容根据设计由设计者自定，应充分反映空间构思和空间内容，图纸为2号图，图纸数量不限。

2. 题目解析

①地形为三角形，注意建筑与地形的契合关系。

②基地南侧为步行街，为主要人流方向，基地北侧为单行道，需考虑停车位的入口。

③基地周边建筑风格比较复杂，且建筑密度较高，有骑楼、西洋式建筑、20世纪70年代建筑等。新建建筑不仅要作为城市地标，也应该与周边的建筑有一些呼应。

④因基地面积比较紧凑，设计时要考虑广场和环境的设计。

参考案例见图5-2。

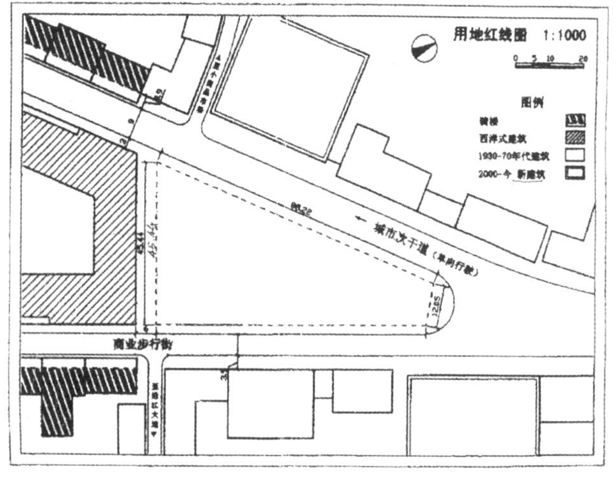

图5-1 地形图

图5-2 博物馆建筑参考案例（图片来源：网络）

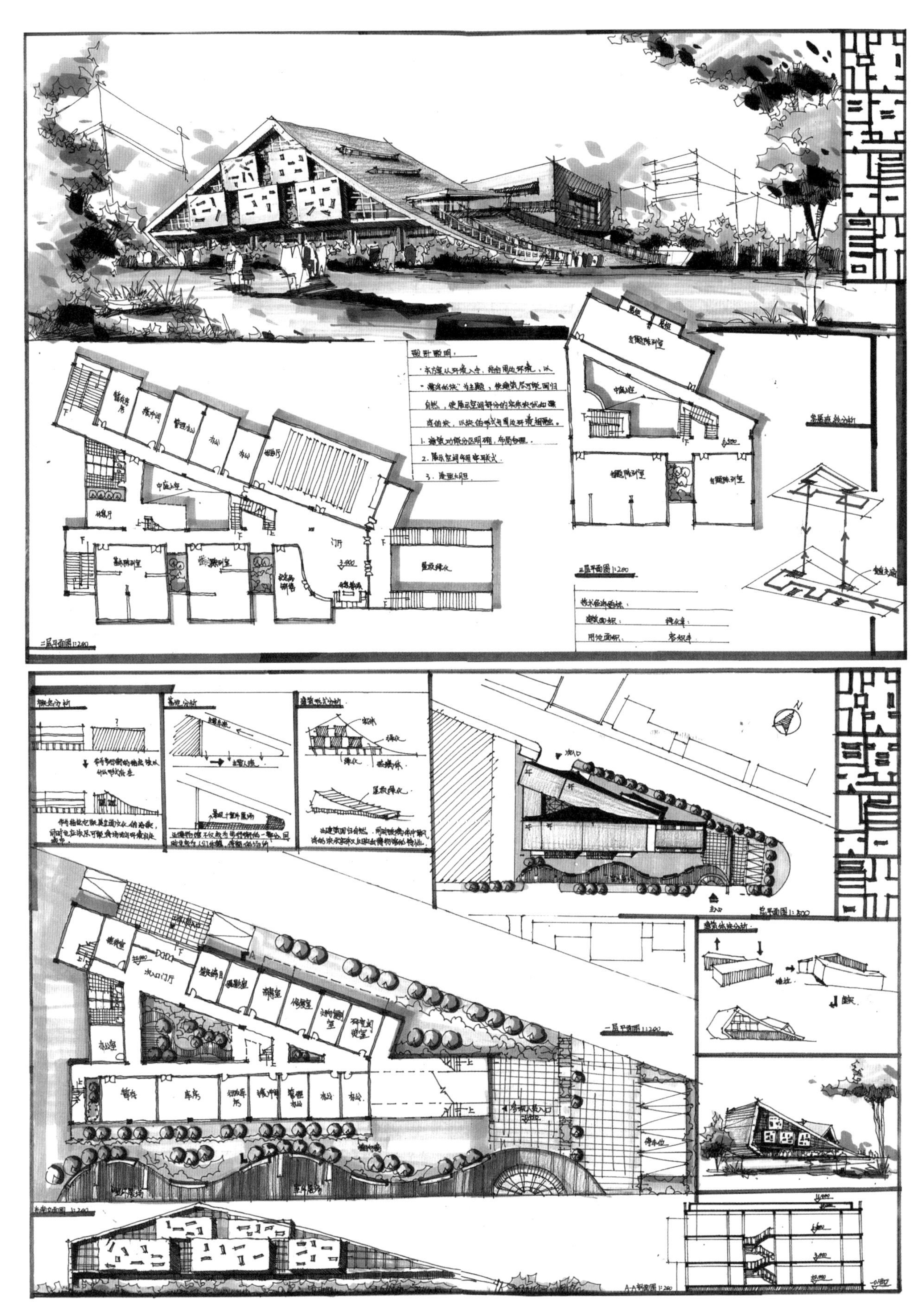

作者：王夏露 / 表现方法：钢笔 + 马克笔 / 时间：6 小时

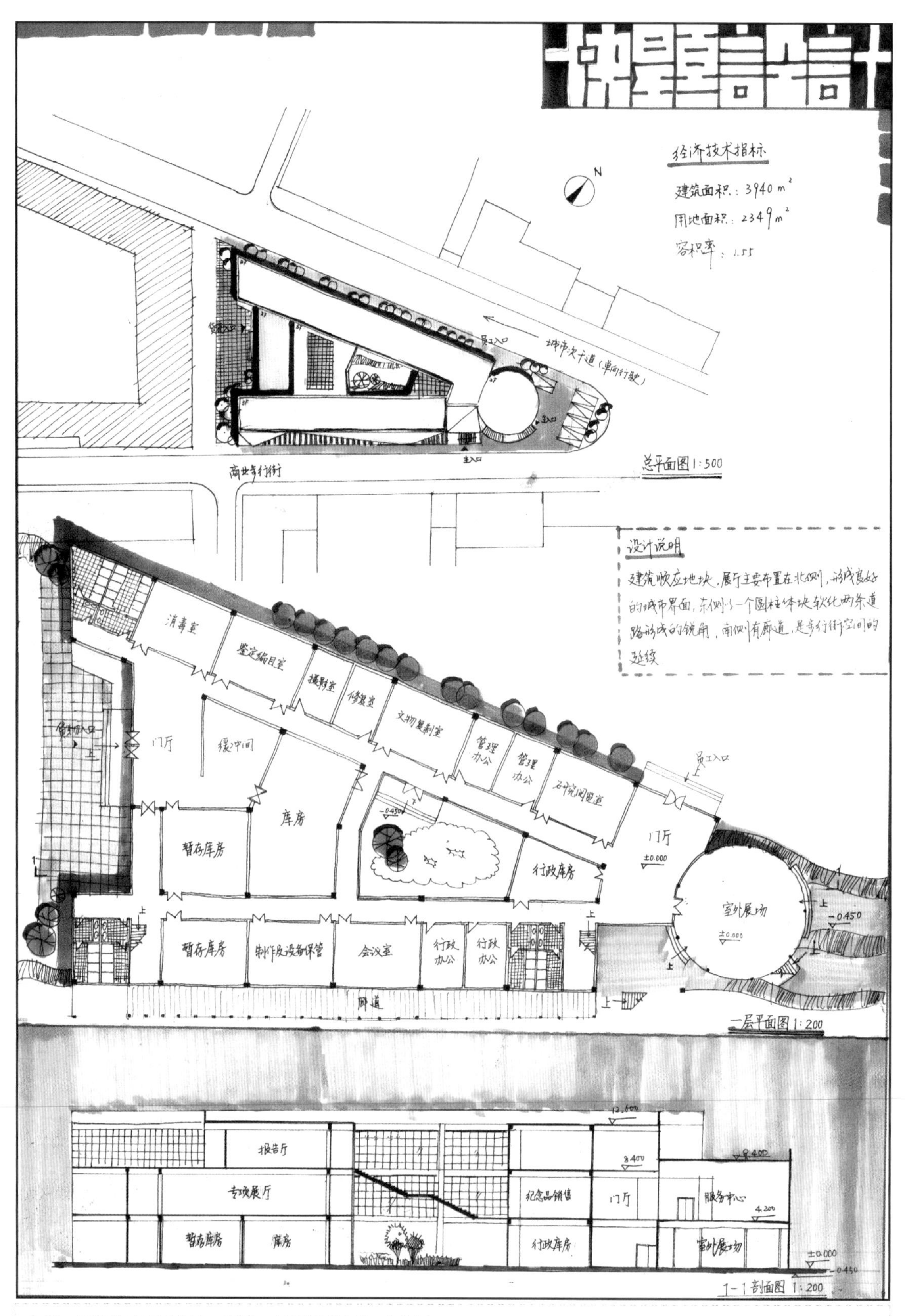

作者：周振文 / 表现方法：钢笔 + 马克笔 / 时间：6 小时

优点：①方案的整体布局顺应地形，呈围合式，建筑能与环境能很好地结合。

②功能上采用分层分区，首层为辅助功能，展示在二、三层，参观人流通过对外楼梯直接引入二层，流线清晰，互不干扰。

③建筑造型上，在步行街一侧嵌入三角形组合而成的不规则造型，起到提示入口的作用，并结合沿街面的廊道空间，一方面呼应骑楼的立面形式，另一方面也塑造了丰富多变的沿街立面。

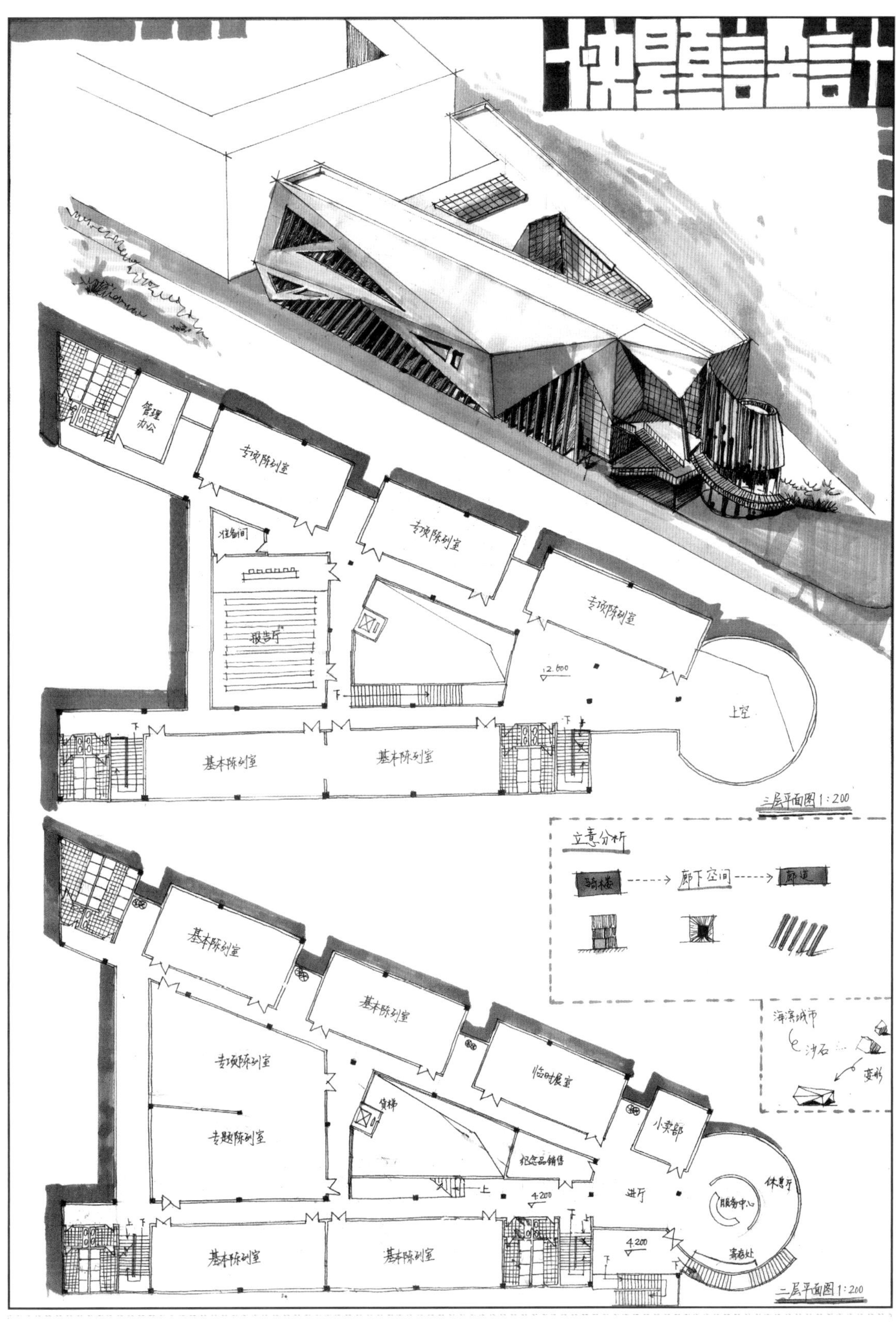

缺点：①参观人员的主入口形式对于整个建筑来说过于隐蔽，作为公共建筑的入口过于小气。

②报告厅设置在三层，很难满足疏散的需求。

③对外的主要展示部分可以穿插设置一些休息空间。

④疏散楼梯的数量不够。

二、民间收藏品馆

1. 真题题目

为了进一步开发民俗旅游资源，满足城市精神文明建设的要求，某街道委员会利用本地区独特的民间收藏习俗优势，建立了一座民间收藏品馆，为本地区散藏于民间的民俗物品、特色文物、书画等提供了一个集中展览和研究的场地。

该藏品馆建于居民区内，东侧沿街为民间收藏品及近代文物交易市场，建筑总面积 2500 m^2（图 5-3）。

（1）功能组成

①门厅（绪言厅）、门厅、售票：100 m^2。

②展室（根据展品特点分为 50~150 m^2，展示廊数间 600 m^2）。

③ 200 座位试听会议室：300 m^2。

④收藏研究会工作室：20 m^2 × 5 间。

⑤小会议兼接待室：50 m^2 × 5 间。

⑥资料室及藏品保管仓库：200 m^2。

⑦管理、美工、装订、复印室：20 m^2 × 5 间。

⑧休息厅、茶座及民间工艺出售：300 m^2。

⑧停车场地。

（2）提示

①民间收藏品的概念范围广泛，可为陶瓷、竹木漆器、玉石首饰、服饰等近代文物，也可为旧钟表、相机、小型机械、家具，甚至烟斗、熨斗、邮票等。

②考生可以自己设定藏品内容，可集中展览数类或某类民间收藏品，使方案立于适宜的基础。（应写明所选）

③不要遗漏厕所、机房等附属用房。

（3）图纸要求

①总平面图（含环境设计）：1 ： 500 或 1 ： 400。

②平面图（要表达周边环境）：1 ： 200。

③立面图（2 个）：1 ： 200。

④剖面图（1 个）：1 ： 200 或 1 ： 100。

2. 题目解析

①基地相对规整，主次干道明确，主次入口应分别设于主次干道上，对内与对外功能分区明确。

②题目中明确提出需确定收藏主题，可将此设定作为解题的出发点，也是建筑特色化的重要因素。

③用地面积较大，注意场地设计。

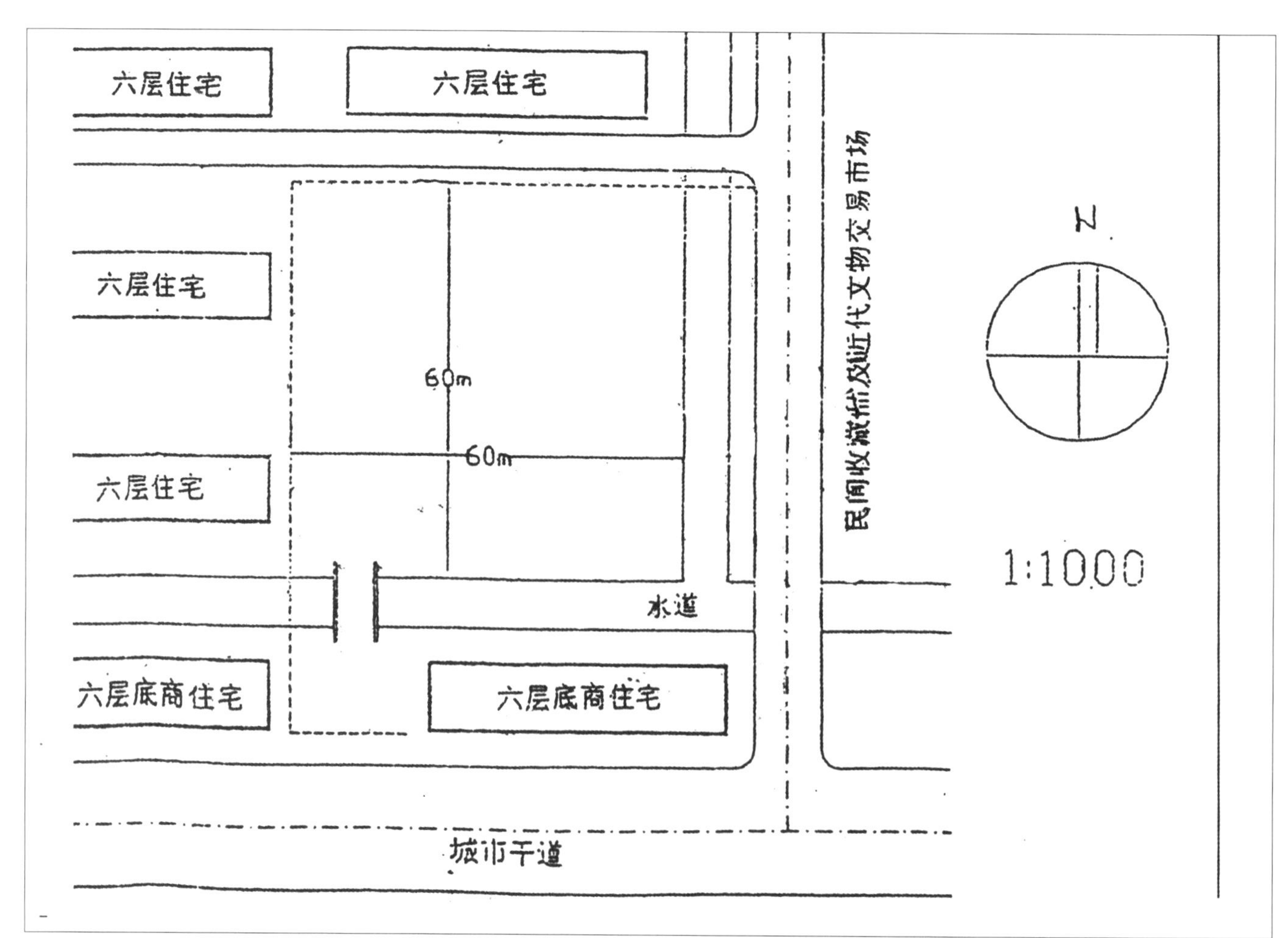

图 5-3 地形图

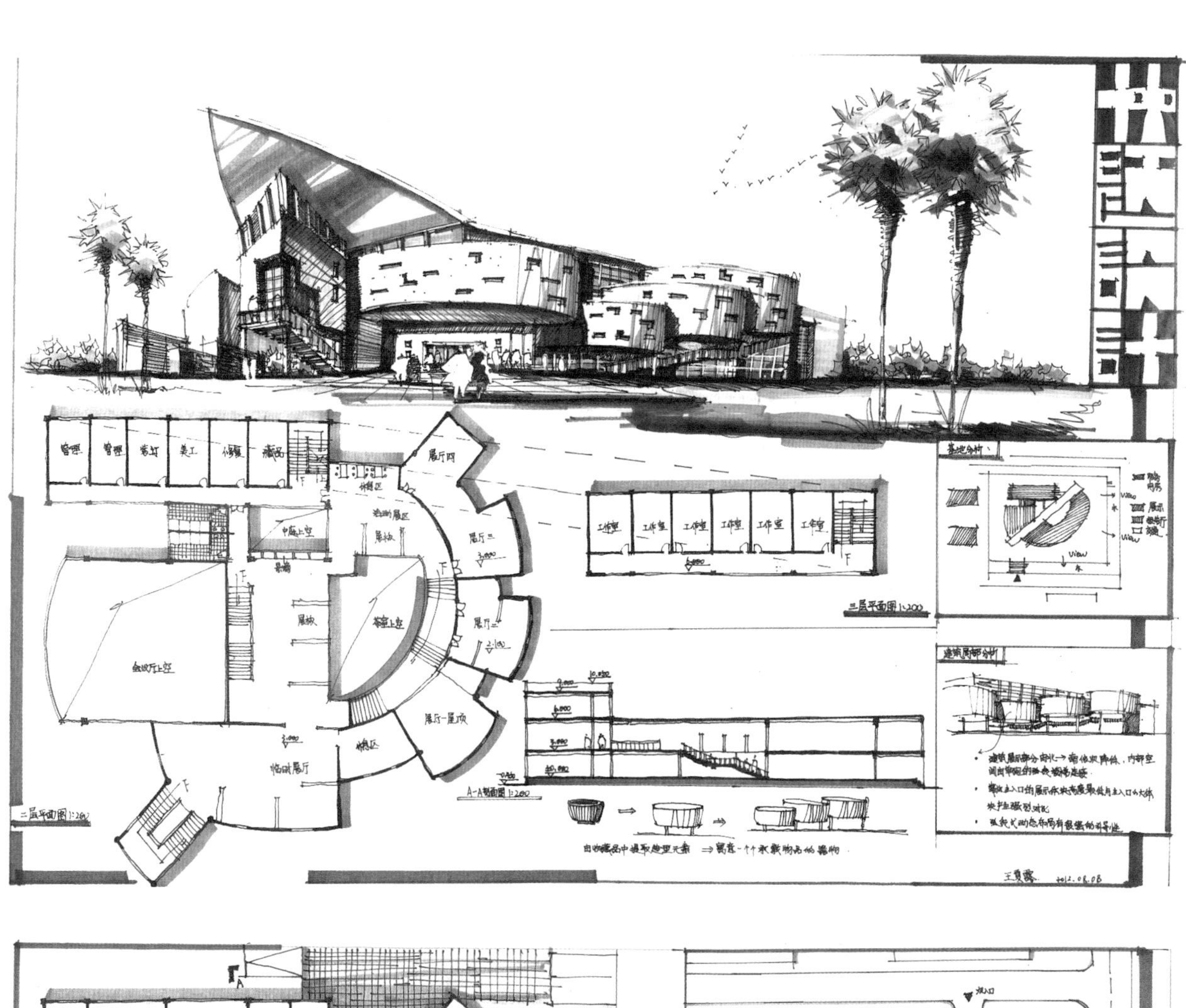

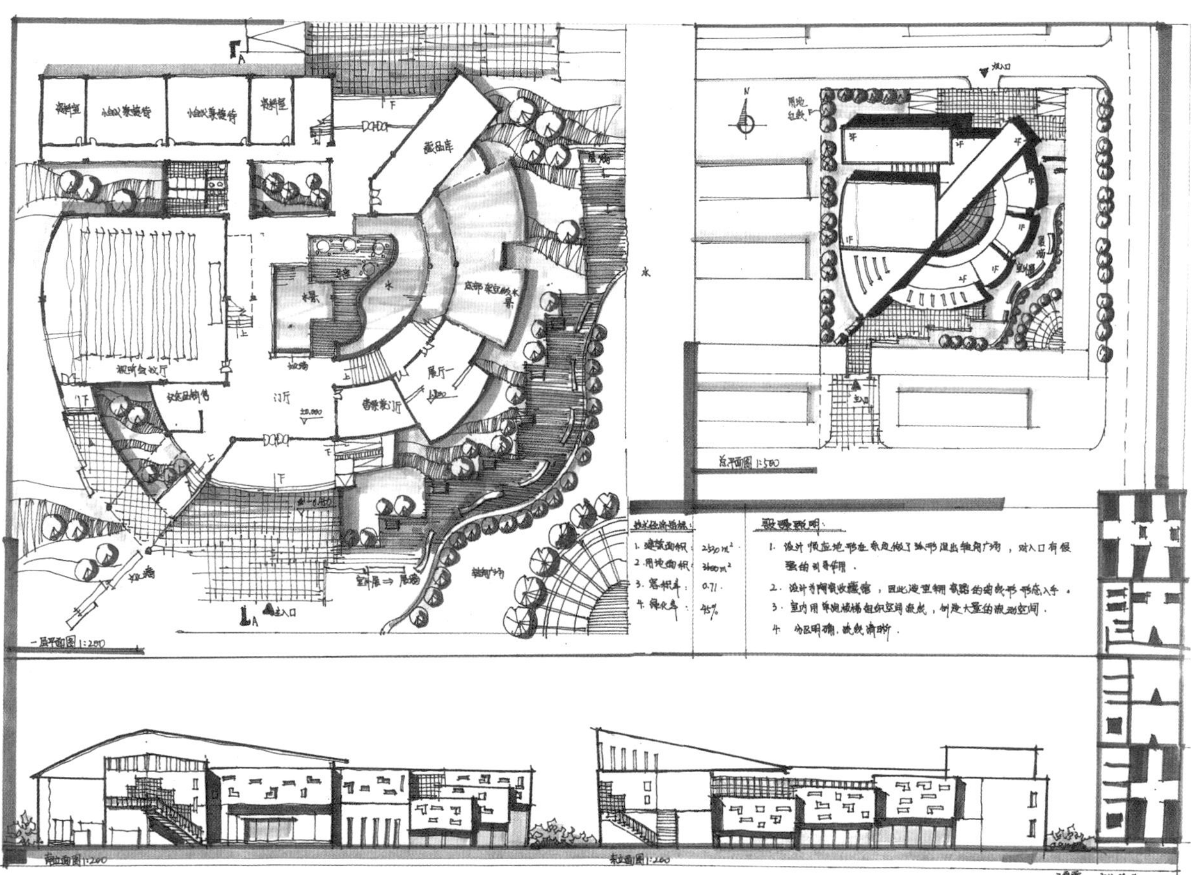

作者：王夏露 / 表现方法：钢笔 + 马克笔 / 时间：6 小时

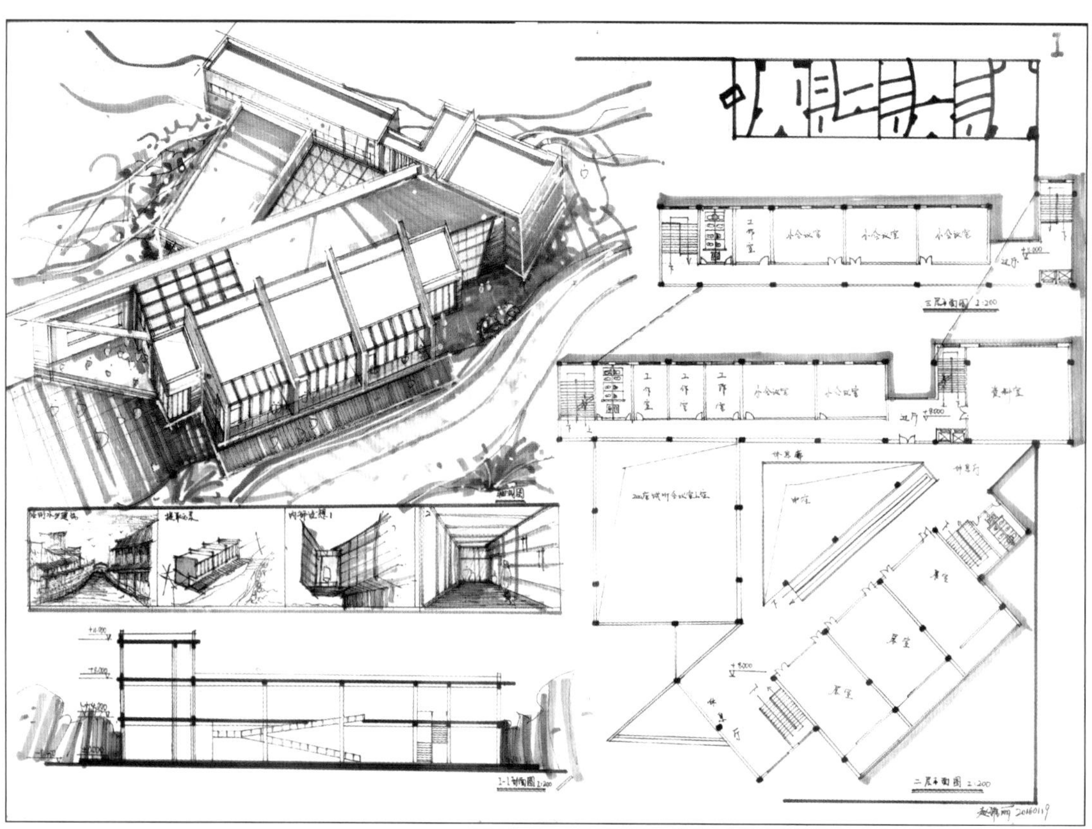

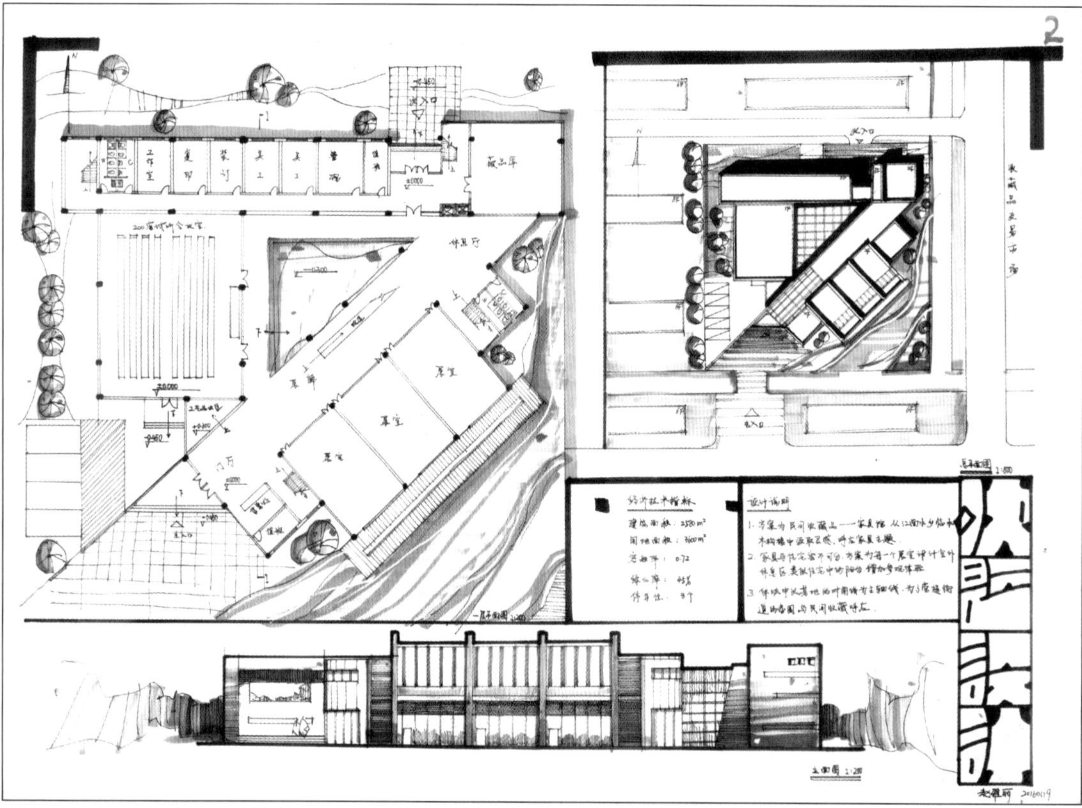

作者：赵雅丽 / 表现方法：钢笔 + 马克笔 / 时间：6 小时

优点：①方案在平面布局上大胆打破方正的布局形式，通过穿插斜向片墙来丰富构图，在建筑入口处起到很好的引导作用。

②平面布局分块分区，结合主次入口组织内外流线。

③建筑形体采用虚实对比，节奏感强。

缺点：①展厅部分的空间形式不够丰富，可以结合休息空间来设计，空间流线中要多注重内外空间的转换。

②建筑门厅部分在整个展示流线的末端，可以结合纪念品销售的设计；报告厅内部布置不合理，应该将舞台设置在短边一侧。

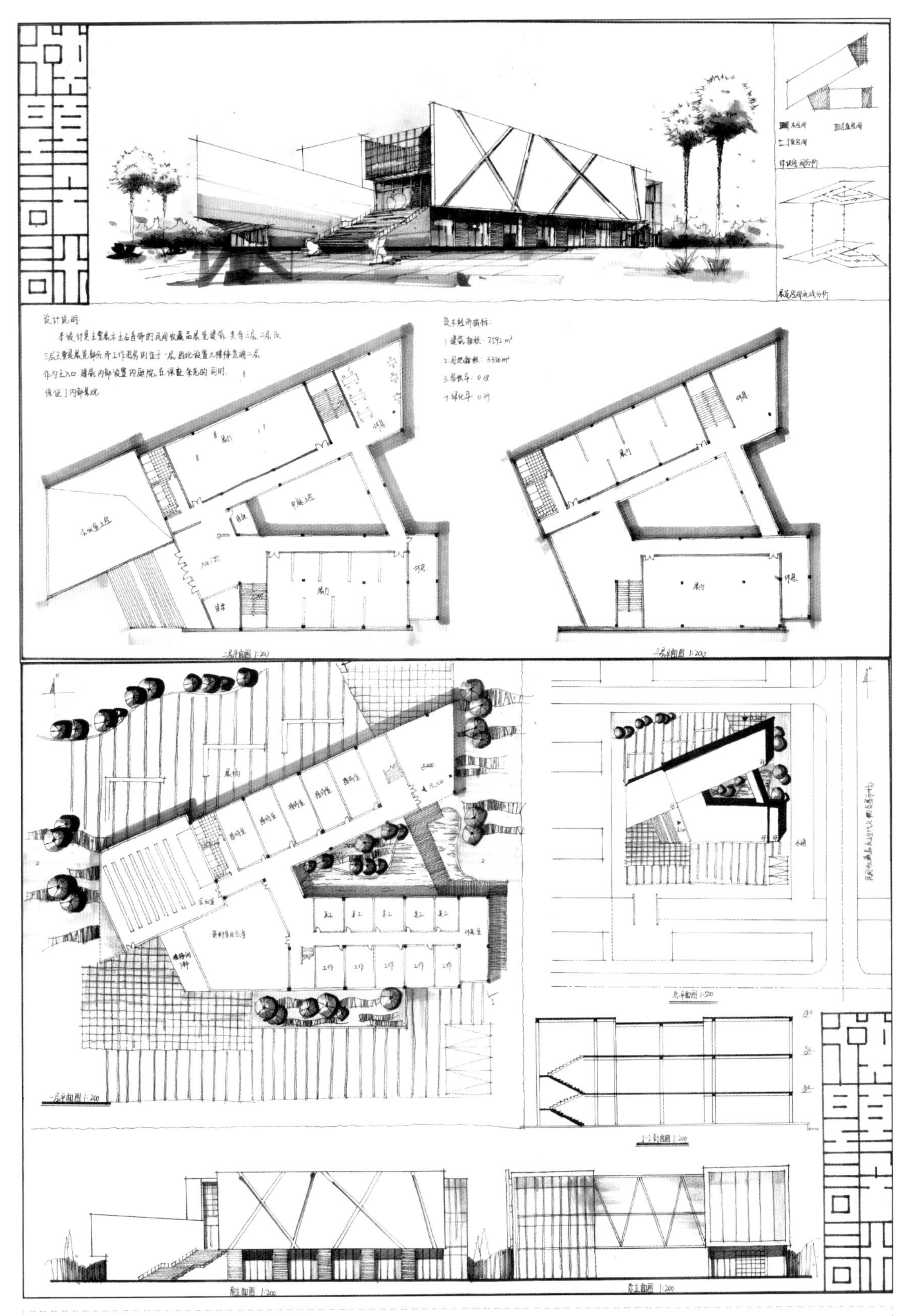

作者：周振文 / 表现方法：钢笔 + 马克笔 / 时间：6 小时

优点：①方案在平面布局上大胆打破地形方正的布局形式，功能上采用分层分区。主入口通过大台阶将参观人流直接引到二层；首层布置辅助用房，流线清晰。

②建筑形体上虚实对比明确，展示部分的建筑外立面以线性窗户为主，造型简洁大方。

缺点：①室外场地设计得不够深入，应结合室外展场与景观进行设计，做到建筑、环境融为一体。

②建筑内部空间不够丰富。

三、小型岭南社区民俗博物馆设计

1. 真题题目

（1）项目概况

用地位于广州市荔湾区多宝路与宁安路之间的荔枝湾涌边，北侧为多层民房，东侧为 4 层高框架结构的现代建筑，西面邻荔枝湾涌，隔涌与正在建设中的粤剧博物馆相望，西北角的宝庆大押是市级文物建筑。恩宁路街区有广州市区保留较好的骑楼建筑宝庆大押，为 5 层高的新楼西洋式塔楼。建设中的粤剧博物馆采用传统园林式建筑形式。

近期，广州市政府对荔枝湾涌进行了揭盖复涌的环境整治，加上粤剧博物馆的建设，项目用地所处区段将成为荔枝湾涌游览线上的一个重要景观节点和文化休闲场所。项目定位为小型岭南社区民俗博物馆，要求结合周边人文资源，对内部空间进行个性化设计。

（2）设计内容（征地面积 2880 m^2，总建筑面积 2600 ~ 2800 m^2）

各功能空间的使用面积如下所述：

①展室 3 间：750 m^2，每间 250 m^2。

②藏品仓库：250 m^2。

③多功能厅：250 m^2。

④研究工作室 5 间：每间 15 ~ 20 m^2。

⑤办公室 3 间：每间 15 ~ 20 m^2。

⑥会议室 1 间：60 m^2。

⑦值班室：20 m^2。

⑧门厅售票：100 m^2。

⑨休息茶座：150 m^2。

⑩工艺品出售商店：100 m^2。

⑪停车：小汽车（室外停车位 3 个，其中一个为无障碍停车位）。

⑫楼梯、电梯、公共卫生间等自定。

⑬其他个性化空间自定。

⑭建筑密度小于或等于 40%，绿地率大于或等于 25%（按征地面积计算）。

（3）设计要求

①建筑平面图见图 5-4，建筑红线范围外不能出挑建筑，建筑层数不超过 4 层，建筑高度小于或等于 20 m，楼顶楼梯间、机房屋顶、小型园林建筑等不受此限。

②建筑形式、空间布局需考虑与周边环境协调。

③建筑首层适当向涌边开敞、内外渗透。

④结合博物馆个性化要求进行公共空间设计。

⑤建筑设计要求功能流线、空间关系合理，动静分区明确，处理好新旧建筑的关系。

⑥结构合理，柱网清晰。

⑦符合有关设计规范要求，建筑入口及停车场应考虑无障碍设计。

⑧对周边室外场地进行简单的环境设计。

⑨设计表达清晰，表现技法不限。

参考案例见图 5-5。

2. 题目解析

（1）建筑场地

①项目用地为该区域游览线上十分重要的景观节点和文化休闲场所，在设计时应该注重场地的布置。

②题目中交代了用地红线和建筑红线，西南侧为步行道，为主要人流的来向，东边有规划道路，为主要车流的来向，因此，在考虑建筑主入口时有两种思路：第一，将主要入口开设在南侧梯形区域，先将两侧人流引导到这里，再进入建筑内部；第二，在东西两侧分别设置主入口，都能通向中间大厅。

③场地中要求建筑密度控制在 40% 以内，应该考虑建筑的占地面积。

（2）建筑形态

南方建筑体块比较通透，场地西南侧有比较好的景观，因此，在设计过程中应尽可能在此朝向设置公共空间，并结合廊道空间，以及内外部的庭院空间，增加建筑的通透性。

从城市肌理的角度考虑，建筑形体尽可能不要太整，可以从周边建筑上提取部分元素，增加建筑文化的延续性。

（3）建筑功能及流线

在流线的组织上，应内外分区，保证参观流线的完整性。

（4）建筑空间

博物馆建筑在设计过程中应多增加建筑的内外空间，特别是展示部分。

图 5–4 地形图

图 5–5 博物馆建筑参考案例（图片来源：网络）

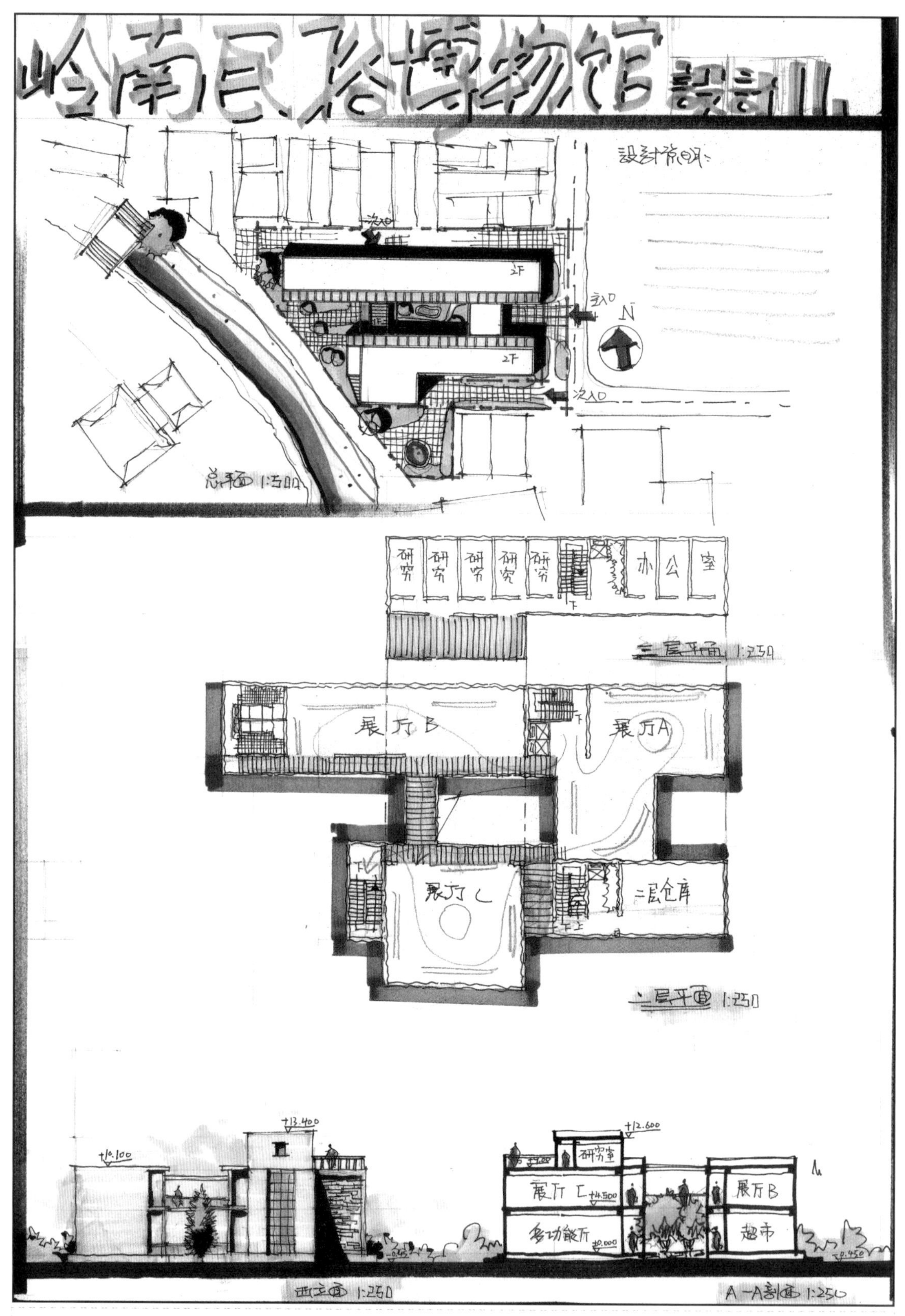

作者：韩旗裕 / 表现方法：钢笔 + 马克笔 / 时间：6 小时

优点：①建筑采用围合式布局，几个主要体块顺应基地形状，形体之间通过廊道连接，内部空间通透且丰富；建筑主入口的部分结合庭院空间，不仅起到枢纽空间的作用，也能连接东西两侧的人流。

②功能上采用分层分区，下面两层为主要功能用房，主要对外，局部三层为对内的辅助办公用房。

③建筑形体上虚实对比清晰。

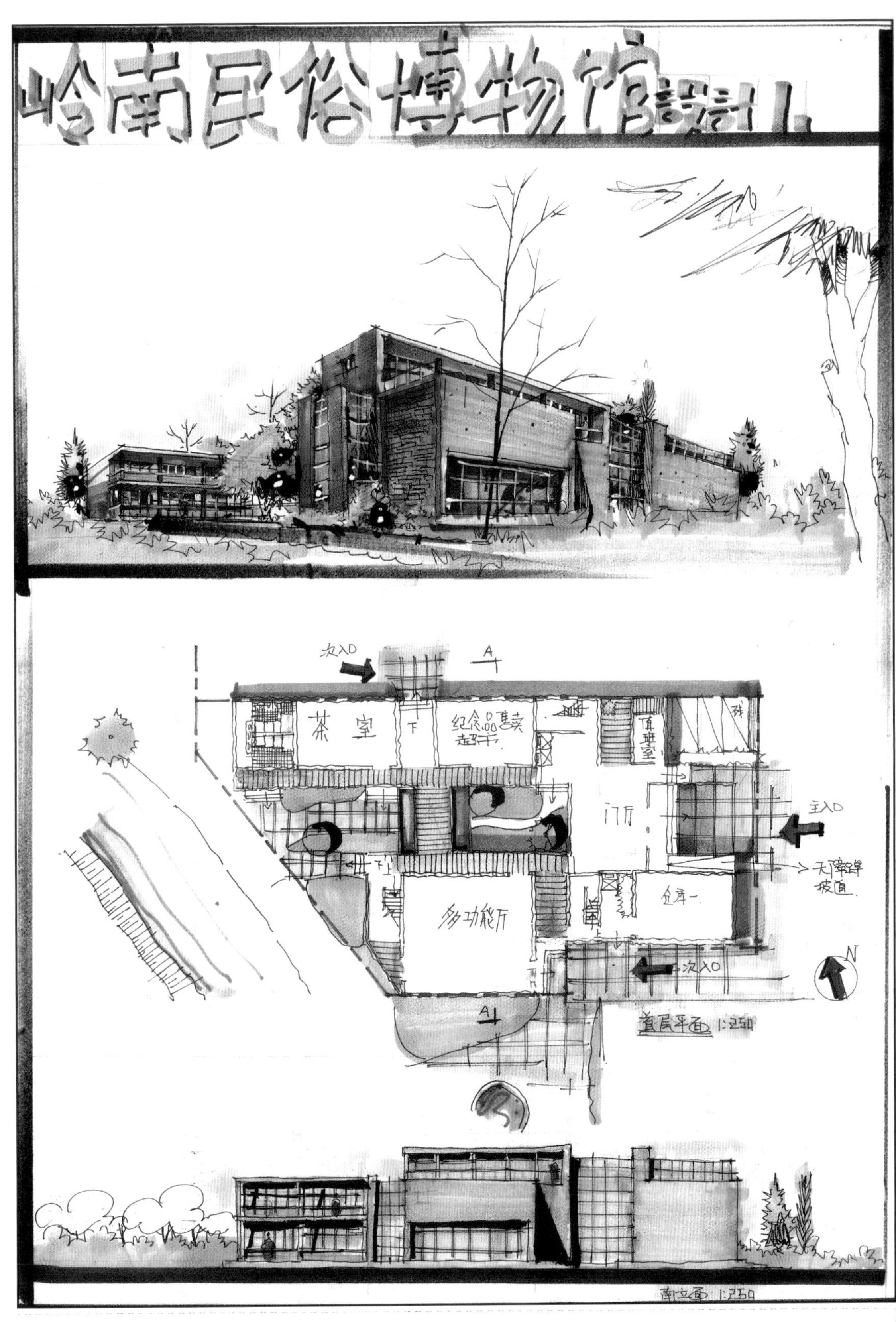

缺点：①建筑次入口设置的位置不合理，次入口位置应尽可能隐蔽一些。
②建筑形体的设计没有太考虑基地周边的建筑风格，且建筑立面的形式与博物馆建筑的风格意向存在差距。
③建筑与周边空间形式上的呼应有待加强。

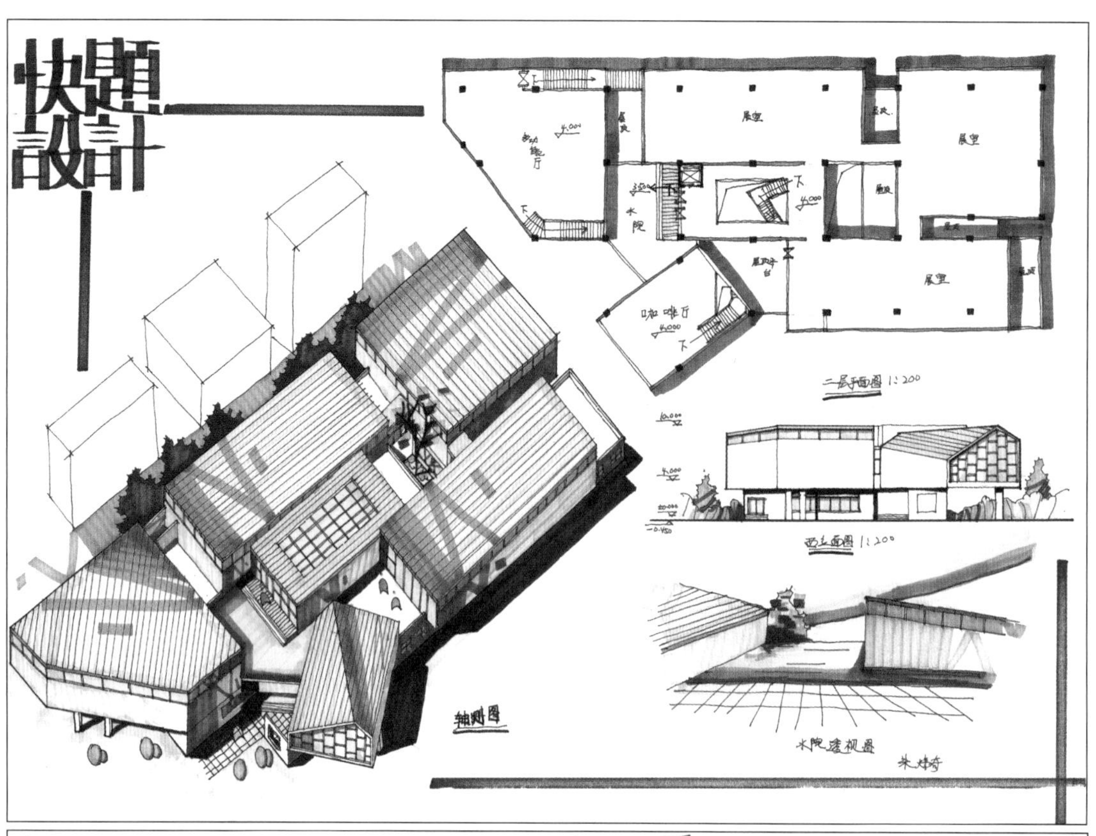

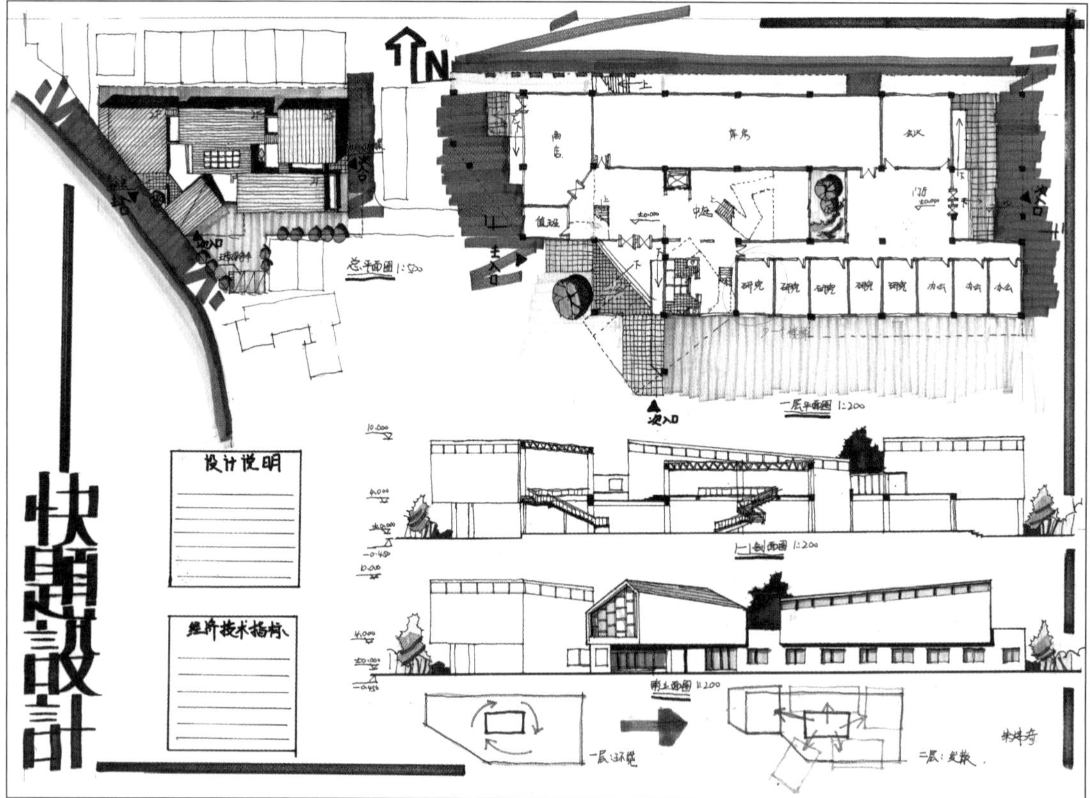

作者：朱炜琦 / 表现方法：钢笔 + 马克笔 / 时间：6 小时

优点：①建筑形体能够回应和利用基地，主次入口设计合理。

②建筑采用分层分区，功能流线设置合理。

③基地西南侧是很好的景观朝向，建筑在二层西南侧设置咖啡厅，很好地利用了河对岸的景观。建筑二层结合旋转体块设置屋顶的外部空间，丰富了室内外空间，并营造出一定的意境空间。

缺点：①首层平面图应将红线范围内的东西表达完整。

②建筑门厅设置得比较细碎，门厅中的流线组织不够清晰。

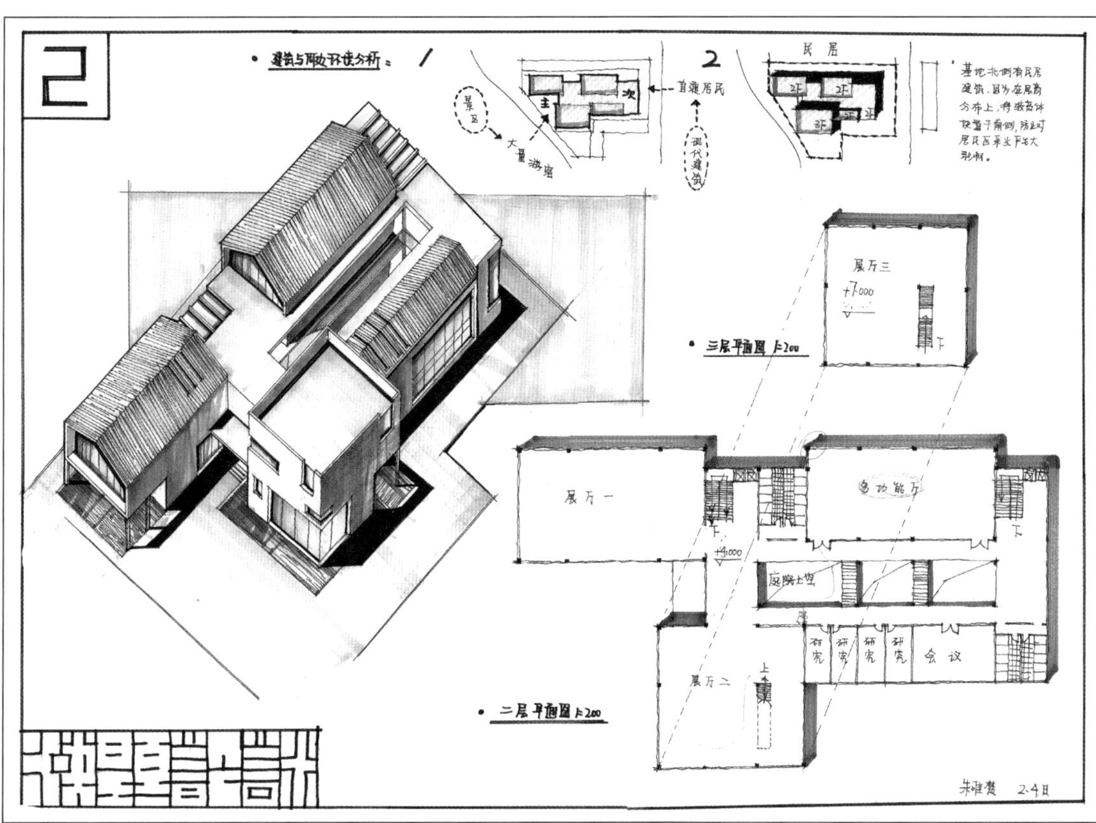

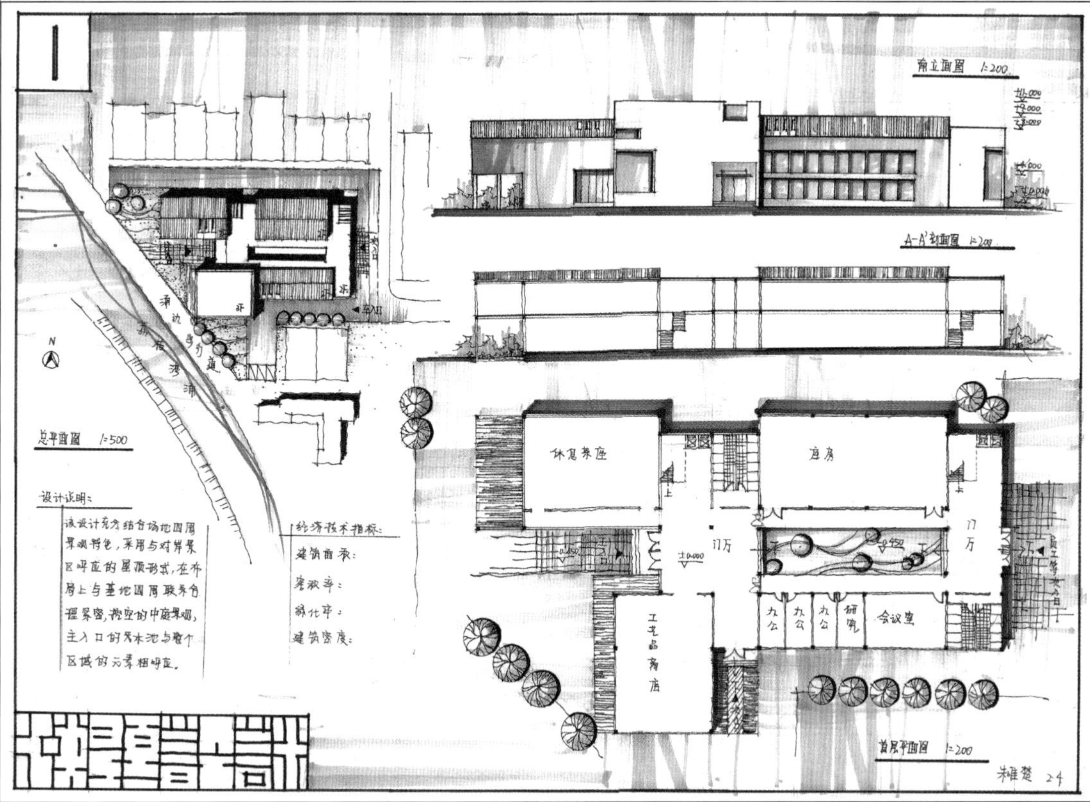

作者：朱唯楚 / 表现方法：钢笔 + 马克笔 / 时间：6 小时

优点：①色彩搭配协调，排版合理，图面饱满、和谐。②建筑体块组合的节奏感强，建筑形式延续了基地周边的建筑元素，建筑语言丰富，造型手法熟练。

缺点：①在体块连接处，部分形体处理得过于琐碎。②在流线组织与功能分区上，内外存在干扰，参观流线不够清晰。

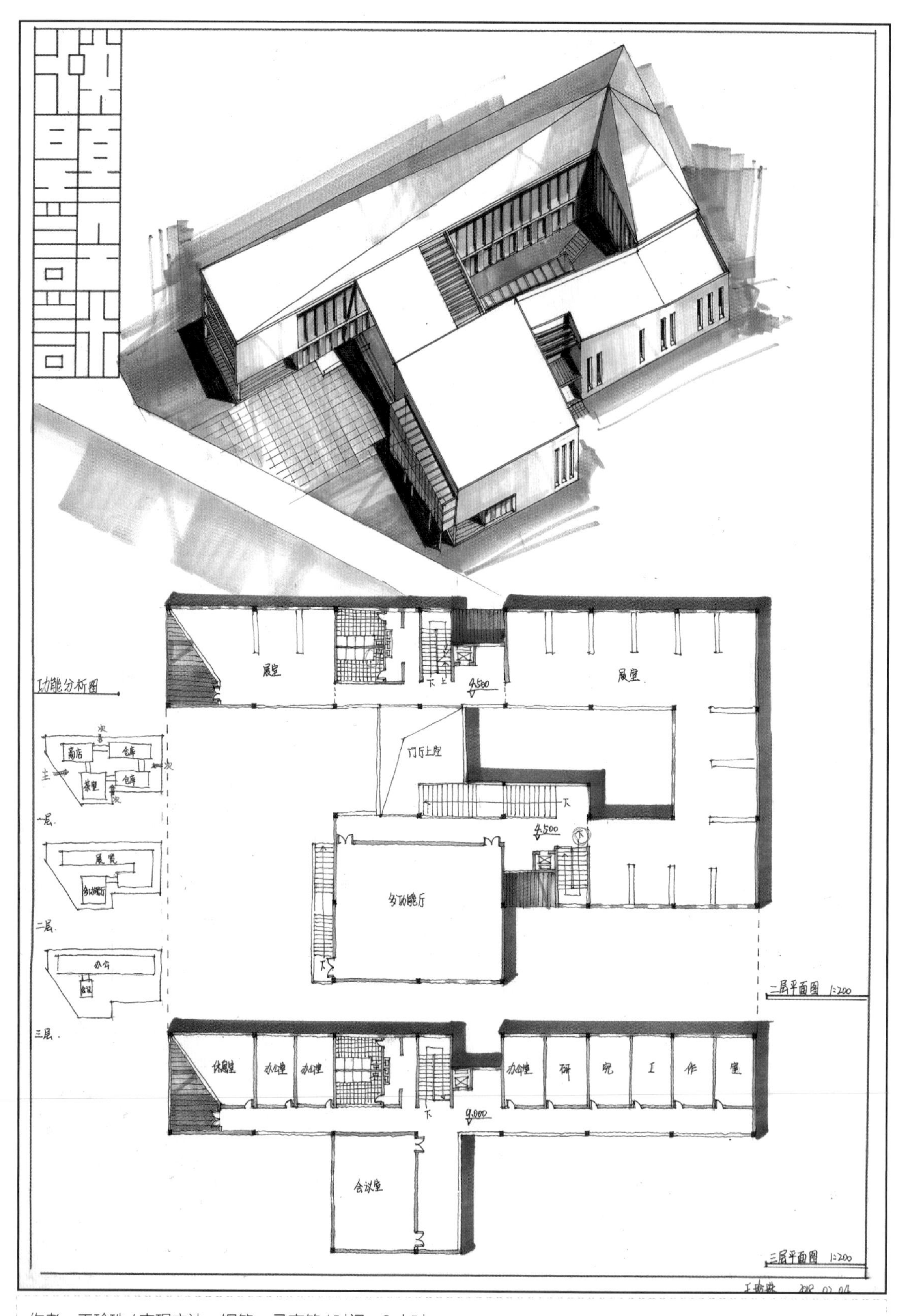

作者：王珍珠 / 表现方法：钢笔 + 马克笔 / 时间：6 小时

优点：①整个方案将入口处作为一个屋顶平台，营造出退台之感，也具有一定的人流导向作用。

②建筑造型活泼，结合功能设置，拥有屋顶平台和内院。

③功能分区比较合理，图面表达完整，着色不多，配色协调。

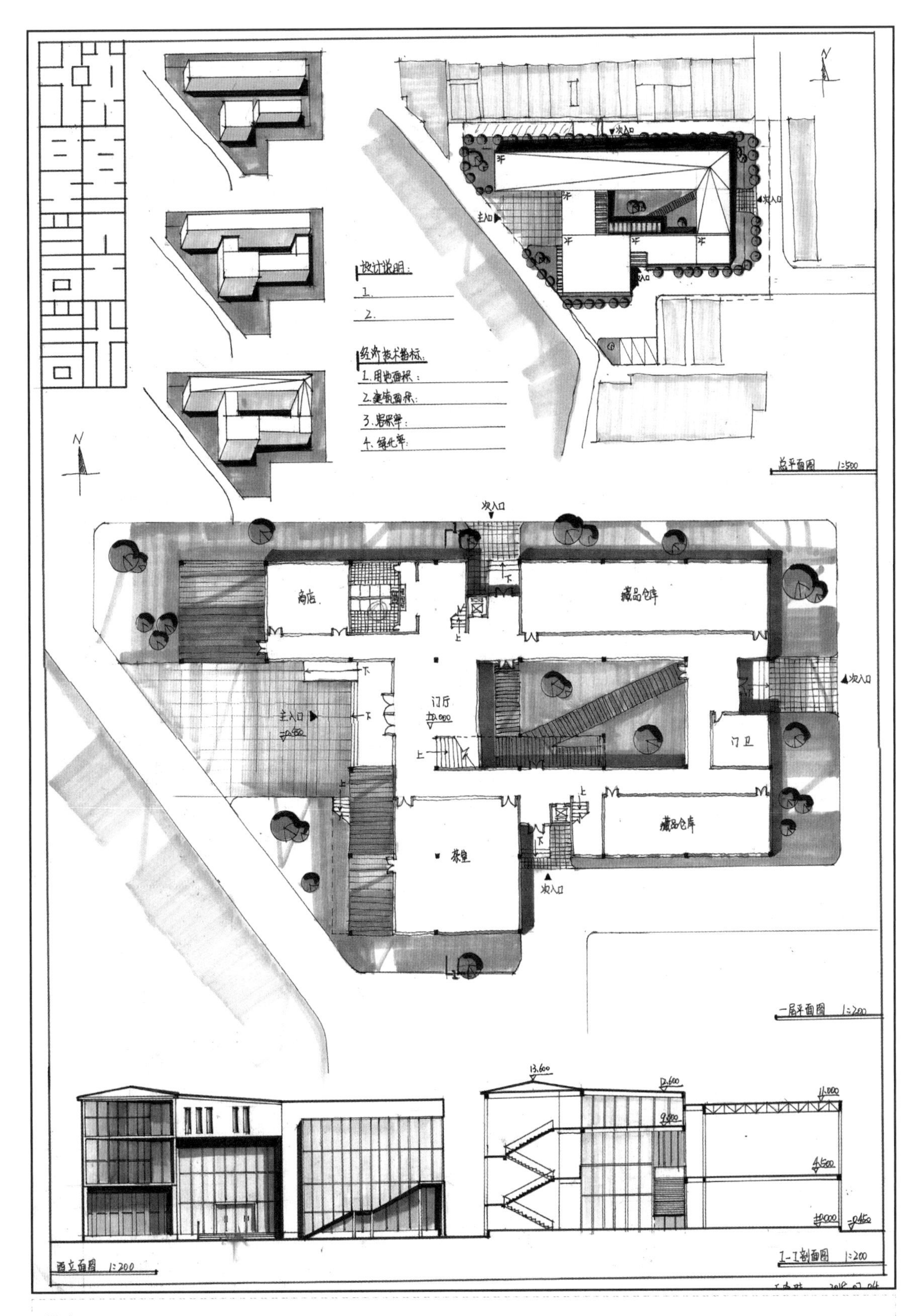

缺点：

①建筑引入了一个天井院落，但对院落两端的门厅布置得有些欠考虑。

②功能上，将朝向良好的西南向布置成较为封闭的报告厅，可以设置为通透的开放空间。

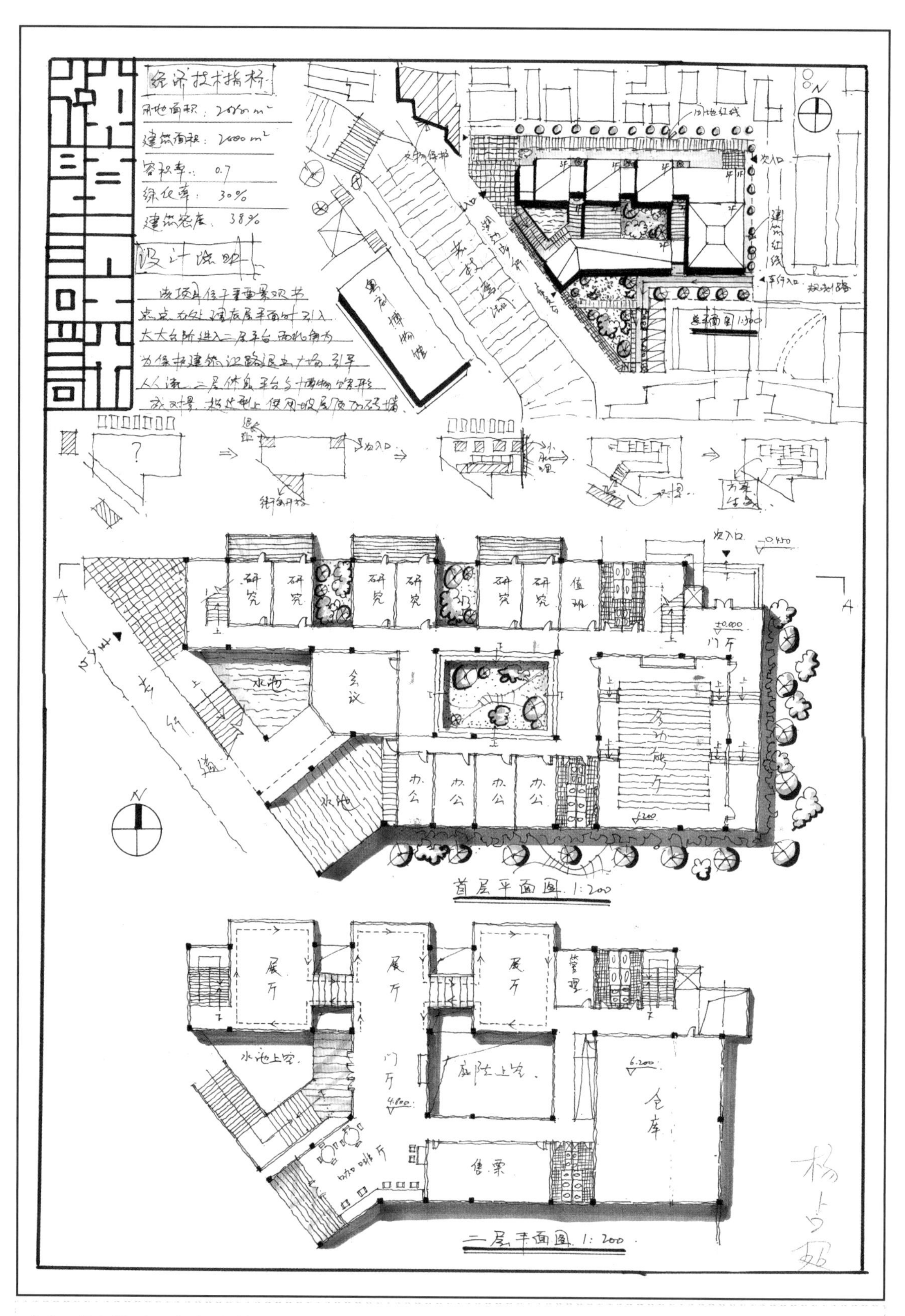

作者：杨占超 / 表现方法：钢笔 + 马克笔 / 时间：6 小时

优点：①建筑采用围合式布局，建筑形体能与基地和周边环境合理结合；造型韵律感强。

②建筑功能布局合理，流线分布清晰。

③图面表达完整，主次关系明确。

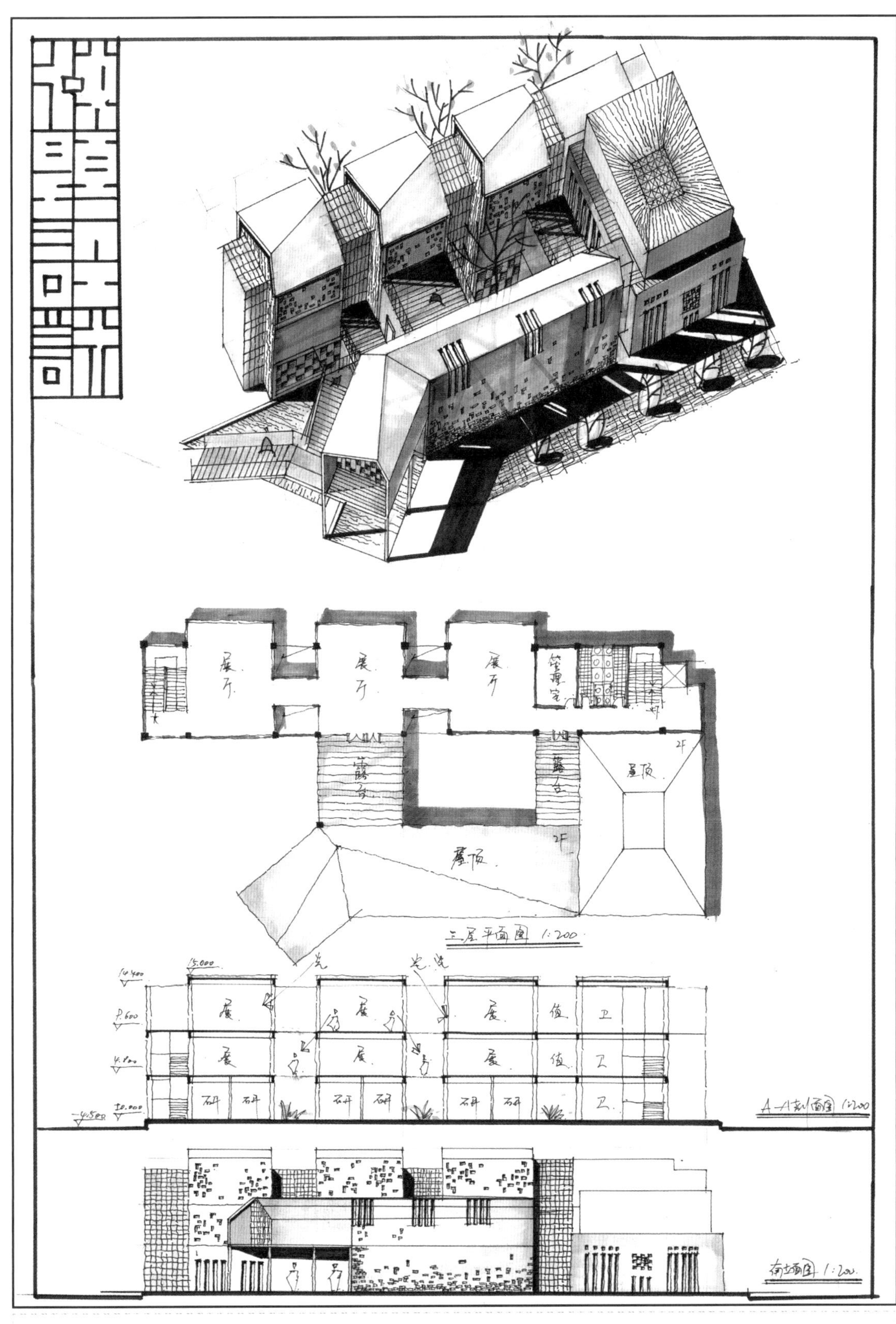

缺点：①多功能厅部分的设计存在一定问题，可以将一层的多功能厅与二层的仓库调换位置，将多功能厅设置在二层，并设置单独的楼梯，直接疏散到室外。

②场地设计中，停车位部分应该设置回车场。

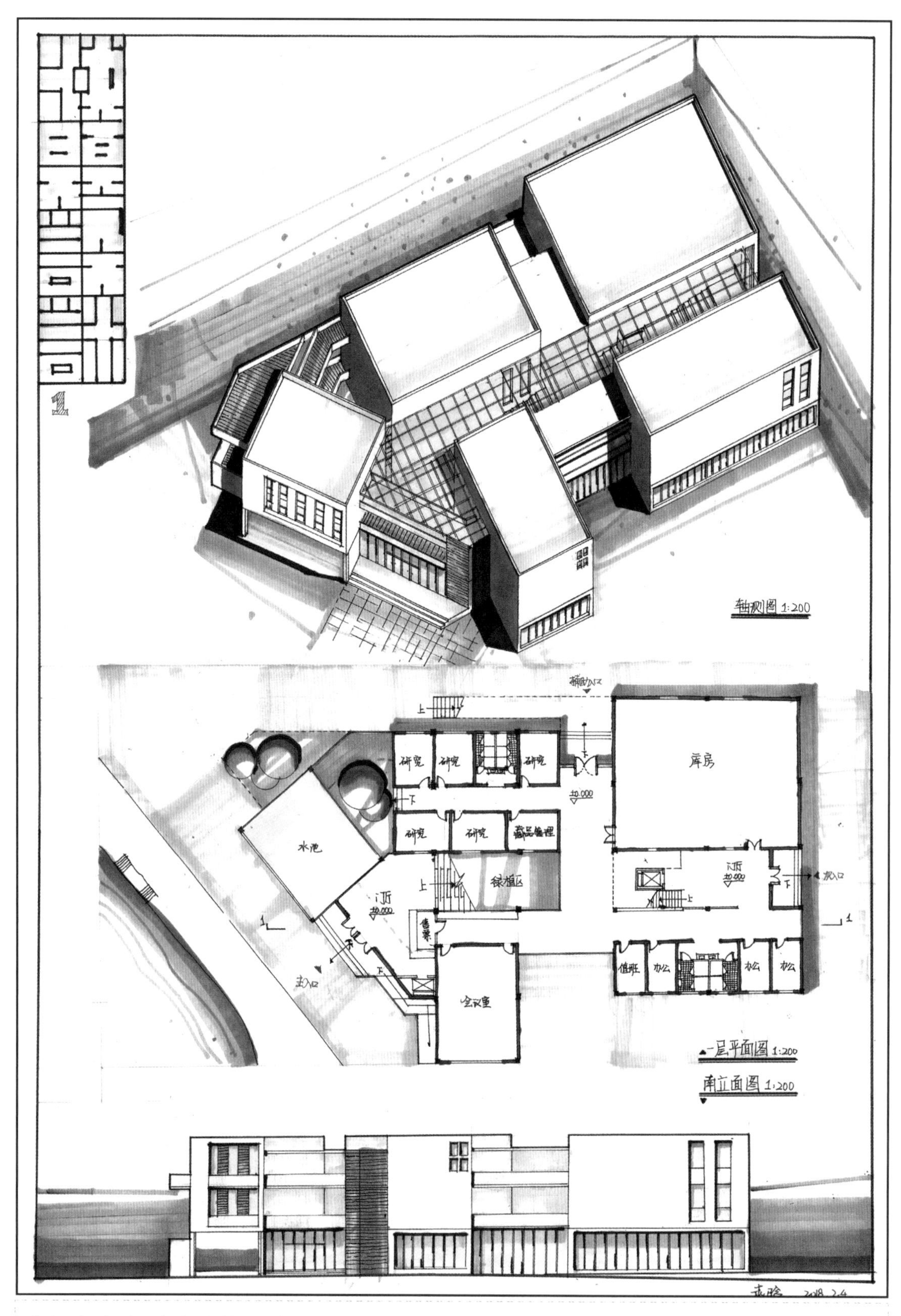

作者：赵晗 / 表现方法：钢笔 + 马克笔 / 时间：6 小时

优点：①整个方案体块组合灵活，建筑体量朝向性很好，虚实对比明确。

②功能分区合理，流线清晰；空间较为灵活，门厅部分结合开放式空间设计，形成一、二层的流动式空间；图面表达完整，配色协调。

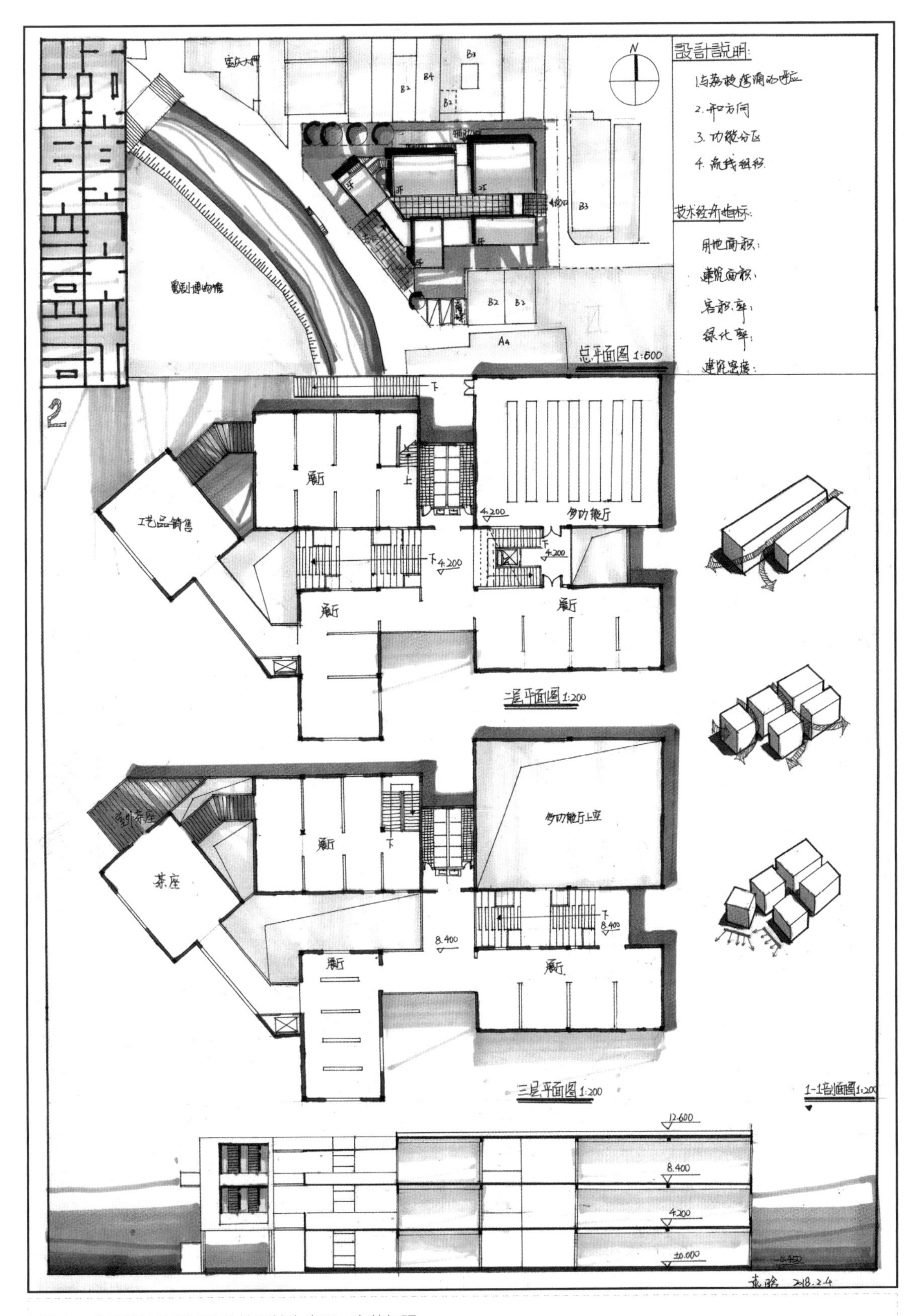

缺点：①建筑体块衔接处的处理较为生硬，有待加强。

②展示部分建筑体块外立面设计较为单调，应加强外立面的设计。

四、社区图书馆设计（一）

1. 真题题目

（1）项目概况

项目基地位于北方某城市的社区中，确定在该地块建一个社区图书馆，在宣传读书、学习理念的同时，开展群众文化活动，并为市民提供阅读、学习的公共空间，成为社区标志性建筑。

项目建设范围略呈梯形，建设用地面积为 2246 m^2，地势平坦。东西边长 32 m/48 m，南北边长为 52 m/60 m。建设用地北侧为城市绿地，不做退线要求。建设用地的西侧和南侧均为居民区，其建筑退线均各退出用地红线 3 m，基地东侧是城市道路，其建筑退线退出用地红线 4.5 m，图中各部分尺寸均已标出（图 5-6）。

（2）设计内容

图书馆的总建筑面积控制在 3000 m^2 左右，误差不得超过 5%，具体的功能组成和面积（建筑面积）分配如下：

①阅览区域约 1110 m^2。

普通阅览区 740 m^2，功能应包括：文学艺术阅览、期刊阅览、多媒体阅览、本地资料阅览、科技资料阅览等。

儿童阅览区 370 m^2，功能应包括：婴儿阅览、儿童阅览、多元资料阅览、故事角、婴儿哺乳室、儿童卫生间等。

②社区活动约 440 m^2。

多功能厅 200 m^2，功能应包括：演讲和展览。

社区服务 240 m^2，功能应包括：多用途教室、文化教室、研讨室和学习室等。（各部分功能的面积和数量自行确定）

③内部办公约 120 m^2。

房间功能应包括：更衣室、义工室、会议室、办公室、管理室等。（各部分房间功能的面积和数量自行确定）

④储藏修复约 250 m^2。

储藏室 100 m^2。

修复室 150 m^2。

⑤公共空间约 1080 m^2。

包括：楼梯、卫生间、门厅、服务、承包、归还图书、信息查询、复印等公共空间及交通空间。（各部分的面积分配及位置安排，由考生按方案的构思进行处理）

（3）设计要求

①功能分区合理，交通流线清晰，符合有关国家的设计规范和标准。

②建设用地北侧的现状为绿地，注意原有居民对该地块的适应。

③建筑形式要和周边道路以及周围建筑相协调，以现代风格为主。

④建筑总层数不超过四层，其中地下不超过一层，结构形式不限。

⑤本项目不考虑设置读者停车位，但要考虑停车卸货的空间。

（4）图纸要求

①考生须根据设计构思，画出能够表达设计概念的分析图。

②总平面图 1 ：500，各层平面图 1 ：200，首层平面图中应包含一定区域的室外环境；立面图 1 个，1 ：200；剖面图 1 个，1 ：200。

③轴测图 1 个，1 ：200，不做外观透视图。

④在平面图中直接注明房间名称，阅览部分应标注桌椅和书架的位置，首层平面图必须两个方向的两道尺寸线。剖面图应注明室内外地坪、楼层及屋顶标高。

⑤图纸均采用白纸黑绘，徒手或仪器表现均可，图纸规格采用 1 号草图纸（草图纸图幅尺寸为：790 mm × 545 mm）。

⑥图纸一律不得署名或做任何标记，违者按作废处理。

2. 题目解析

（1）建筑场地

建设用地位于社区中，南侧与西侧的道路为社区道路，东侧道路为城市道路，由于图书馆的适用人群为社区居住人群，因此，建筑主入口应该考虑开设在南侧或者西侧。基地北侧有一条道路连接公交站与基地，北侧为城市绿地，题目要求考虑原居民对于城市绿地的适应，可以考虑在基地北侧退出一定的广场，保证社区人员能从公交站通过基地进入社区，也可以考虑建筑北侧部分的底层架空。建设用地为不规则地形，建筑形体应该考虑与基地有一定的结合。基地南北向长，在建筑设计过程中应该考虑建筑的采光，采用分散式布局或者围合式布局。

（2）建筑规模

建筑面积为 3000 m^2，建筑用地为 2246 m^2，考虑到图书馆建筑总平面设计中占地比例应该控制在 40% 以内，可以判断出建筑层数应该控制在三层左右。

（3）建筑形态

建筑形态应该考虑与周边环境结合，周边建筑以平屋顶为主，因此，在建筑设计的过程中可以考虑平屋顶形式。此外，图书馆建筑作为社区的标志性建筑，应该考虑其建筑的标识性，建筑为现代风格，可采用体块切割或者体块穿插的形式进行设计。

（4）建筑的解决策略

进行建筑设计时，应该充分考虑图书馆建筑的特性，阅览室部分对光线的要求比较高，因此，应该把主要的使用功能布置在南侧和北侧的体块，中间通过连廊进行连接。图书馆建筑应该更加注重内部空间设计。

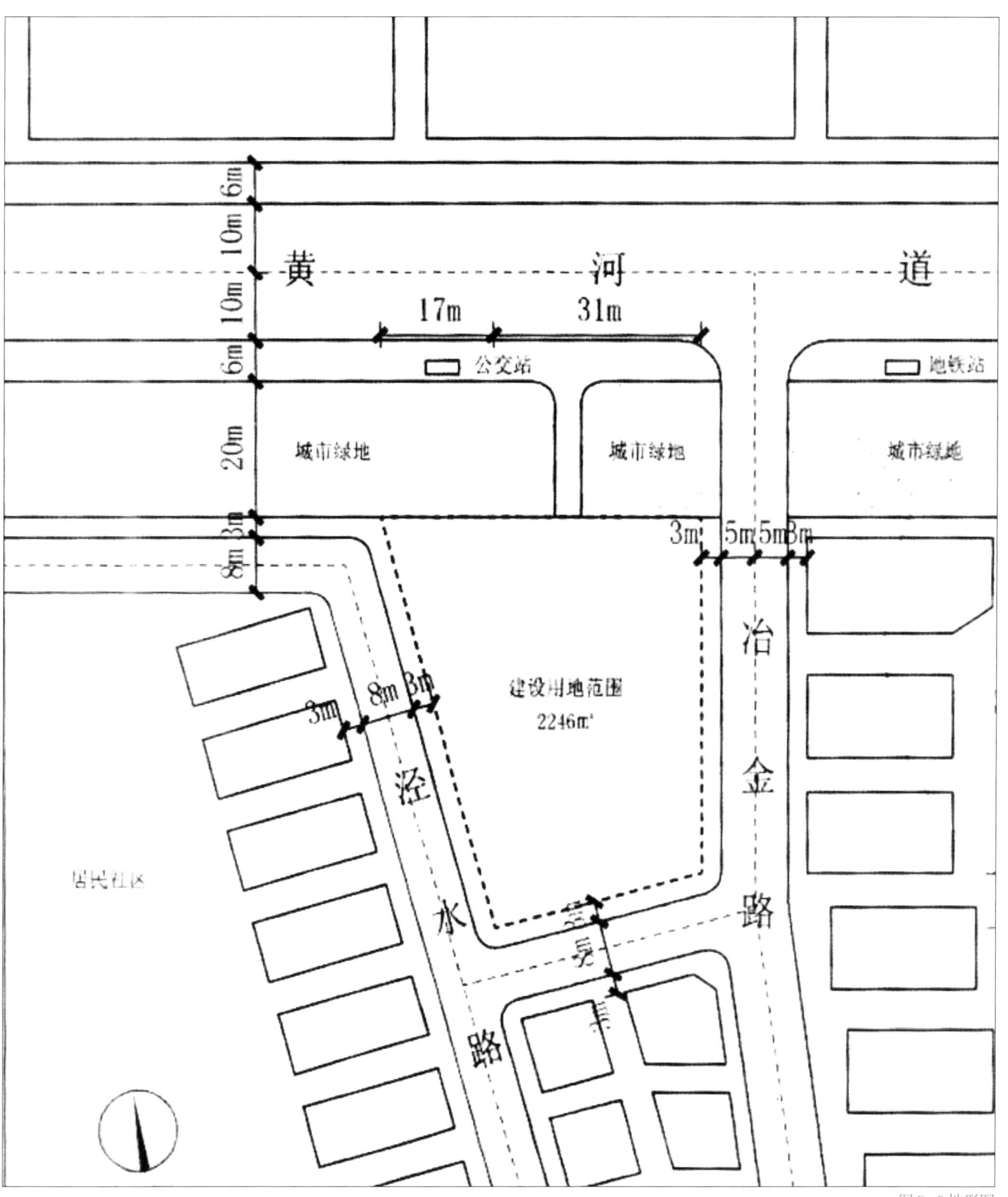
6m
10m
10m
6m
20m
3m
3m
8m
黄
河
道
17m
31m
公交站
地铁站
城市绿地
城市绿地
城市绿地
3m
5m
5m
3m
冶
金
路
建设用地范围
2246m²
3m
8m
3m
泾
水
路
居民社区

图5-6 地形图

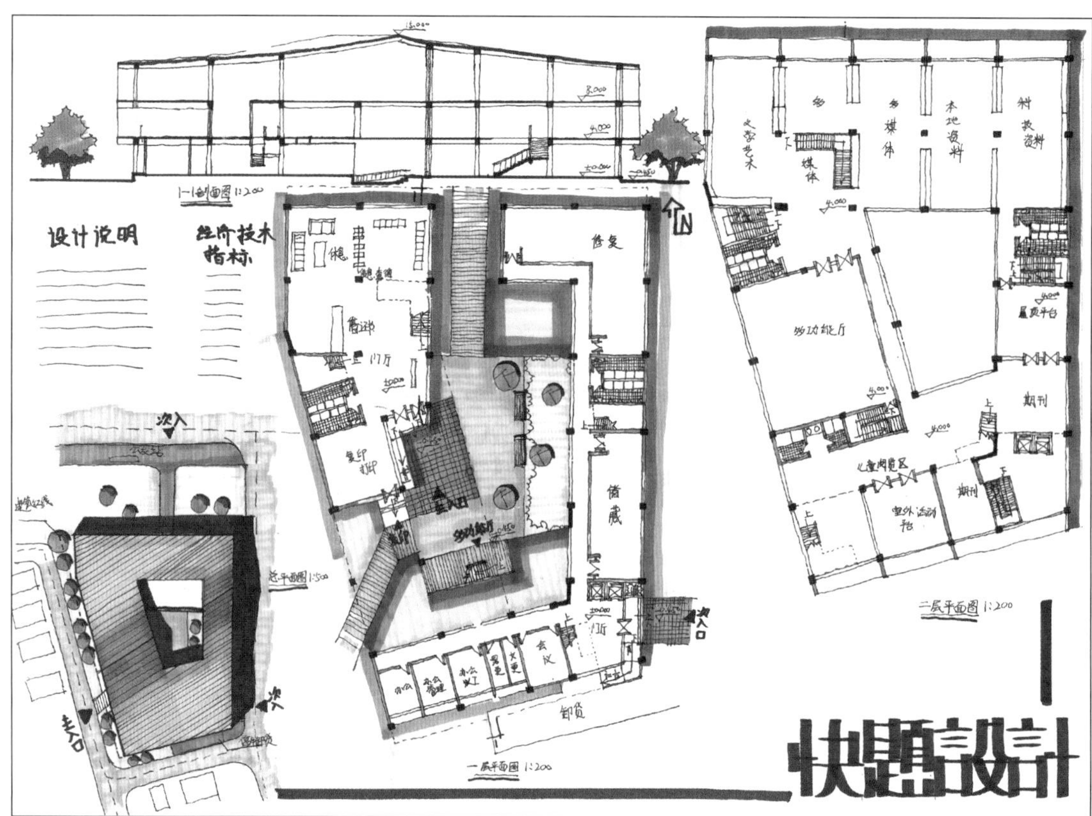

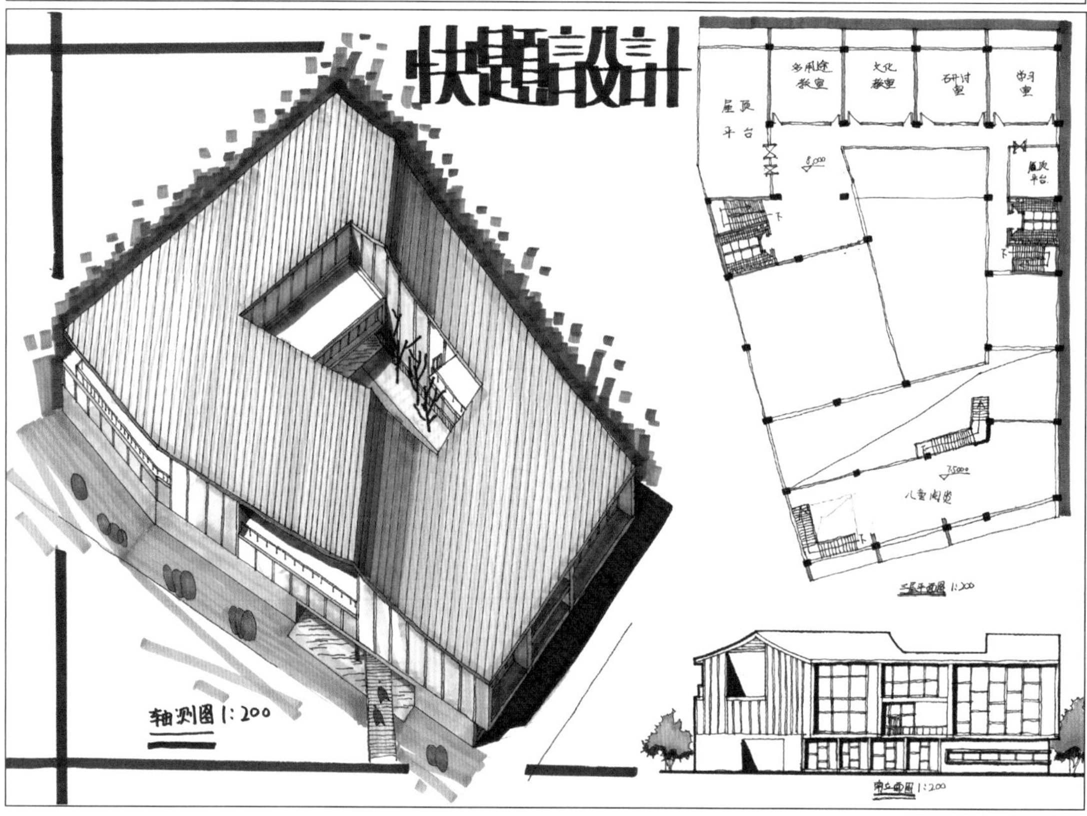

作者：朱炜琦 / 表现方法：钢笔 + 马克笔 / 时间：6 小时

优点：①建筑整体布局能够较好地结合地形，建筑主入口部分采用水面架桥的方式进入，丰富了建筑形体。

②建筑采用围合式，通过中庭来组织整体的流线，内外分区明确。

缺点：①整体的屋顶体块过大，可以将部分屋顶以构架的形式进行延续，保证其完整性。

②建筑门厅的楼梯设计过多，流线组织不够清晰。

③儿童阅览室最好设置在一层，并结合适当的景观布置室外活动场地。

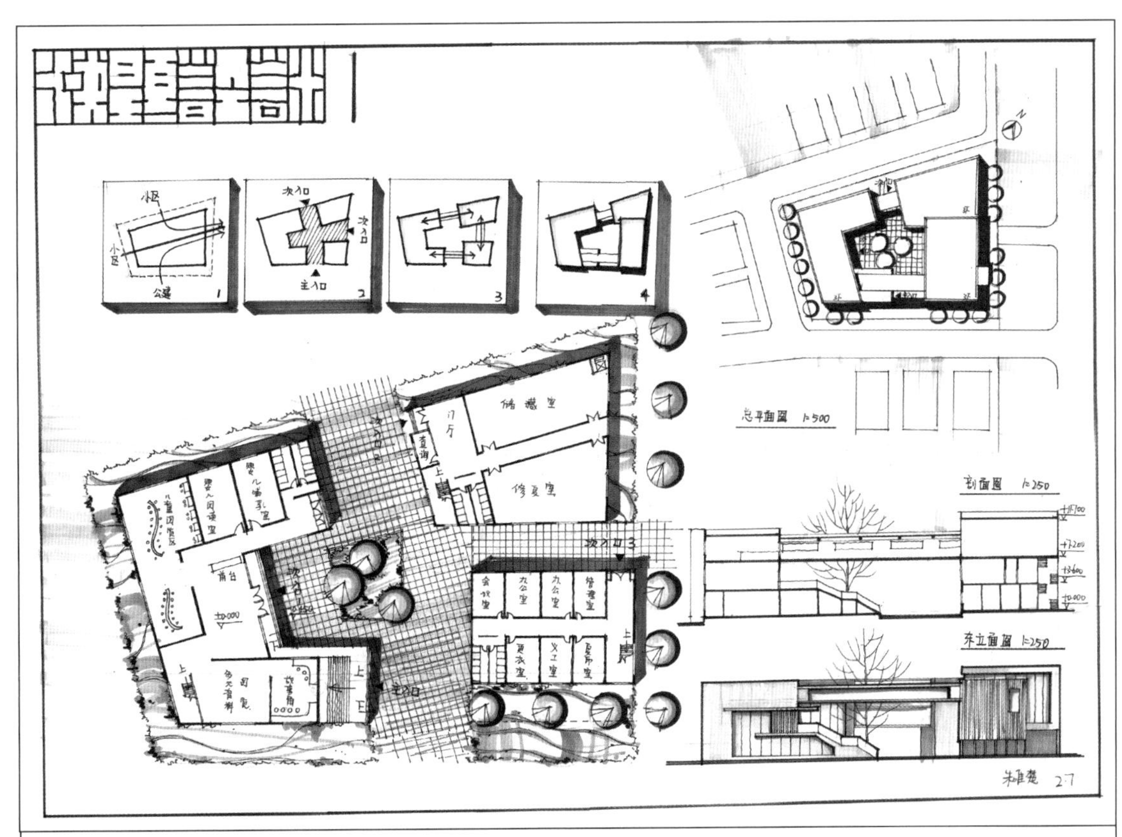

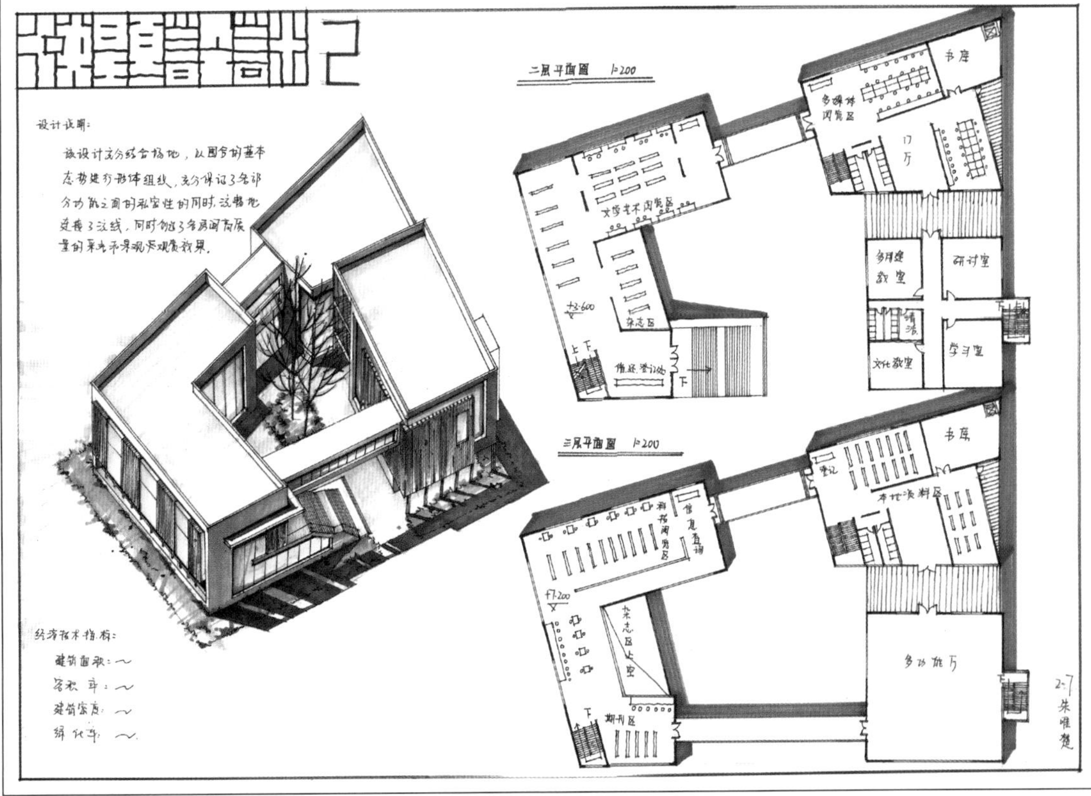

作者：朱唯楚 / 表现方法：钢笔 + 马克笔 / 时间：6 小时

优点：①图面丰富完整，效果图配色和谐，体块处理和细部处理都比较完善。

②功能分区明确，流线合理；一层结合底层架空，创造了丰富的灰空间，可以结合适当的景观设计室外活动空间。

③分析图合理且适当，总体排版美观。

缺点：①报告厅设置在三层，不能满足疏散要求。

②场地设计有待加强。

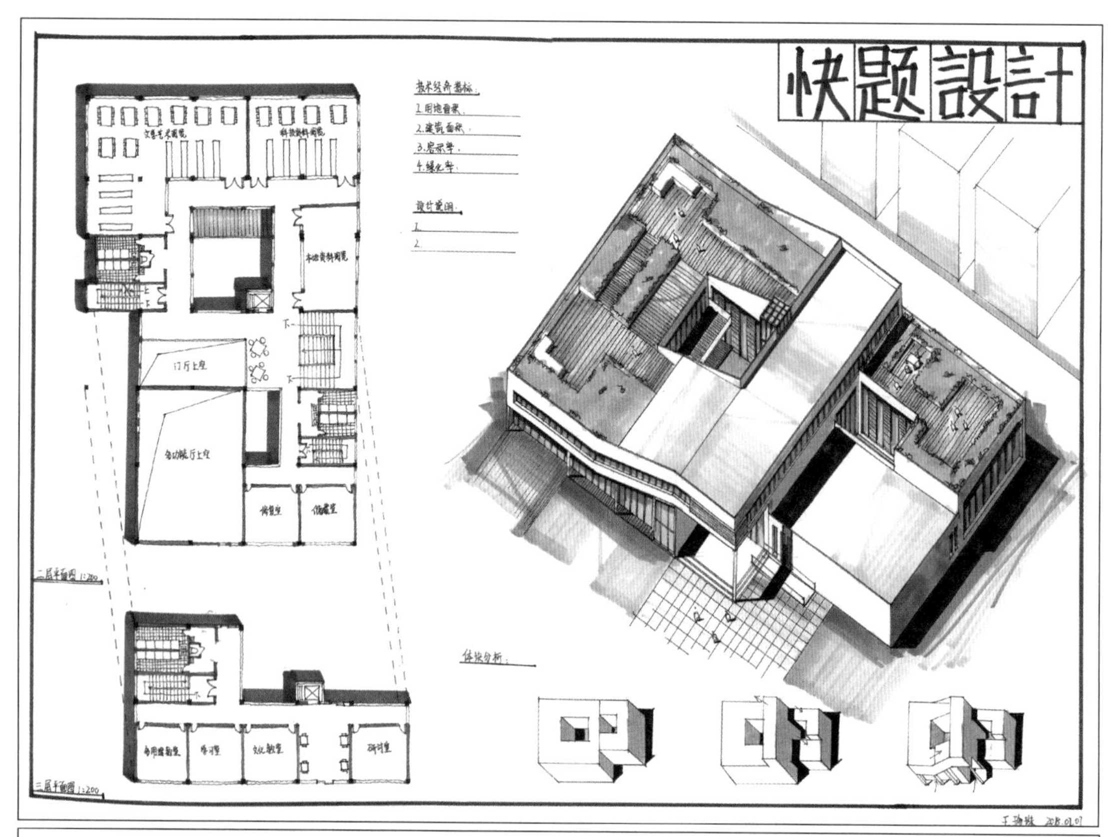

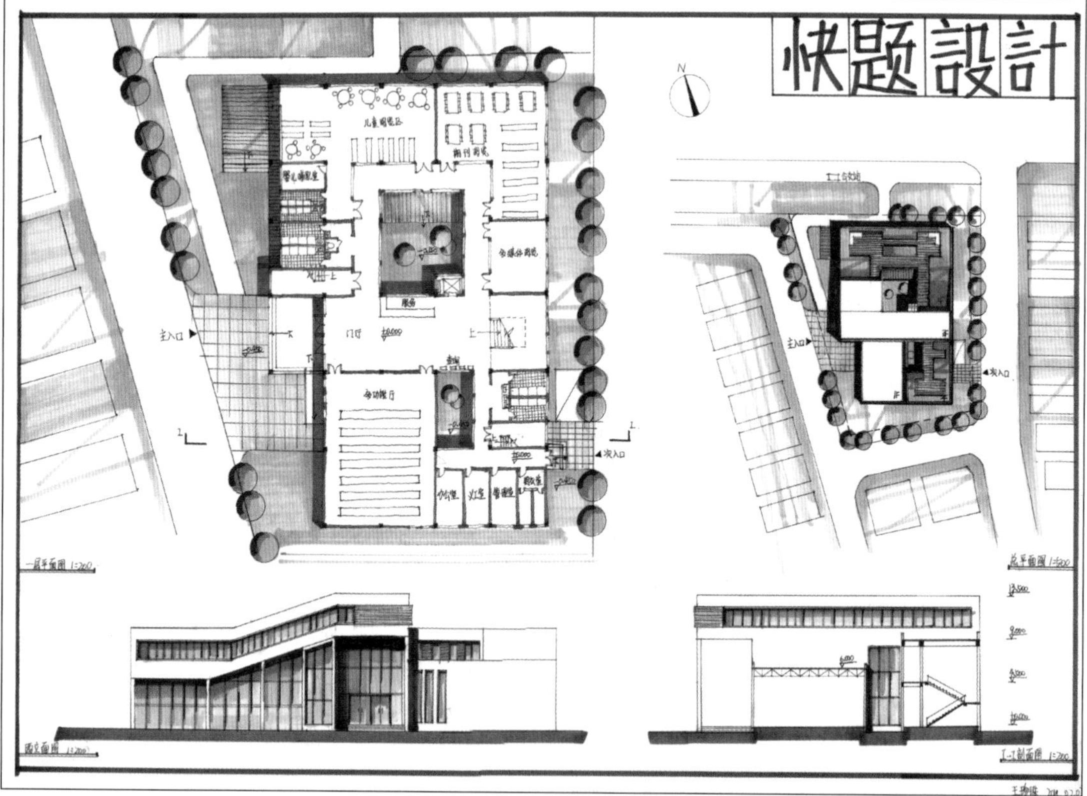

作者：王珍珠 / 表现方法：钢笔 + 马克笔 / 时间：6 小时

优点：①分区明确，功能合理，流线使用较为流畅。

②效果图绘制得较为完善，加设了屋顶花园和平台，使第五立面显得非常丰富。

③配色合理，绘图仔细，整个图面整洁、有条理。

缺点：①争取了一部分内庭院，可以考虑更丰富的造型手段，如退台的设置。

②未考虑到原有居民对基地的道路适应。

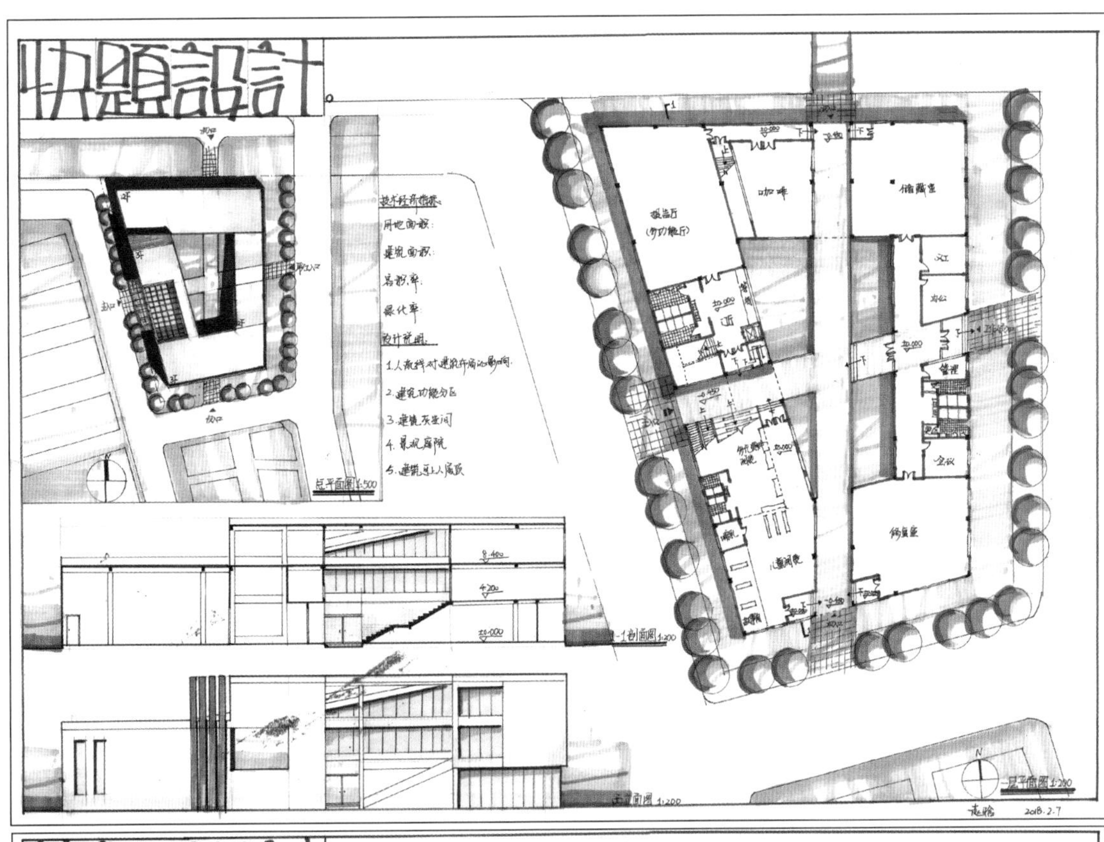

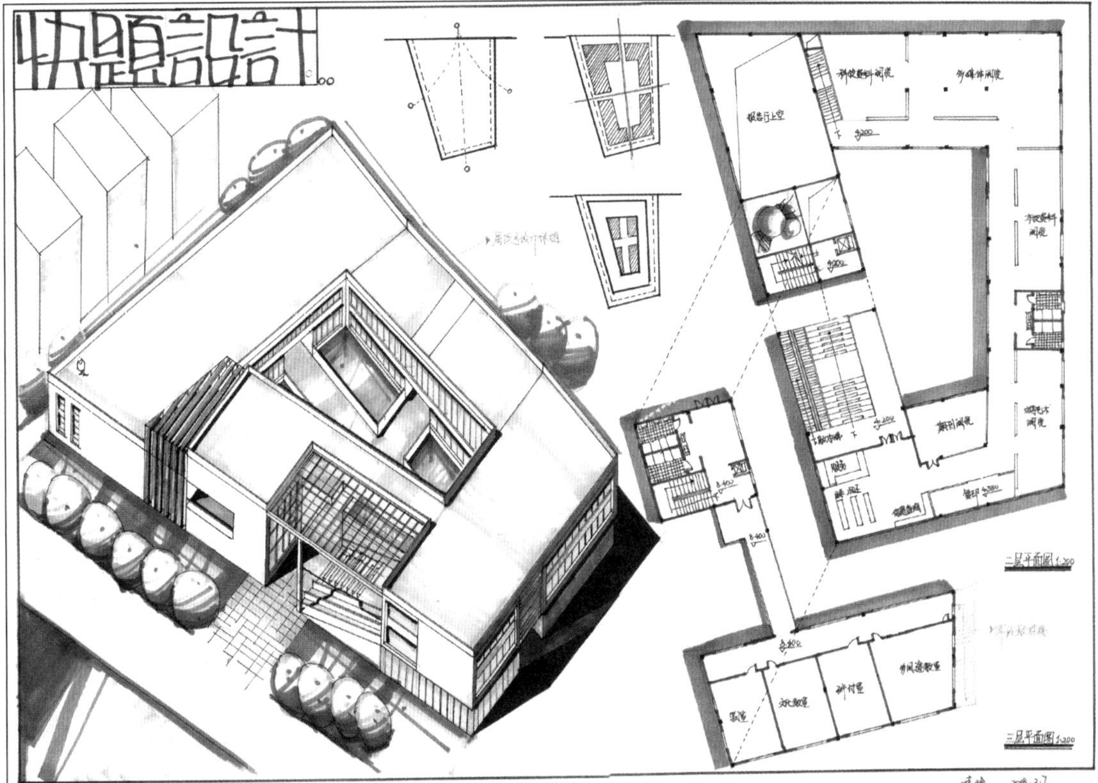

作者：赵晗 / 表现方法：钢笔 + 马克笔 / 时间：6 小时

优点：①建筑形体较为丰富，虚实对比明确，能够使用较好的构造手法。

②功能分区明确，流线合理，照顾到了原有居民的道路去向。

③能够合理地将儿童阅读区和成人阅读区分开设计。

缺点：①可以考虑屋顶上人，这样鸟瞰图的屋顶会显得更加丰富。

②部分办公空间需要更多的疏散楼梯。

五、社区图书馆设计（二）

1. 真题题目

（1）场地条件

为了适应职业技术教育的需要，武汉市某重点职业技术中学拟扩建图书馆一座，藏书量约为 50 万册，其选址位于学校教育中心区的一片空地，南面为水面，北面为教学楼，东面为小树林，西面为校行政办公大楼（图 5-7）。要求建筑功能设计合理，造型新颖别致，能够反映建筑的时代特征。

（2）建筑规模及空间要求

①总建筑面积 3500 m^2。

②功能及空间要求：

a. 阅览室

普通阅览室 250 m^2，科技阅览室 250 m^2，
期刊阅览室 250 m^2，试听阅览室 250 m^2，
社科阅览室 250 m^2，开架阅览室 250 m^2，
研究室 15 m^2 × 8。

b. 书库 1200 m^2。

c. 出纳与目录 300 m^2。

d. 报告厅 200 m^2。

e. 内部管理及业务技术用房：

办公室 15 m^2 × 6，采编室 30 m^2，装订室 30 m^2，
照相室 30 m^2，复印室 15 m^2，储藏室 15 m^2 × 2。

f. 门厅、走道、卫生间、更衣室及存包处等空间可根据需要设置。

（3）图纸要求

①总平面图 1 ∶ 500。

②各层平面图 1 ∶ 200。

③立面图 1 ∶ 200（2 个），注明关键位置标高。

④剖面图 1 ∶ 200（1 个），注明各楼层及关键位置标高。

⑤透视图不小于 A3 大小，表现方式不限。

参考案例见图 5-8、图 5-9。

2. 题目解析

（1）建筑场地

建设用地为不规则形，基地南侧有水面，东侧有小树林，属于景观朝向非常好的一侧，因此，应考虑把图书馆建筑的重要功能设置在这些部分；此外，建筑形体的组织需要顺应地形。

当建设基地内有水，或者基地周边有好的景观，其应对措施一般有以下几种情况：通过内部功能空间来应对，例如，将阅览室部分设置在景观一侧（尽可能南向），在室内空间中设置茶室、咖啡厅、餐厅、休息空间；通过底层架空与中庭空间的设置让景观渗透到建筑内部空间；在室内设计台阶式空间，增大室外景观的观赏面积等。

（2）建筑规模

建设用地面积为 6000 m^2，建筑面积为 3500 m^2，建设用地较宽裕，需要注重场地设计。

（3）建筑形态

图书馆建筑作为校园中的标志性建筑，其建筑形态要反映出时代特色。

（4）建筑功能及流线

考查考生对图书馆建筑功能及相关规范的了解程度，以及在组织功能与建筑形体过程中对基地中景观的利用，可以结合阅览室、休息空间、活动空间设置相应的功能。

（5）建筑空间

图书馆的室内空间也是设计的重点，如何结合门厅组织上下层流线，如何利用走道与大厅空间，如何设计休息空间、阅览空间与观景平台都是考生需点重要考虑的内容。

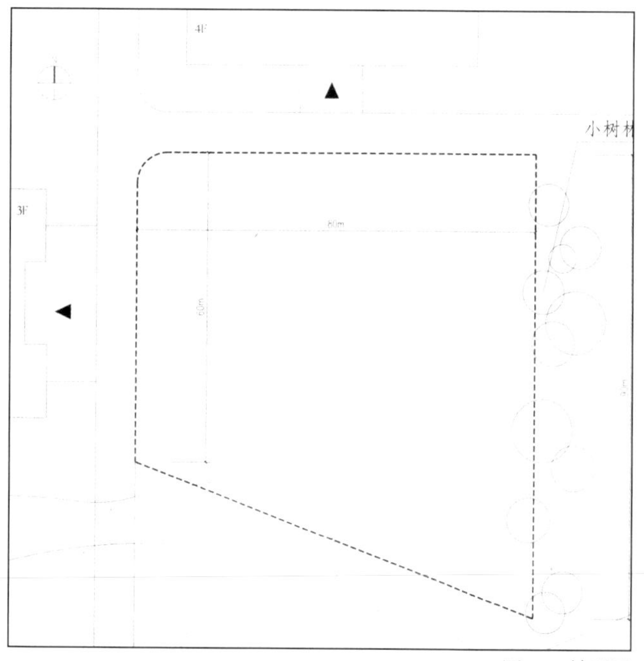

图 5-7 地形图

图 5-8 图书馆建筑参考案例（一）（图片来源：网络）

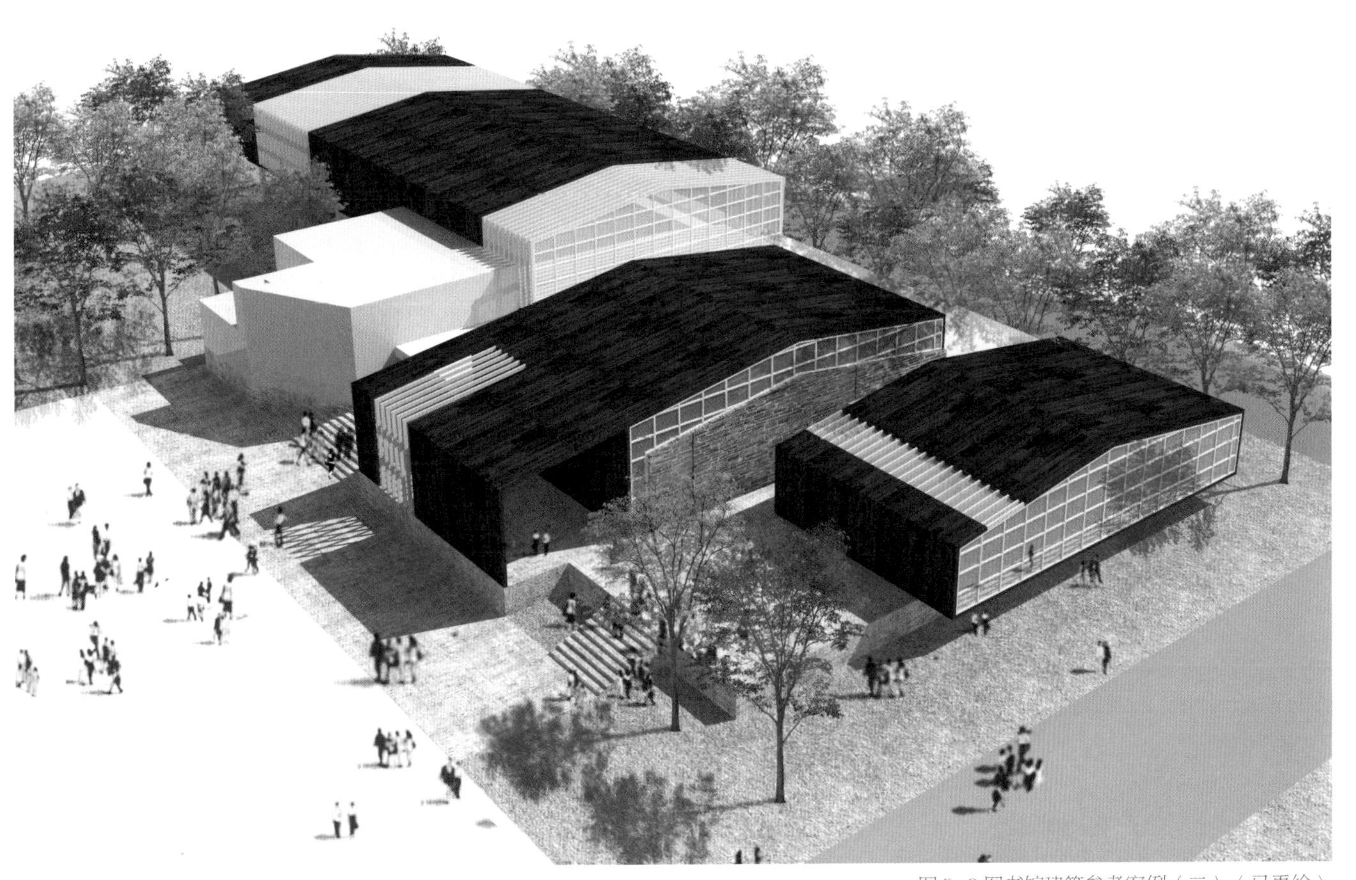

图 5-9 图书馆建筑参考案例（二）（马禹绘）

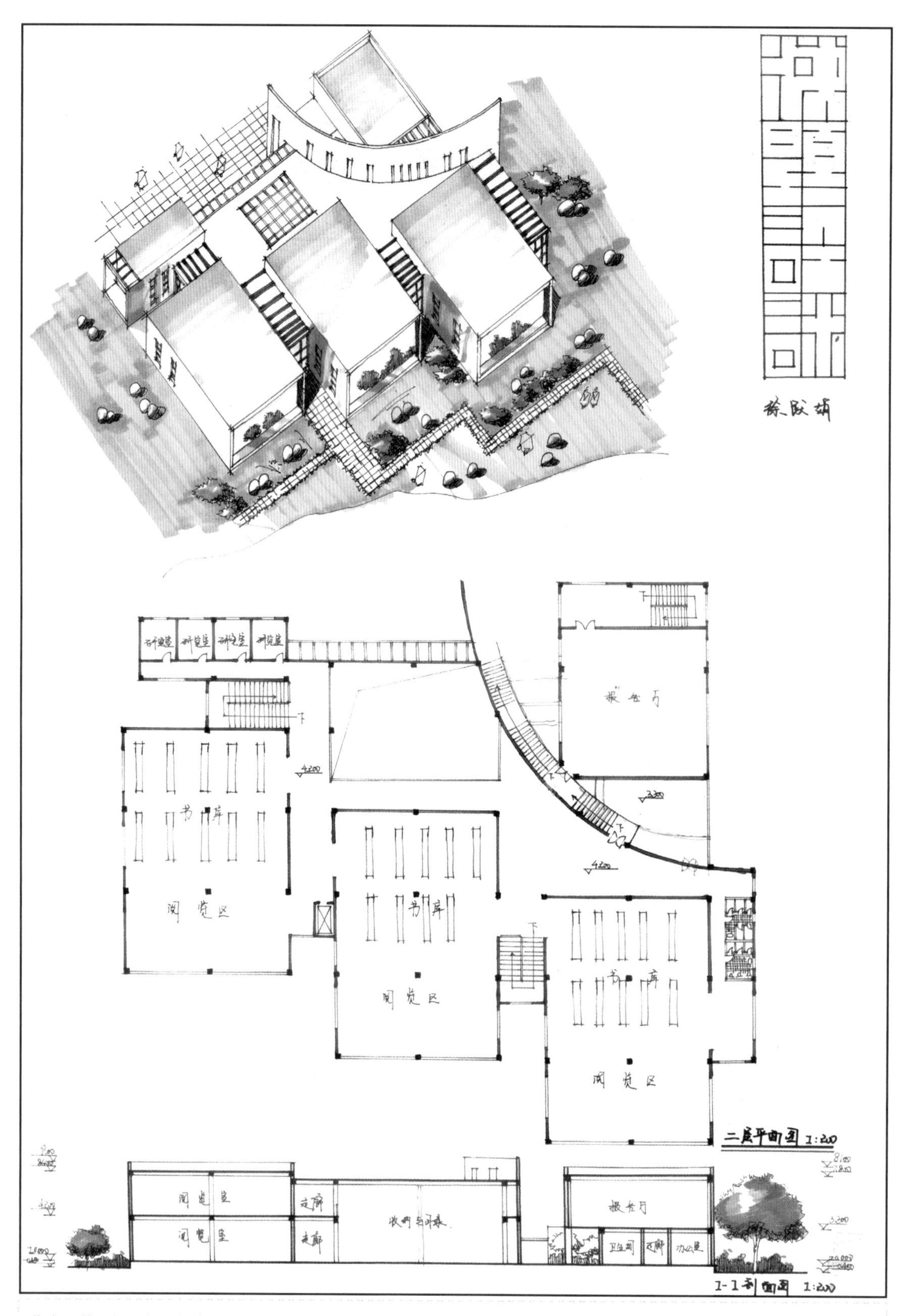

作者：徐跃娟 / 表现方法：钢笔 + 马克笔 / 时间：6 小时

优点：①功能流线较为合理，体块造型完整。

②造型与基地相呼应，景观朝向良好。

③室内外空间联系密切，入口片墙增强了引导性。

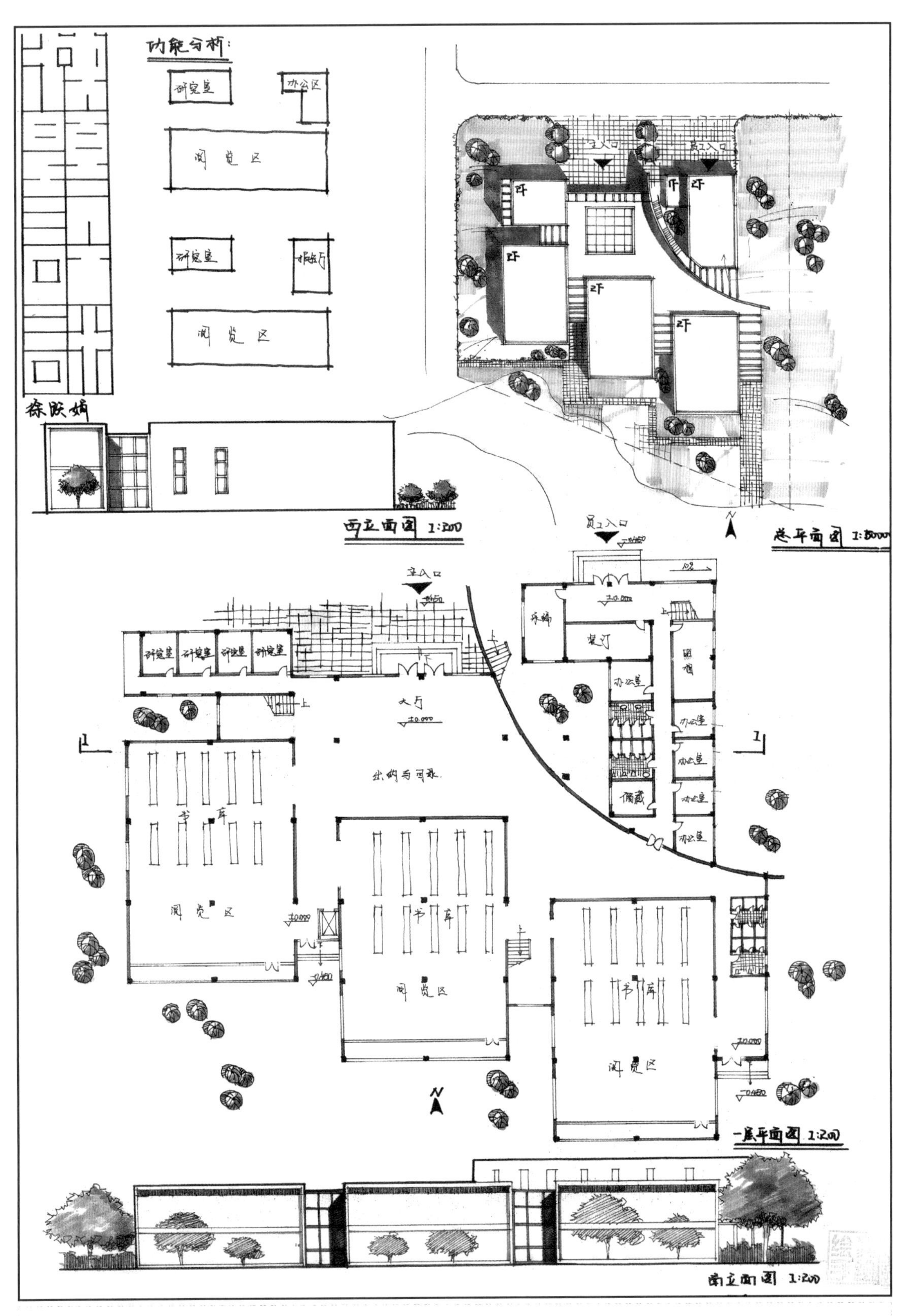

缺点：①南立面整面玻璃幕墙不符合建筑功能，且造型单一，缺少变化。

②辅助用房呈东西向布置，朝向不合理。

六、湖景餐厅设计

1. 真题题目

（1）设计背景

某湖泊风景区拟在风景如画的湖边修建一座高档“生态鱼餐厅”。用地为湖西岸向水中伸出的半岛，西靠山体，西侧山脚下有环湖路和停车场，北、东、西三面临水。用地边界：西为道路和停车场的东侧道牙，北、东、南三面的湖岸线向湖内 10 m，用地面积约 5000 m^2。环湖路东侧有 5 m 高差的陡坡，其余为 2~3 m 高差的缓坡，坡向湖面。南侧临湖，有两棵大树（图 5-10）。

（2）设计内容

①总建筑面积 1200 m^2（上下浮动 5%），餐厅规模 200 座，餐厨比 1 ： 1。

②就餐区需面向湖景，并单独设置一个 15 座的湖景包间。

③充分考虑与地形环境结合，适当考虑户外的临时就餐座。

④其他相关功能自行设置。

（3）设计时间：6 小时

（4）图纸要求

①总平面图 1 ： 1000~1 ： 500。

②各层平面图、立面图、剖面图 1 ： 200~1 ： 100。

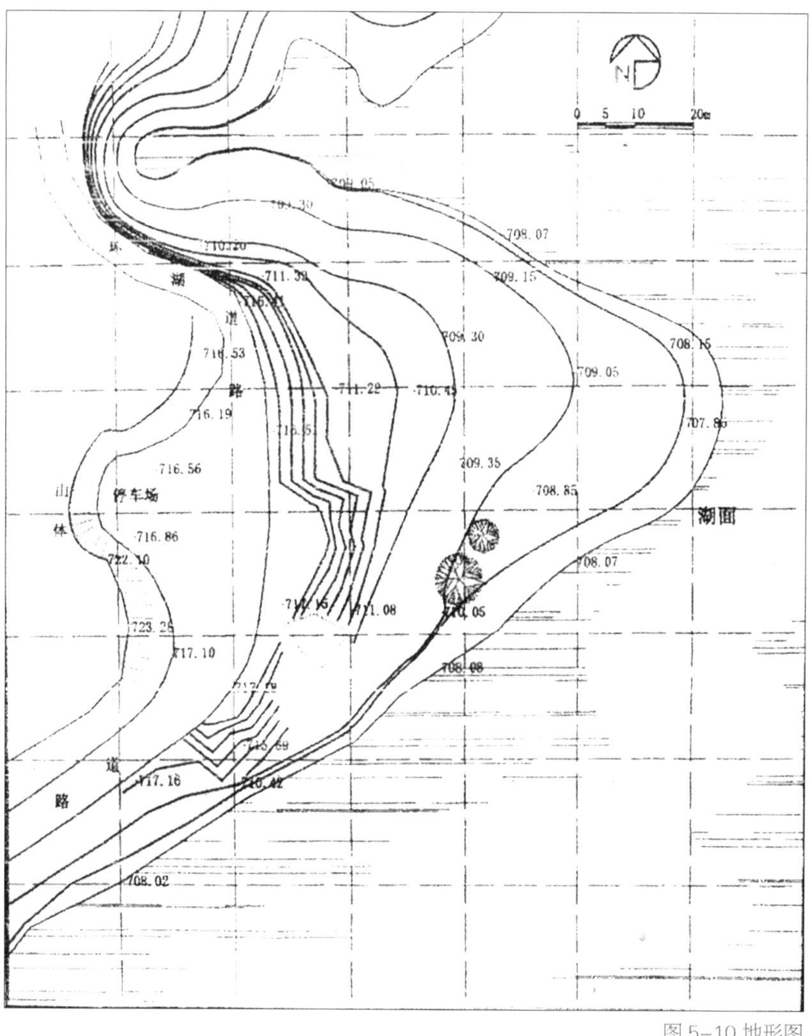

图 5-10 地形图

③空间形态表达（透视图、鸟瞰图、轴测图均可）。

④反映构思的图示和说明。

（5）方案表达

表达方式不限，图幅 2 号图纸，图纸张数不限。

2. 题目解析

（1）建筑场地

基地为坡地，题目考查的重点是如何解决建筑与坡地之间的关系。由于建筑规模不大而用地范围较大，基地沿道路一侧较陡，沿湖一侧的坡度很缓，因此，可以将建筑主体设置在沿湖一侧，一方面弱化建筑与陡坡之间的矛盾，另一方面最大化地利用湖面景观。

关于建筑入口，如何解决道路与建筑入口之间的高差也是考生必须考虑的。

（2）建筑形态

作为餐饮建筑，首先要考虑建筑的标识性与可识别性。建筑位于自然风景区，要考虑建筑形体与周边环境之间的关系。

（3）功能流线

就餐区与后厨区的分离与联系是考生需要重点考虑的，要避免客人流线与送餐流线相互干扰。

（4）建筑空间

合理利用周边景观，创造出丰富的就餐空间。

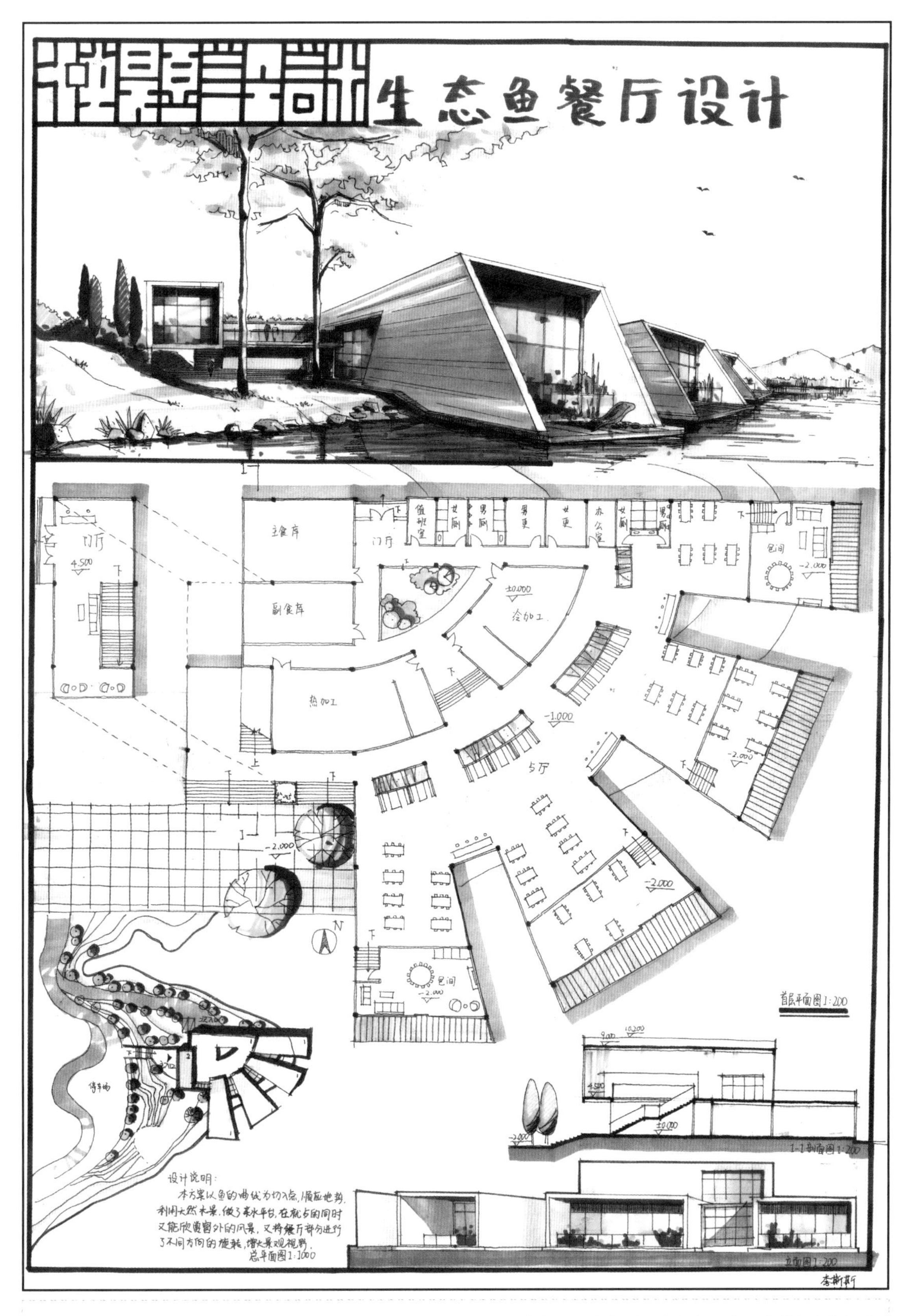

作者：李斯斯 / 表现方法：钢笔 + 马克笔 / 时间：6 小时

优点：①建筑形体采用发散式布局，能与地形及周边环境很好地结合，也让餐厅部分获得最大化的景观朝向。

②建筑形体与清水平台很好地结合，创造了丰富的半室外就餐空间。

缺点：①在设计流线时，应注意明确区分送餐流线与客人流线。

②就餐空间中的家居布置仍需深化，场地设计有待加强。

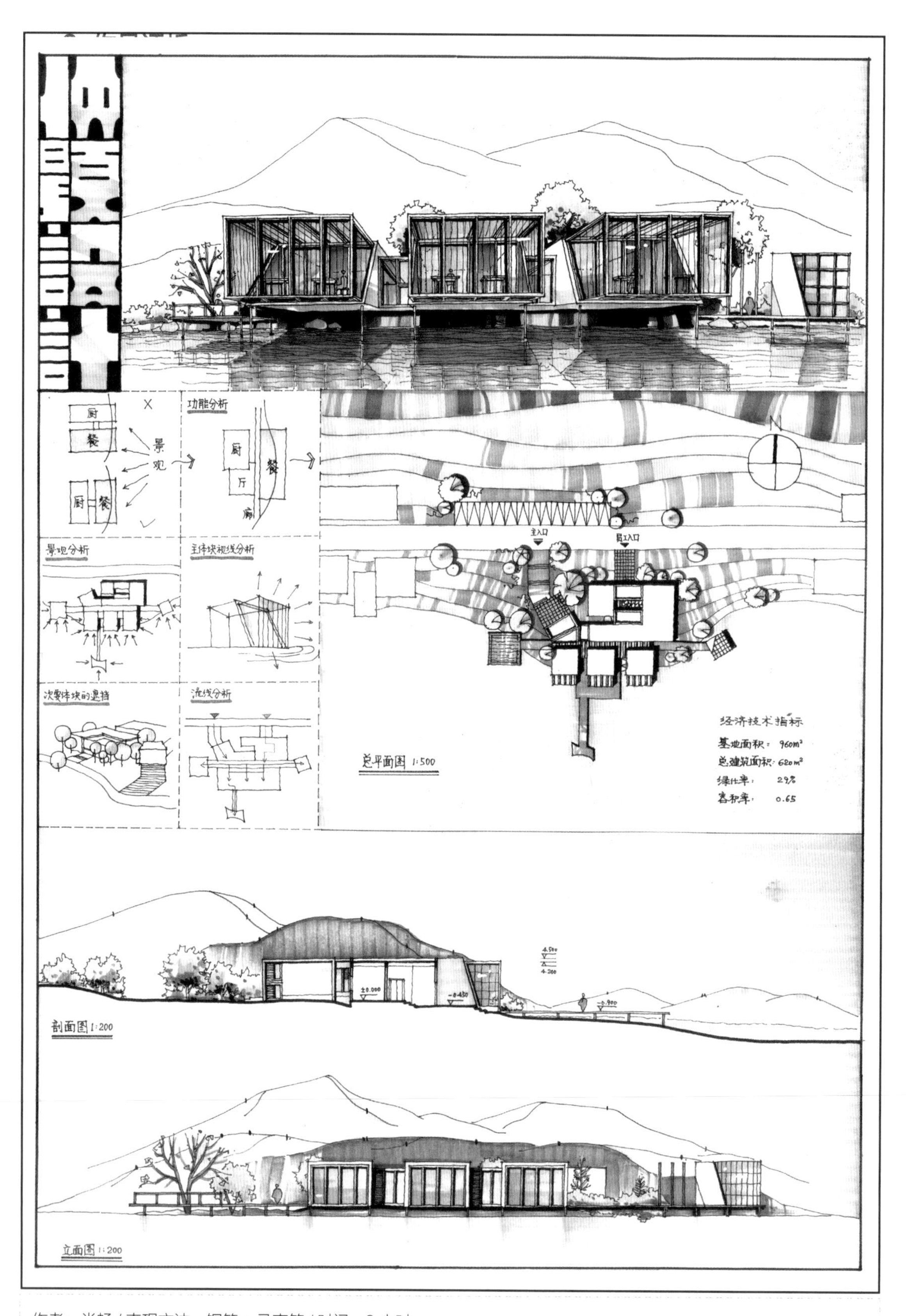

作者：肖畅 / 表现方法：钢笔 + 马克笔 / 时间：6 小时

优点：①建筑结合地形，能够最大化地利用湖面景观，餐厨部分功能分区明确。

②建筑形体节奏感较强，形体设计丰富，建筑形体能与周边环境很好地结合。

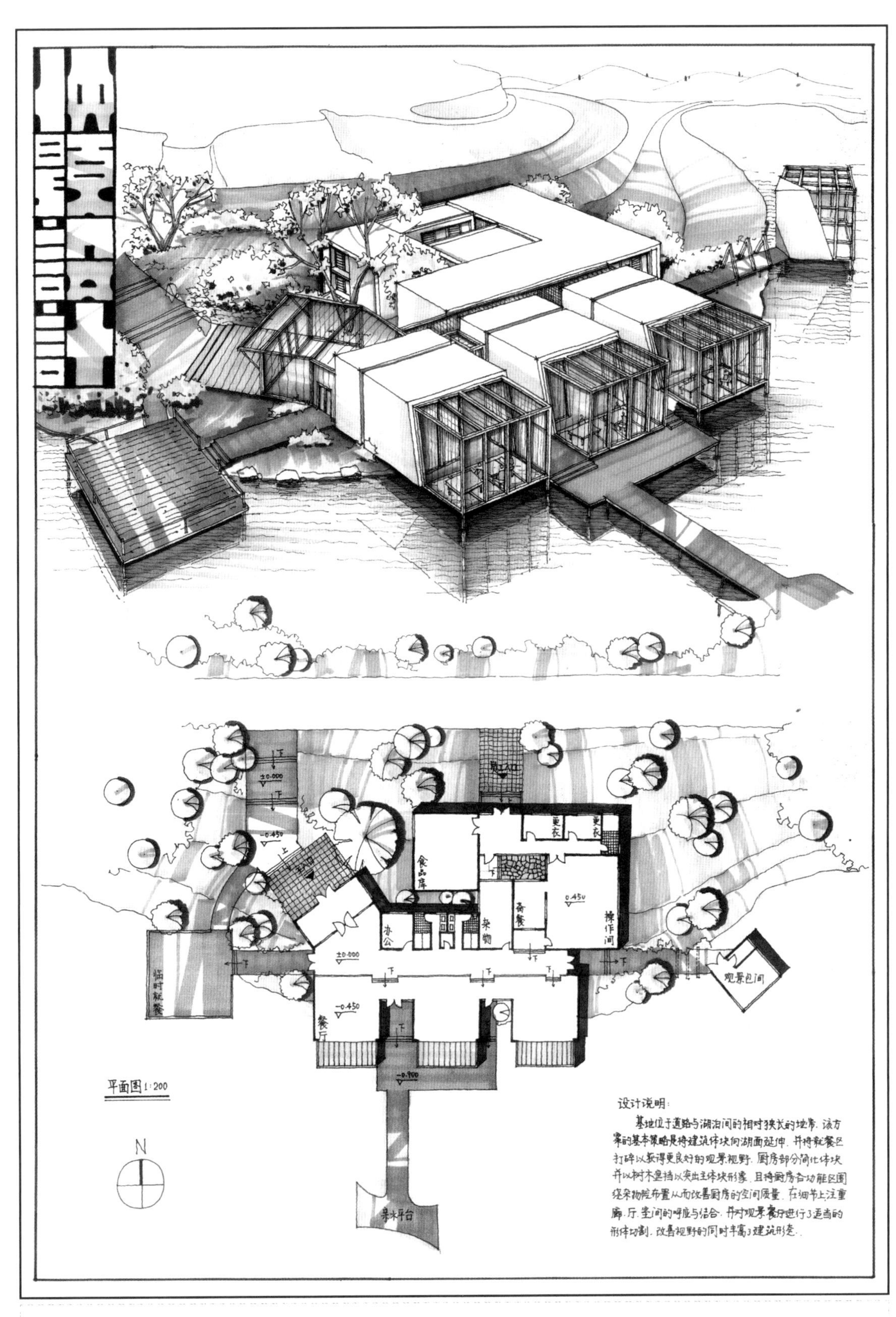

缺点：①后厨部分的中间庭院可以适当扩大，以避免暗房间。

②总平面图表达得不够完整，应该充分表达基地范围和场地设计。

七、幼儿园建筑设计（一）

1. 真题题目

北方（寒冷地区）某小区需设计一所全日制幼儿园（图 5-11），具体设计要求如下。

①总体要求：功能合理、流线清晰，考虑幼儿的生理、心理特点，与周边环境和谐。

②总建筑面积及高度：3000 m^2，幼儿活动用房不超过 2 层，其他不超过 3 层。

③规模：7 个班（大、中、小班各 2 个，托儿所 1 个）。

④功能空间。

a. 各幼儿班级（活动单元）要求。

幼儿活动室：幼儿活动、教学空间，每间面积 60 m^2，保证自然采光、充分的日照（南向最佳，东、西次之）和自然通风。

幼儿寝室：幼儿午休空间，每间面积 60 m^2，应有良好的自然通风和采光。

卫生间：供幼儿使用，每班至少 5 个蹲位（尺寸：800 mm × 700 mm），5 个小便器，不用男女分设，尽量考虑自然采光和通风）。

储藏间：主要为幼儿衣帽存放，10 m^2。

b. 音体活动室：1 间，面积 120 m^2，音体活动室的位置宜与幼儿活动用房联系便捷，不应和办公、后勤用房混设。如果单独设置，宜用连廊与主体建筑连通。

c. 办公部分。

办公室：60 m^2。

院长室：15 m^2。

会议、接待室：60 m^2。

医疗室（包括治疗室、观察室）：30 m^2。

d. 后勤部分。

厨房：60 m^2；库房：30 m^2。

e. 门厅：不小于 60 m^2（设晨检）。

f. 室外场地。

每班应有相对独立的班级室外活动场地，面积不小于 60 m^2。

集中活动场地设置 30 m 跑道（6 道，每道宽度 0.6 m）。

种植园地不小于 150 m^2，应有较好的日照。

其他：幼儿园主入口应留出家长等待空间，并设置次入口，供后勤人员使用。

⑤图纸要求。

a. 总平面图：1 ∶ 500~1 ∶ 1000。

b. 各层平面图：1 ∶ 200。

c. 立面图（至少 1 个）：1 ∶ 200。

d. 剖面图（至少 1 个）：1 ∶ 200。

e. 表现图（形式不限）。

f. 其他图纸设计者自定。

2. 题目解析

（1）建筑场地

幼儿园建筑设计的重点在于班单元的设计和外部空间的设计，包括丰富的室外活动空间。由于幼儿园建筑的特殊性，在设计过程中要求每个班单元的卧室和活动室（单独的室外活动场地）都需要有直接的南向采光，因此，在建筑形体设计过程中，如何组织班单元是解此题的难点及重点。

在用地南侧有 15.5 m 的阴影影响，这也是设计中的陷阱，在功能布局过程中，班单元与各班室外活动场地不能设置在此区域。

（2）建筑形态

体现幼儿园建筑的活泼感。

（3）建筑功能及流线

幼儿部分的功能与辅助功能既要尽可能分开，也要便于管理。

（4）建筑空间

体现幼儿园建筑的特色，注重内外空间的渗透。

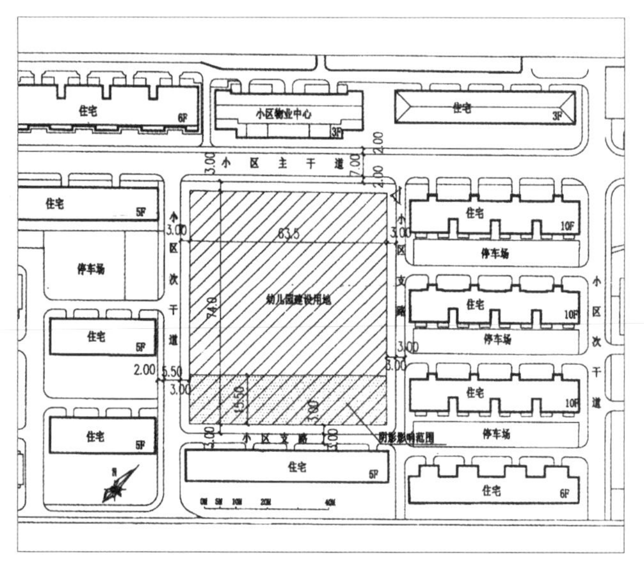

图 5-11 地形图

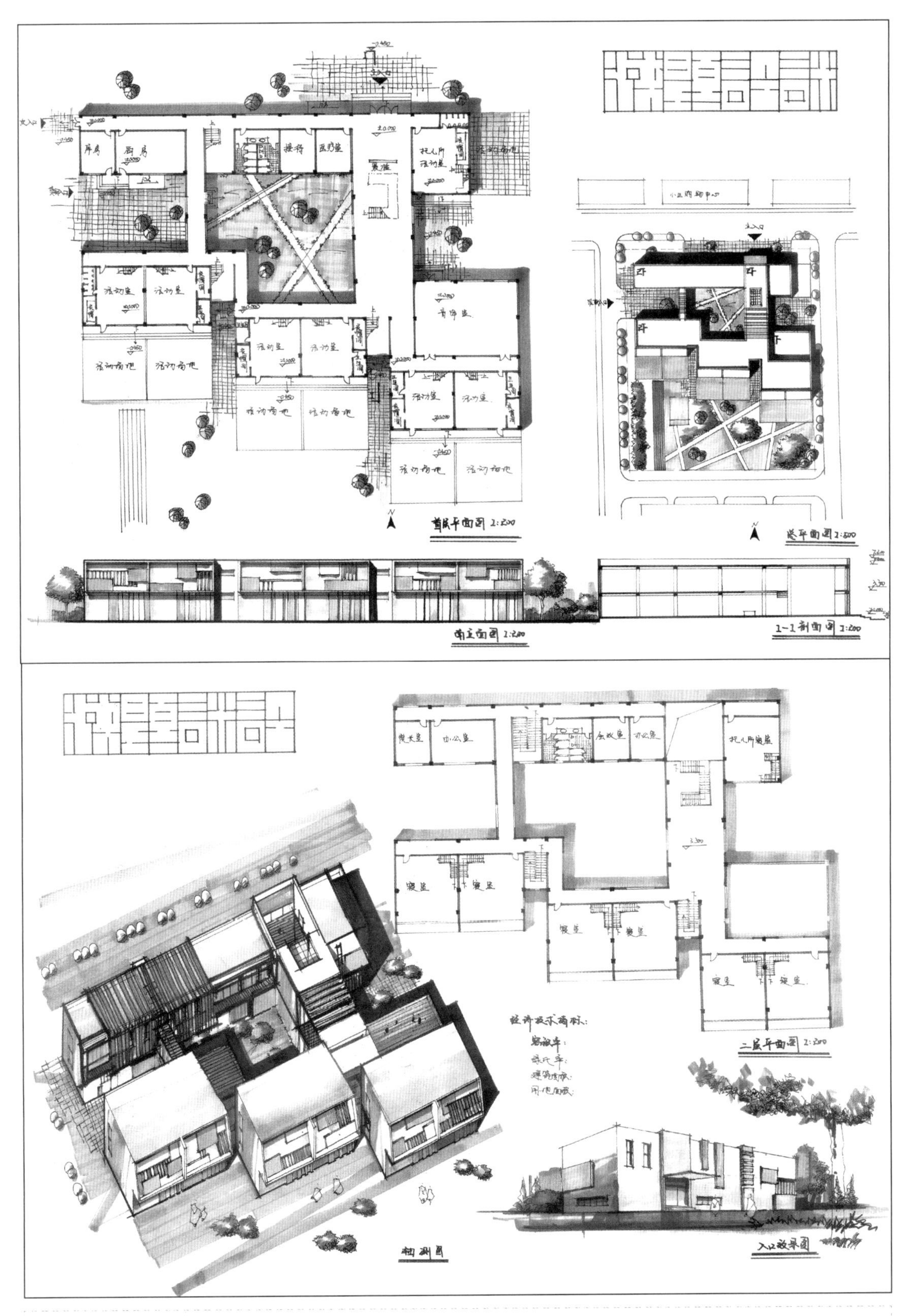

作者：徐跃娟 / 表现方法：钢笔 + 马克笔 / 时间：6 小时

优点：①建筑方案设计能结合周边环境，将 6 个活动班单元设置在南向，将 1 个托儿所设置在北侧。建筑形体布局能保证每个班的直接南向采光。

②造型设计完整，在形体上结合斜墙面与木材质设计，既活跃了建筑造型，也丰富了图面色彩。

缺点：①入口门厅处，上二层的楼梯起踏的位置应该直接设置在进门的位置。

②场地设计中应该结合跑道设置集中的大型场地。

③班单元部分，一层做活动室、二层做寝室时，应该在二层设置看护室；班单元应该将衣帽间设置在入口处。

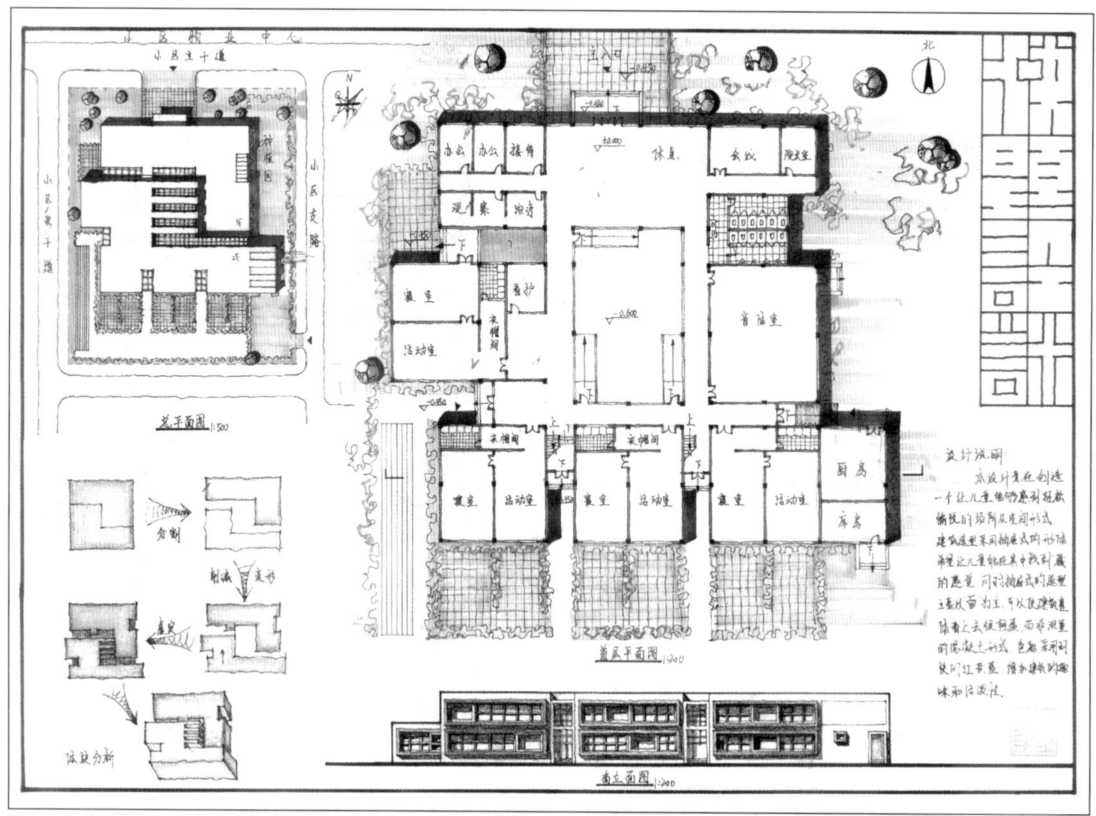

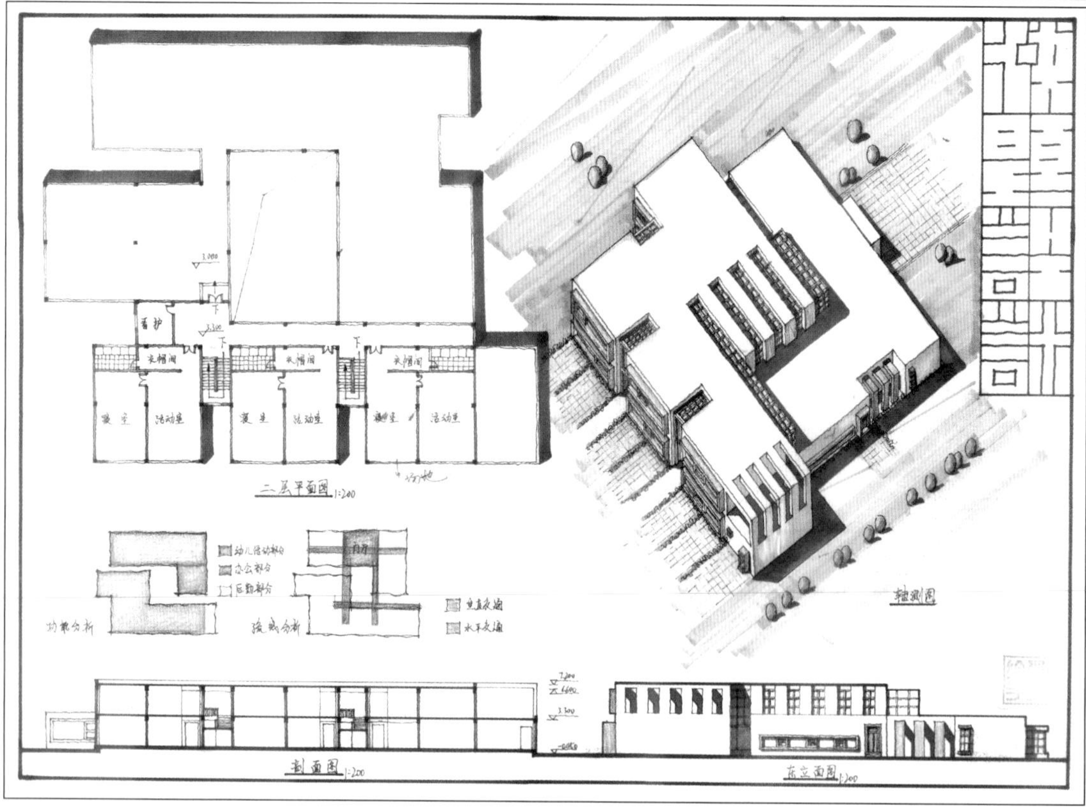

作者：宗振 / 表现方法：钢笔 + 马克笔 / 时间：6 小时

优点：①在建筑造型设计上，建筑体块采用了抽屉式，建筑整体采用体块切割的形式，并在建筑立面上加入了色彩活泼的窗框和建筑构架，整体造型丰富且一体化。②建筑功能布局合理，功能流线清晰。

缺点：①托儿所需要设置单独的室外活动场地。②班单元卫生间是黑房间，可以通过在交通廊部分开高侧窗的方式解决。③室外场地的通道层高不够。

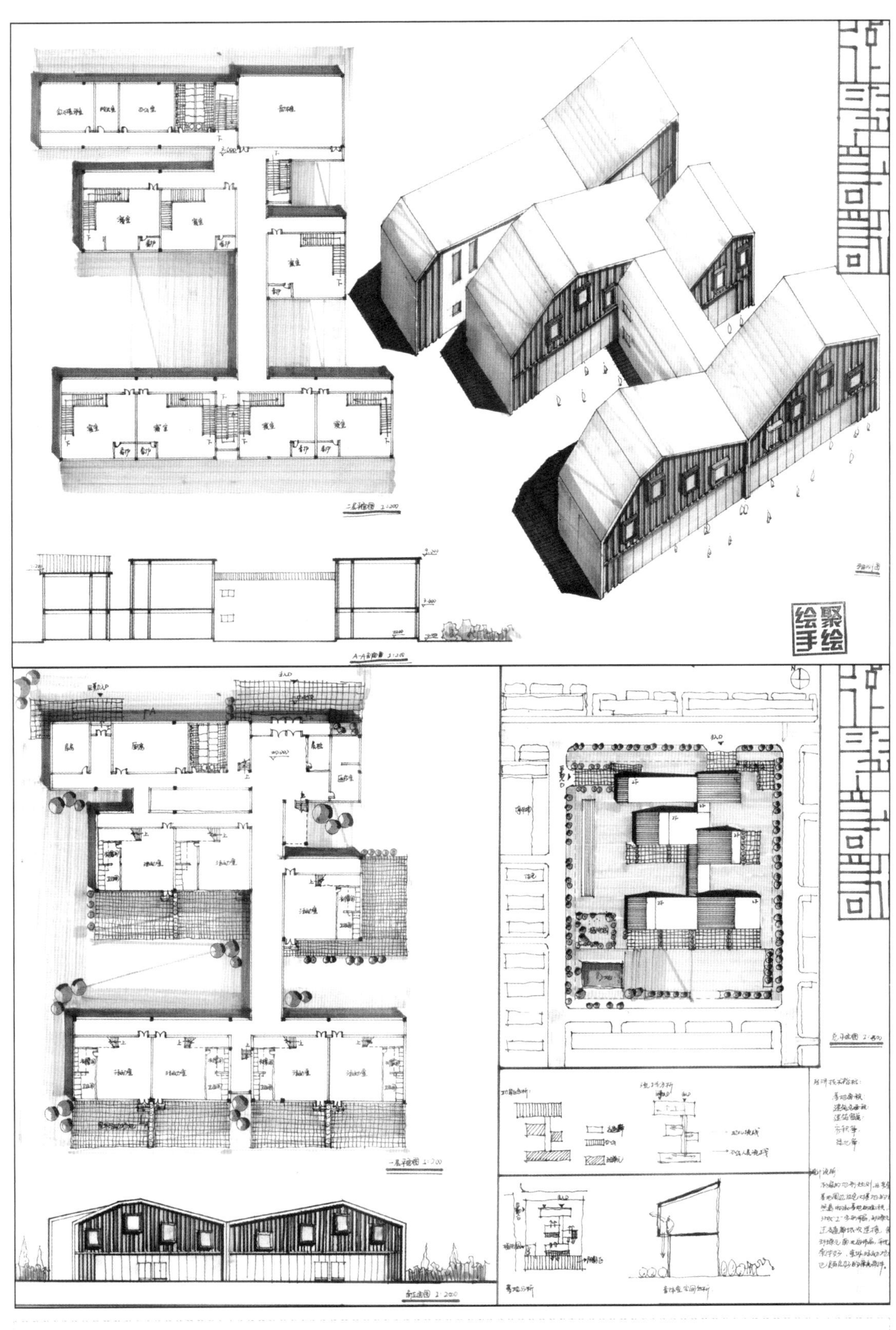

作者：夏颖 / 表现方法：钢笔 + 马克笔 / 时间：6 小时

优点：①图面表达完整，色调统一，对比关系明确。
②建筑功能分区合理，建筑班单元采用并列式组合，能够同时满足班单元及室外活动场地的南向直接采光。
③建筑造型新颖活泼，能够体现幼儿园建筑的特点。

缺点：①在场地布置中，应该结合跑道设置集中的大型室外活动场地。
②建筑次入口应该设置在小区次干道上，与建筑主入口拉开一段距离。
③建筑一层中庭部分需要布置环境，在建筑造型表达时，体量层高偏高，尺寸有些失真。

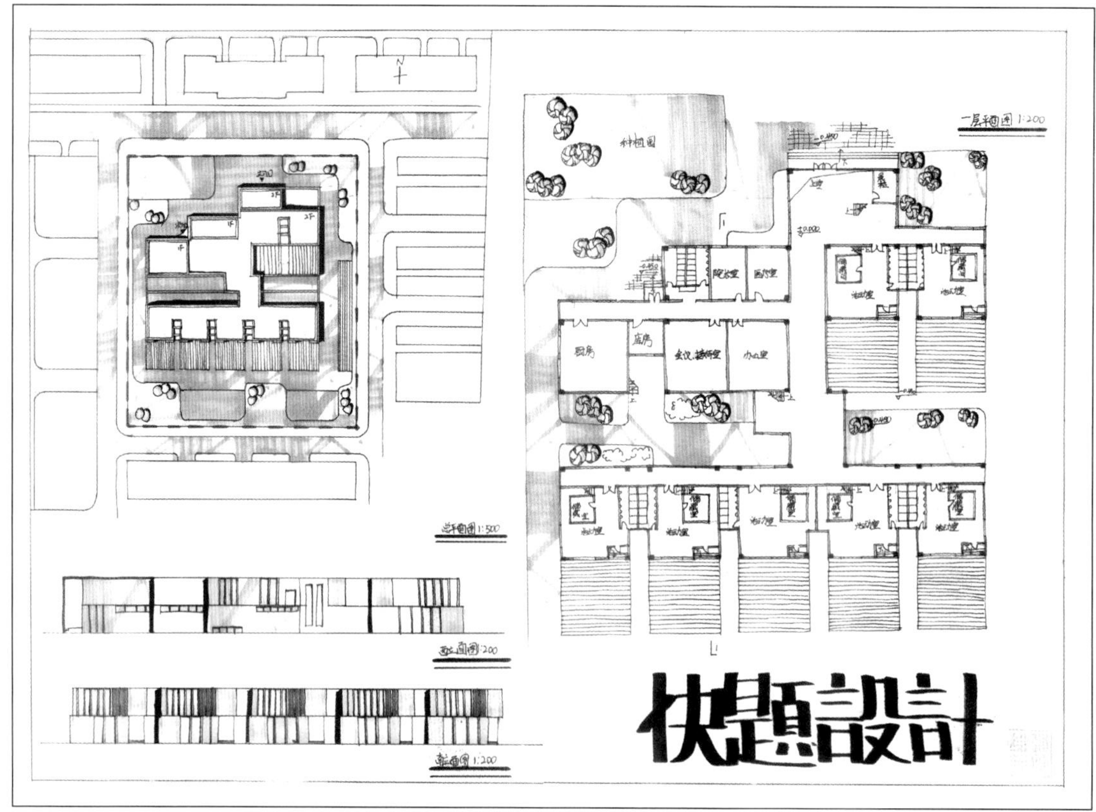

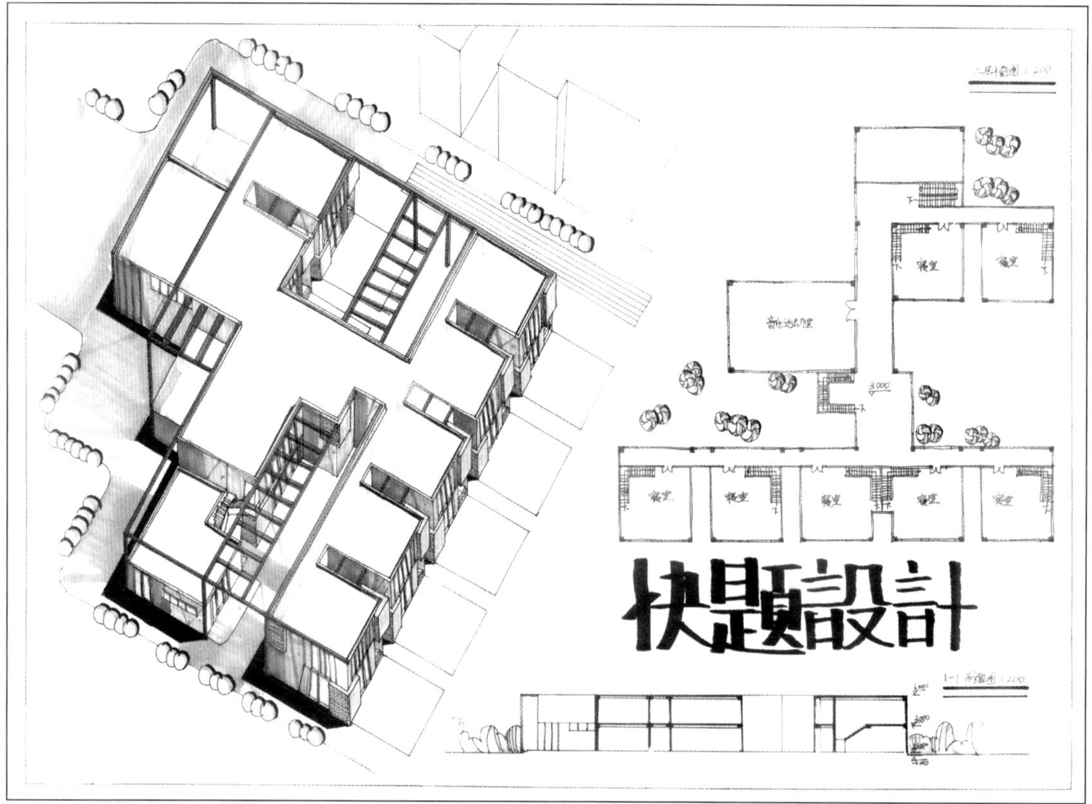

作者：王慧芳 / 表现方法：钢笔 + 马克笔 / 时间：6 小时

优点：①功能分区明确，交通流线清晰。

②班单元朝南，能够保证班单元与室外活动场地的采光。

缺点：①在总平面图整个形体的组合设计中，体块有些碎，特别是在入口辅助功能处。

②应该结合跑道设置集中的活动场地。

③入口门厅处，晨检功能房间切割应该尽可能地保证门厅共享空间的完整性。

④班单元活动室部分储藏室应该结合卫生间设计，为活动室留出完整的空间，现在空间的划分与切割有些碎。

八、幼儿园建筑设计（二）

1. 真题题目

我国中部某城市高新技术开发区根据规划的需要，拟在某居住区内兴建一所幼儿园，以解决开发区员工子女的入托需求。设计要求：使用合理，标准超前，造型别致，注重室外环境设计。

该地区主导风向为东南风，开发区集中供暖，建筑面积约为 2800 m^2（误差不超过 5%），基地情况见图 5-12。

（1）房间组成

①6 个独立班，约 200 名儿童，200~220 m^2/ 班。

每班要求设置：活动室、卧室、餐厅（兼过厅、储藏柜）、梳洗室（含 2 个淋浴喷头）、厕所。

②音体室（多功能厅）：150~180 m^2。

③绘画室（应设水池）：60 m^2。

④科学实验室（应设水池）：60 m^2。

⑤电脑室：30 m^2。

⑥琴房（2~3 间）：15 m^2/ 间。

⑦办公室、教研室（8 间）：15 m^2/ 间。

⑧小会议室（2 间）：30 m^2/ 间。

⑨医务室、隔离室（设套间）：30 m^2。

⑩教具库：30 m^2。

⑪广播室（应看到主要活动场地）：15 m^2。

⑫厨房（操作间，更衣室，主、副食库等）：120 m^2。

⑬备餐室（兼教工小餐厅）：30 m^2。

⑭更衣、淋浴室（工作人员用）：30 m^2。

⑮洗衣房：15 m^2。

（2）图纸要求

①总平面图 1 ：500。

②底层平面图 1 ：200，其余各层平面图 1 ：200~1 ：300。

③立面图（不少于 2 个）1 ：200。

④剖面图（1 ~ 2 个）1 ：200。

⑤透视图或轴测图 1 个，表现方法及色彩不限，大小自定。

⑥主要经济指标及简要的文字说明，图纸材料及尺寸不限，门厅、交通、厕所、门房等自定。

2. 题目解析

（1）建筑场地

基地位于小区中，主入口应该选择在小区主干道一侧，在整体建筑布局中，应该将南向部分尽可能分配给班单元和各班活动场地；建筑形体也要充分考虑基地南侧的绿化景观。

（2）建筑形态

体现幼儿园建筑的活泼感。

（3）建筑功能及流线

幼儿部分的功能与辅助功能既要尽可能分开，也要便于管理。

（4）建筑空间

体现幼儿园建筑的特色，注重内外空间的渗透。

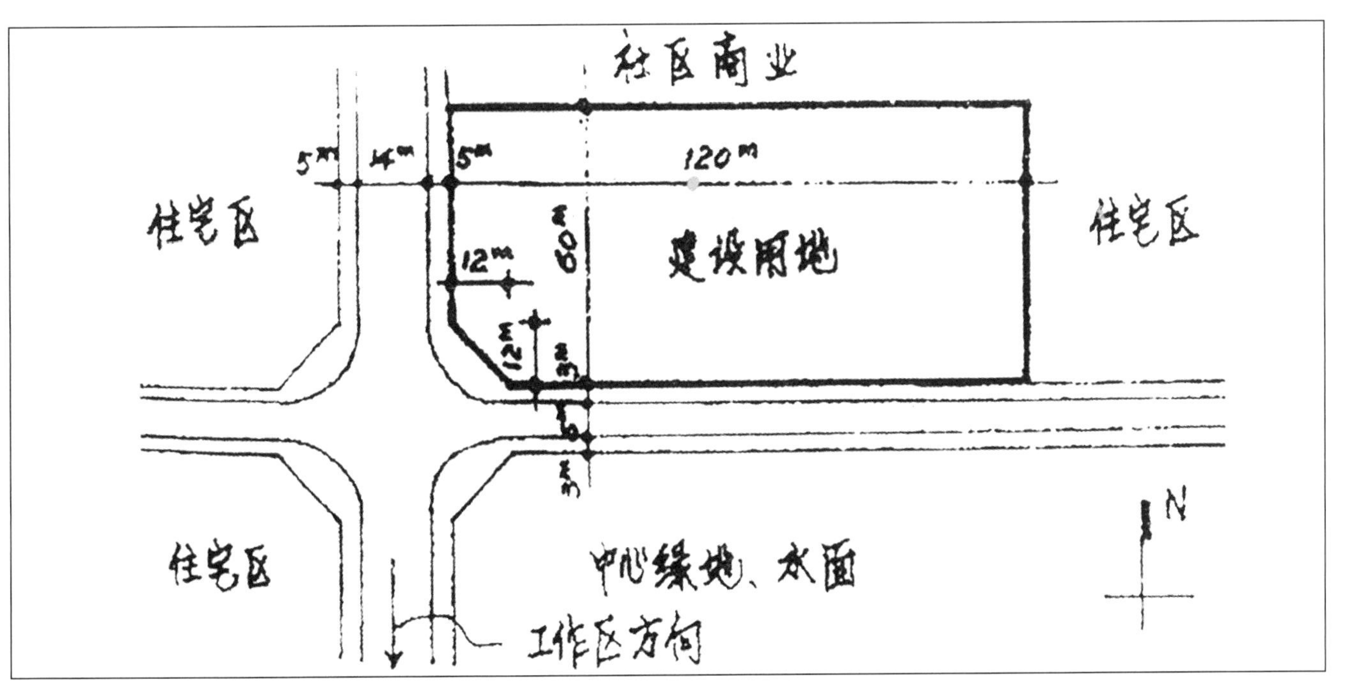

图 5-12 地形图

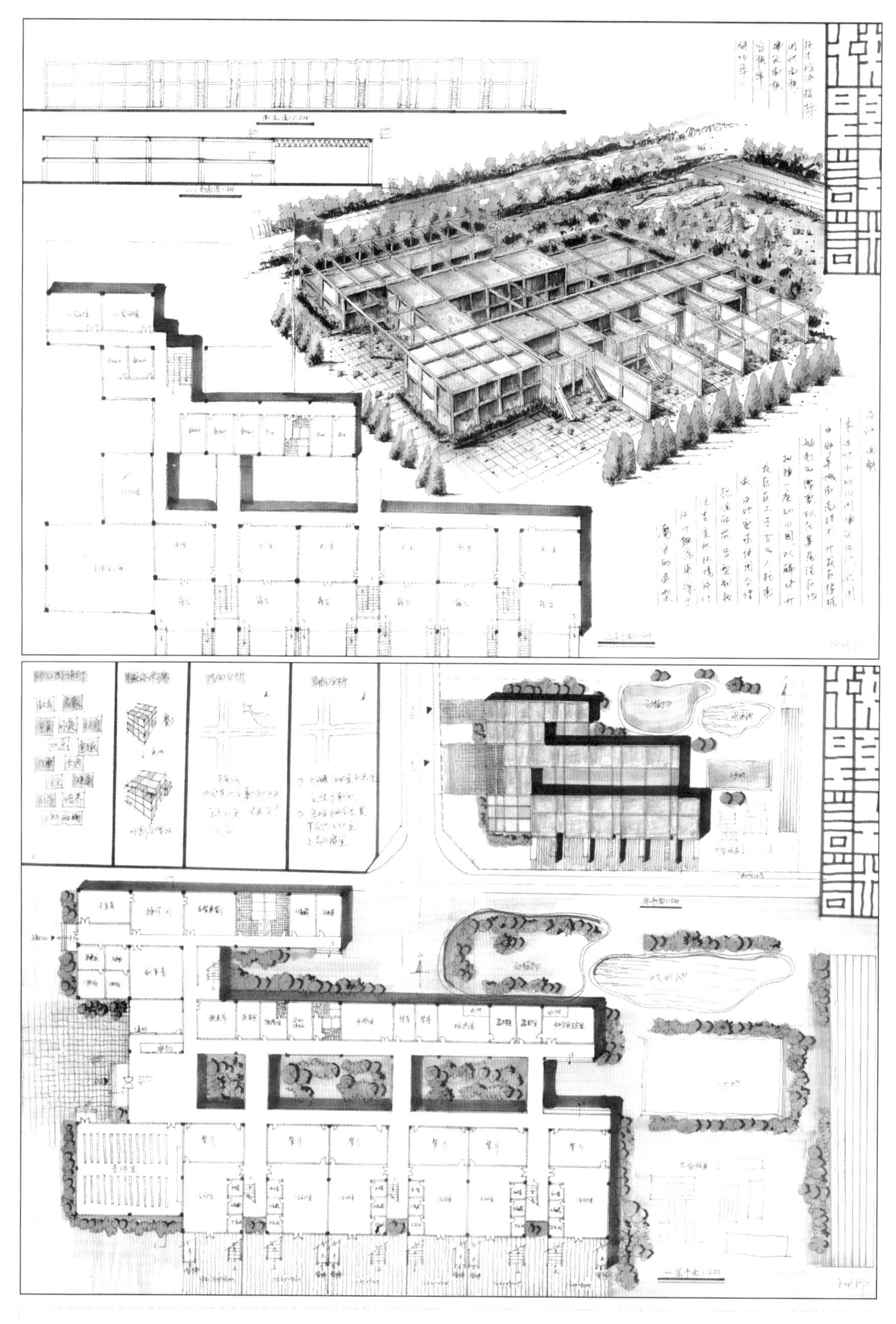

作者：方明杨 / 表现方法：钢笔 + 马克笔 / 时间：6 小时

优点：①该方案采用模数式方式设计，虚实体块结合，不同色彩的组合体现了幼儿园建筑的活泼感。

②绿色屋面的设计增强了建筑的整体性，功能分区明确。

缺点：①在总平面图设计中，场地设计缺乏整体性。

②班单元一层中，在餐厅与活动室之间可以考虑采用半隔断形式。

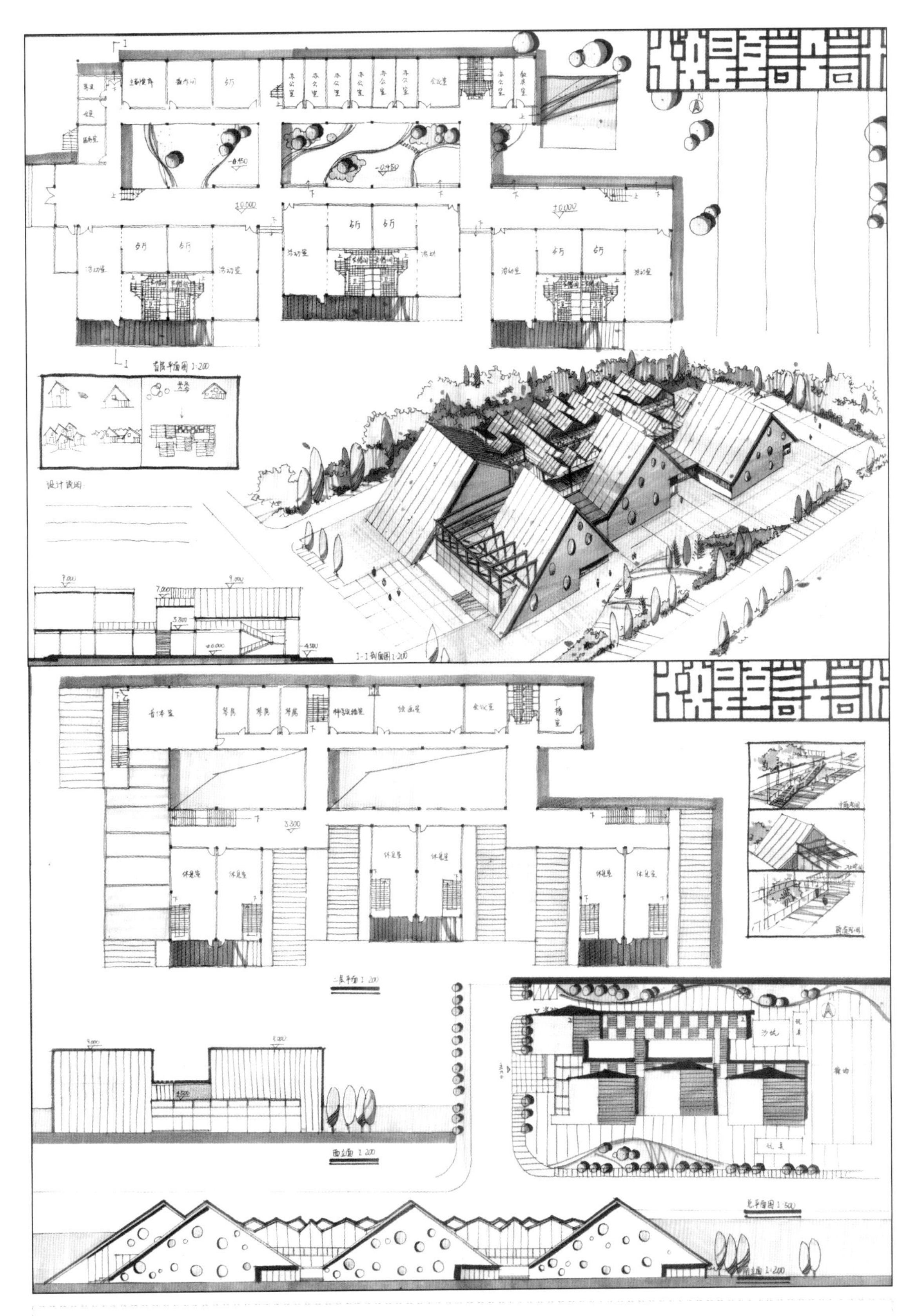

作者：李斯斯 / 表现方法：钢笔 + 马克笔 / 时间：6 小时

优点：①方案造型趣味性强，具有整体性。

②班单元采用上下层的方式布局。

缺点：①班单元主立面开窗太少，无法满足采光需求。

②班单元上下层布置方式值得借鉴，但卫生间与楼梯的位置欠考虑。

③需要注意室外活动场地的尺寸，尽量以方形为主，以便幼儿展开活动。

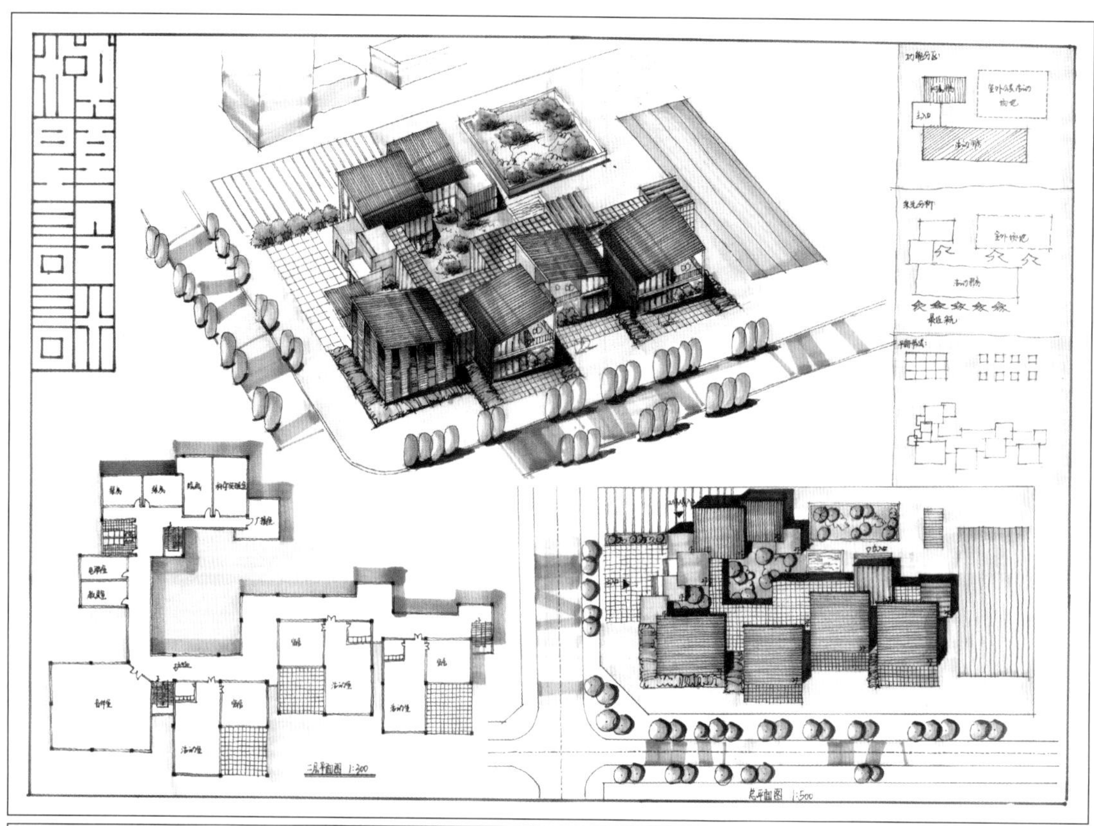

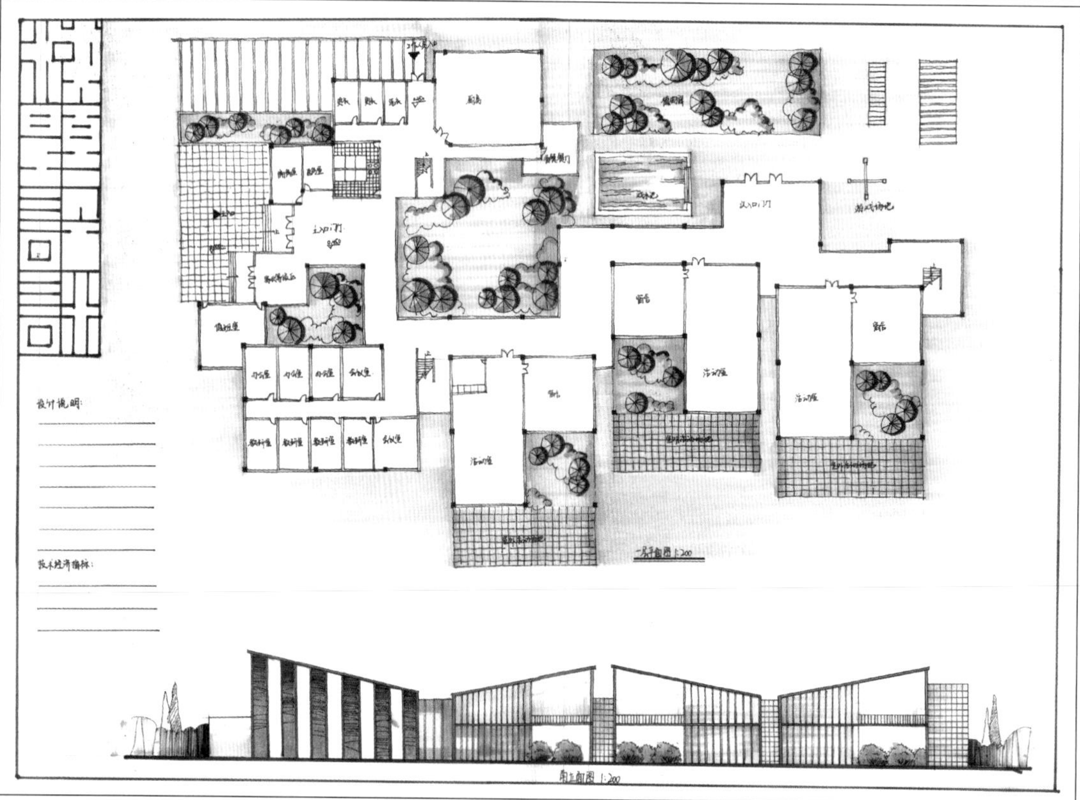

作者：路晓蕊 / 表现方法：钢笔 + 马克笔 / 时间：6 小时

优点： ①方案整体性强，功能分区明确。

②建筑采用单坡顶，形式感强，建筑外立面使用木材与玻璃，整体色彩温馨和谐。

缺点： ①二层班单元伸出来作为室外活动的平台，会对一层卧室部分的采光产生影响，此外，平台加了顶就不能算完全的室外活动场地，为了满足建筑造型的完整性，可考虑使用构架。

②立面在开窗时要考虑朝向，东西向不适合开大面积的窗户。

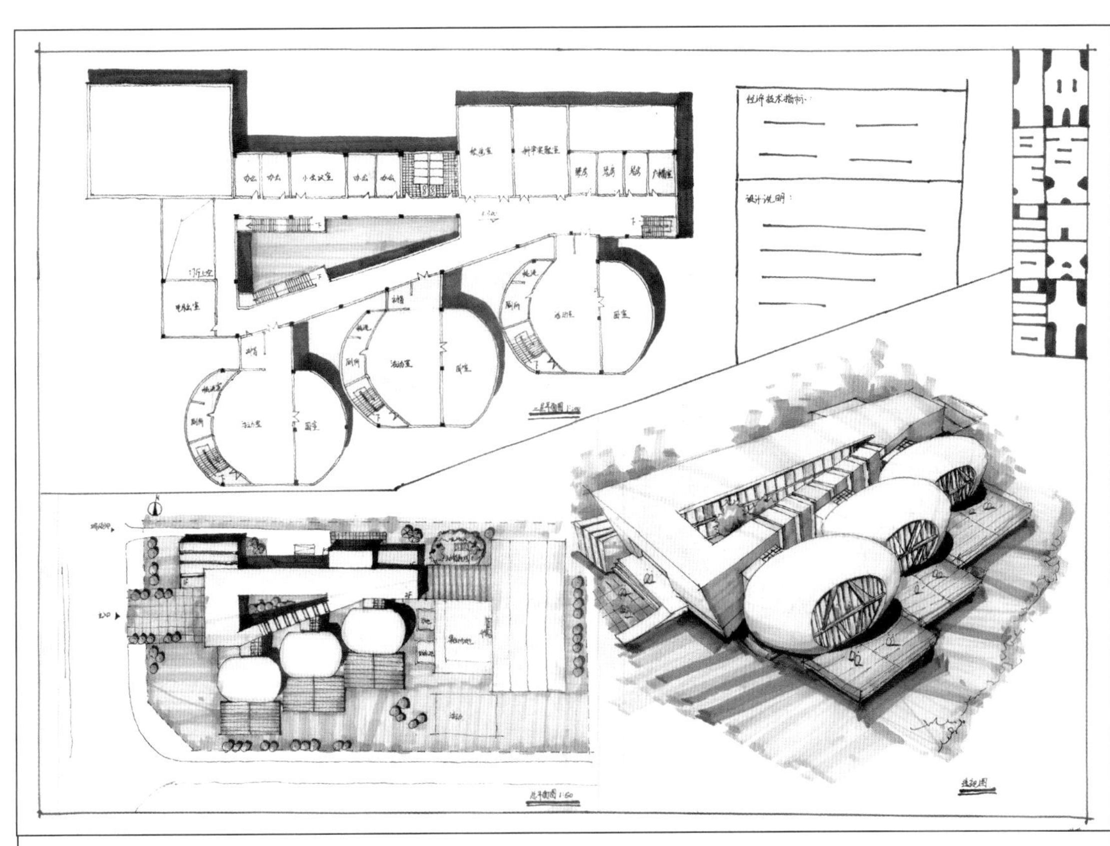

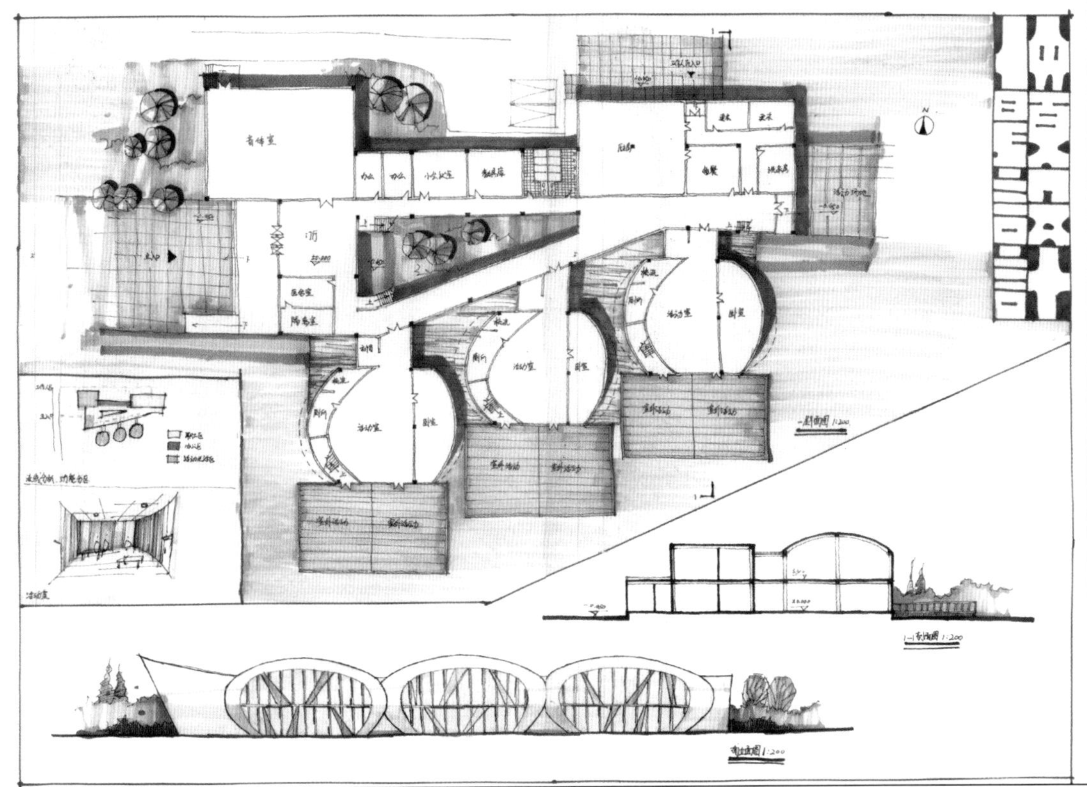

作者：王斐斐 / 表现方法：钢笔 + 马克笔 / 时间：6 小时

优点：①班单元采用了椭圆形造型，新颖、活泼，大胆。

②图面表达完整、饱满。

③建筑功能分区与流线组织合理。

缺点：①曲形造型在设计时应尽量保证内部功能的规整性与使用的便利性。

②在效果图中，班单元没有设置通向室外活动场地的门。

九、广州市郊青年旅舍建筑设计

1. 真题题目

（1）概况及要求

为了配合青少年户外拓展旅游活动的需求，以及国际青少年旅舍联盟的发展需求，计划在广州郊外某风景区，建设青年旅舍一所。

用地面对水库湖面，环境优美，建设用地与小区道路相连接（图 5-13）。用地北纬 23 度，夏季主导风向南偏东 10 度，冬季主导风向北偏东 15 度。要求：

①结合用地环境和气候条件进行设计，能因地制宜，安排布局。

②在用地内解决停车、建筑主次入口，以及室外庭院，并做出简单的环境设计。

③流线布局合理，考虑无障碍设计（主入口无障碍设计、室外停车场无障碍车位 1 个）

④建筑设计要求功能合理，动静分区明确，有效利用环境景观。

⑤结构合理，柱网清晰，管线对应合理。

⑥厨房和就餐区流线合理，与毗邻的其他用房应符合卫生要求。

⑦符合有关设计规范要求。

⑧设计表达清晰、有条理，徒手表达，技法不限。

（2）设计内容（低层建筑，总建筑面积 1400 m^2，误差不超过 5%，以下各项为使用面积）

①住宿区。

四人间客房：20 间（带卫浴设施）。

领队客房（双床间）：2 间（标准客房设计）。

住宿楼层公共淋浴间、卫生间 （每层住宿楼：男卫生间设淋浴隔间 5 个、厕位 2 个、小便斗 2 个；女卫生间设淋浴隔间 5 个、厕位 3 个）。

②公共区。

入口门厅：30 m^2（含服务柜台）。

前台办公室：15 m^2。

前台布草间：10 m^2。

回收布草间：10 m^2。

休息区：30 m^2。

就餐区：40 m^2。

厨房：30 m^2（有自助烹饪的条件，需设次入口及垃圾堆点）。

活动娱乐室：60 m^2。

配电间：60 m^2。

公用卫生间：2 × 10 m^2（不含住宿楼层公共淋浴间、卫生间）。

室外停车位：5 个（车位 3 m × 6 m，含 1 个 3.5 m × 6 m 的无障碍车位）。

（3）图纸要求（统一使用 A2 图纸，纸张不限）

①总平面图 1 ： 500。

②各层平面图（厨房划分基本功能区、公共卫生间需布置洁具）： 1 ： 200。

③立面图 2 个： 1 ： 200。

④剖面图 1~2 个： 1 ： 200。

⑤效果图 1 个（画面不小于 30 cm × 40 cm）。

⑥标准四人间（含卫生间），放大平面图，布置家居，标注尺寸（1 ： 50）。

⑦主要技术经济指标及设计说明。

（4）评分要求

①符合相关技术及设计规范。

②建筑环境、空间、造型创意及表达。

参考案例见图 5-14。

2. 题目解析

（1）建筑场地

基地位于某风景区中，建筑入口的选择需要考虑与景区流线之间的关系。基地为扇形，呈现南北向长的趋势，因此，建筑形体的组合需要考虑与基地形状之间的关系，整体可以采用弧形呼应地形，也可以采用退台的方式来呼应地形；建筑入口部分要考虑住宿与就餐部分之间的联系。

（2）建筑形态

建筑形体要考虑其标识性，体现旅馆建筑的特征；也要考虑与周边环境之间的关系。

（3）建筑功能及流线

主要就餐流线与住宿流线之间的关联性，既要避免干扰，也要有一定的联系。

（4）建筑空间

门厅部分可以结合休息与咖啡厅等空间来设置，客房部分可以结合局部的庭院景观来设置，结合庭院空间创造一定的共享空间，增强室内外空间的流动性。

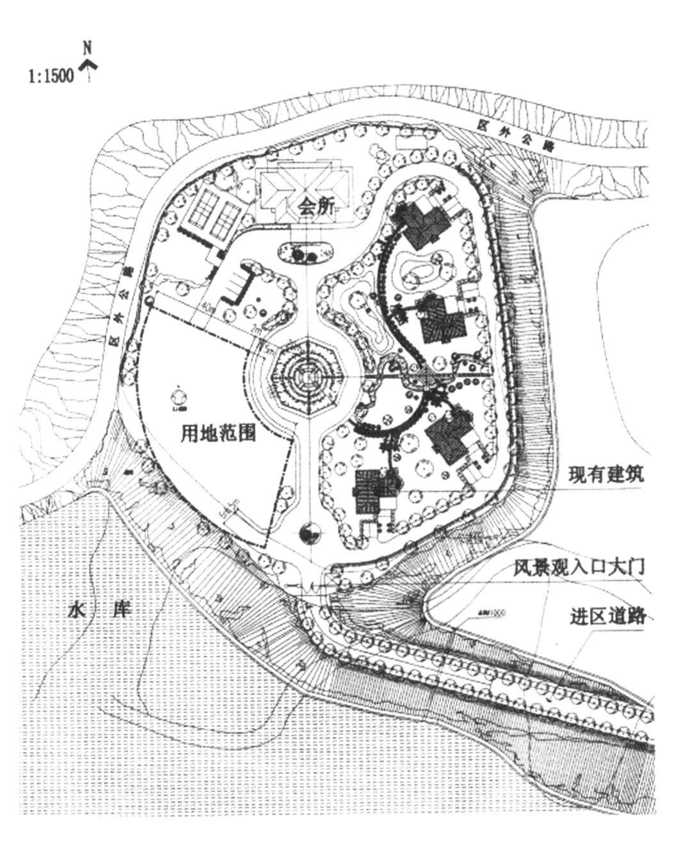

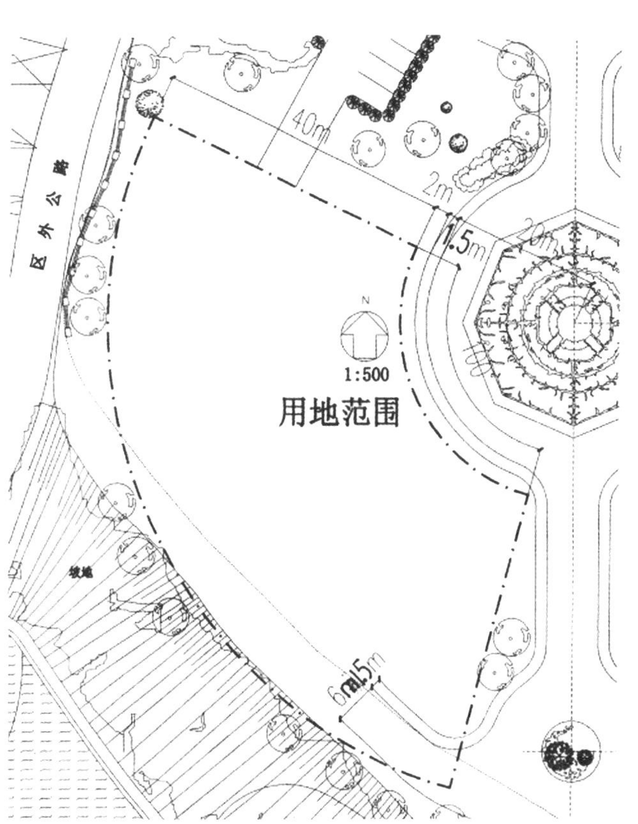

图 5-13 地形图

图 5-14 旅馆建筑参考案例（图片来源：网络）

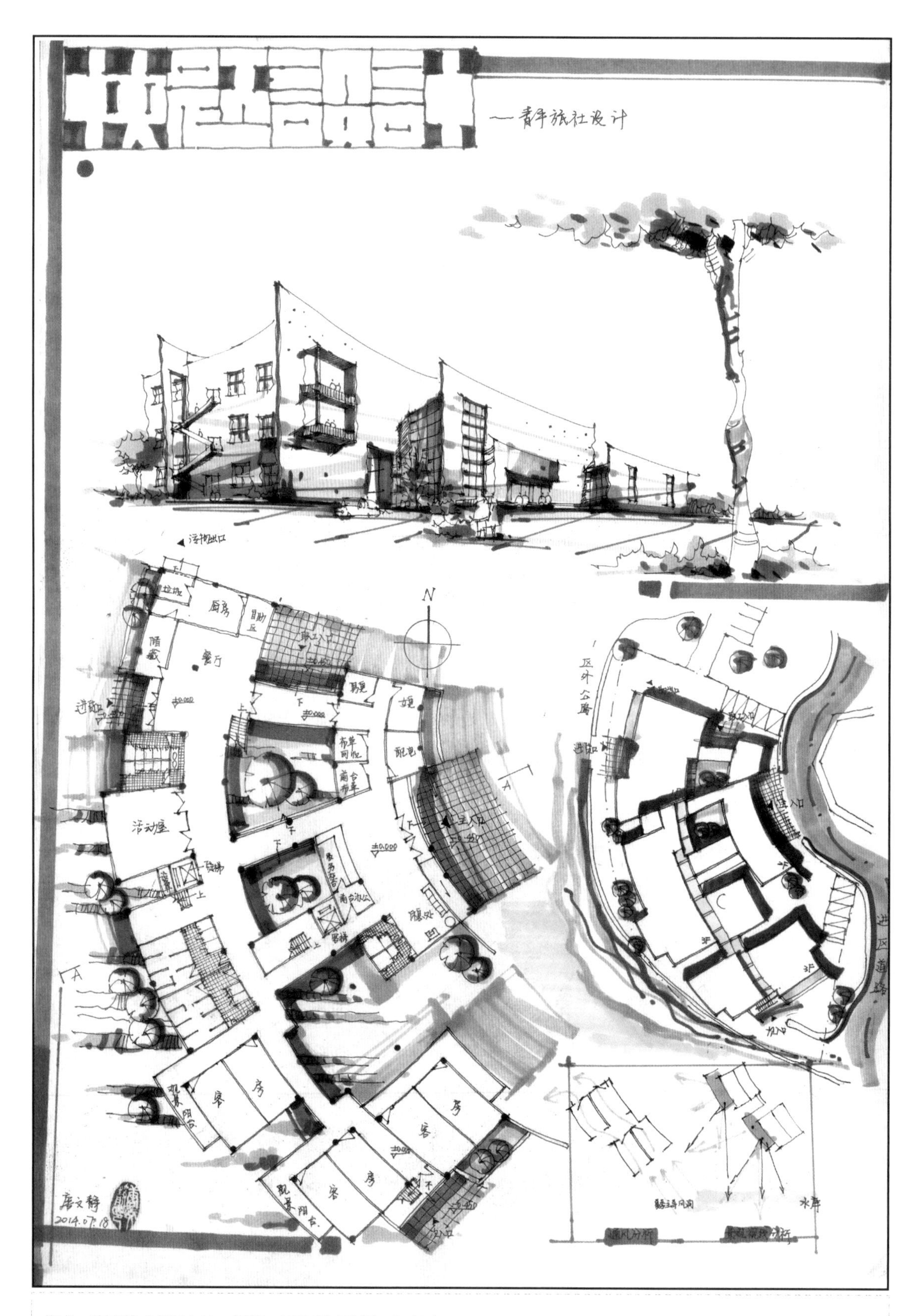

作者：唐文静 / 表现方法：钢笔 + 马克笔 / 时间：6 小时

优点：①建筑采用弧线形形体，能结合基地周边环境与基地地形，顺应好的景观朝向。

②通过庭院的组合来组织室内交通流线，并解决内部通风、采光问题。

③建筑功能分区与流线组织合理。

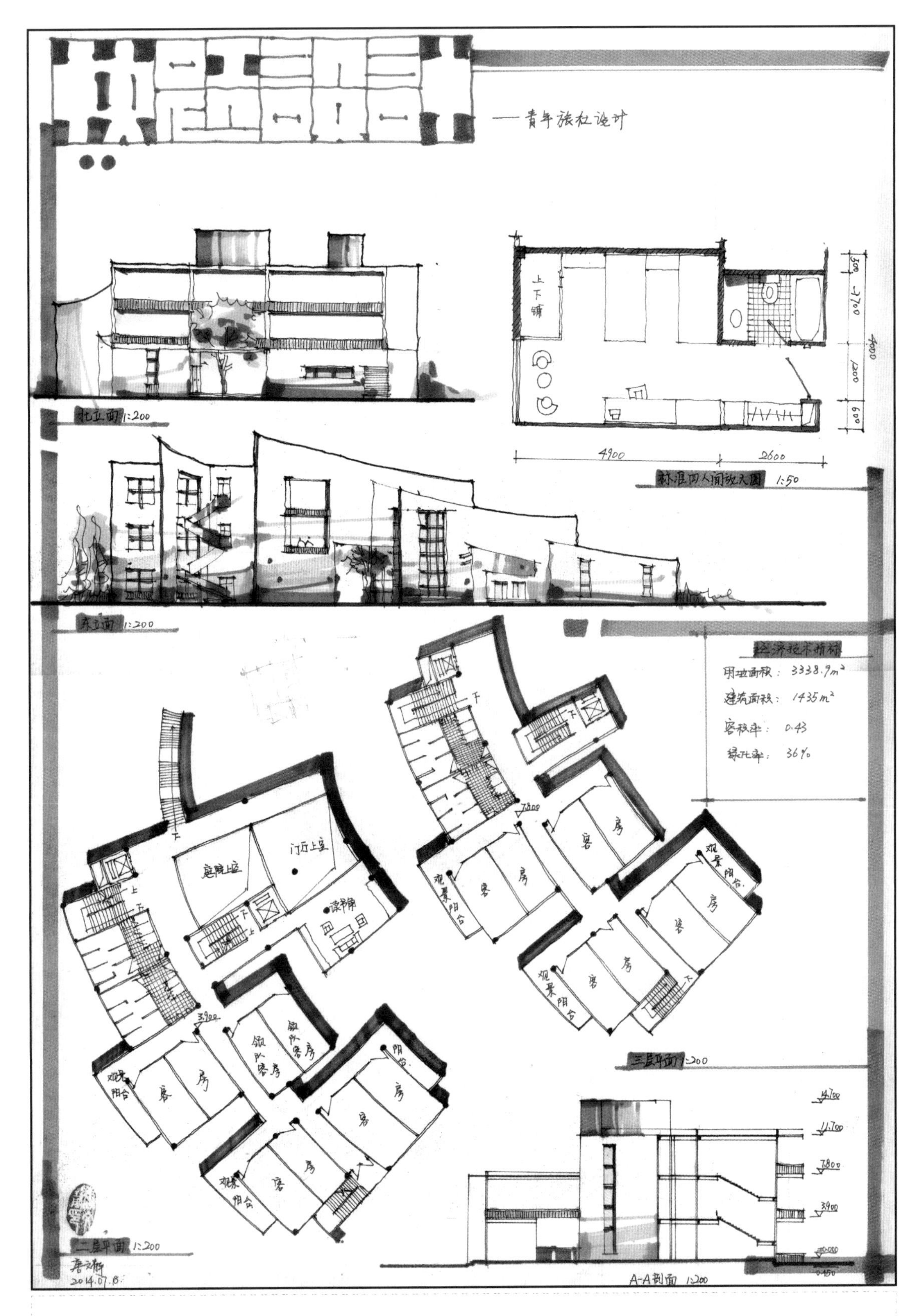

缺点：①当客房呈并列式布置时，需要考虑日照间距，部分客房的采光不太好。

②建筑立面设计有待提高，开窗方式比较单一。

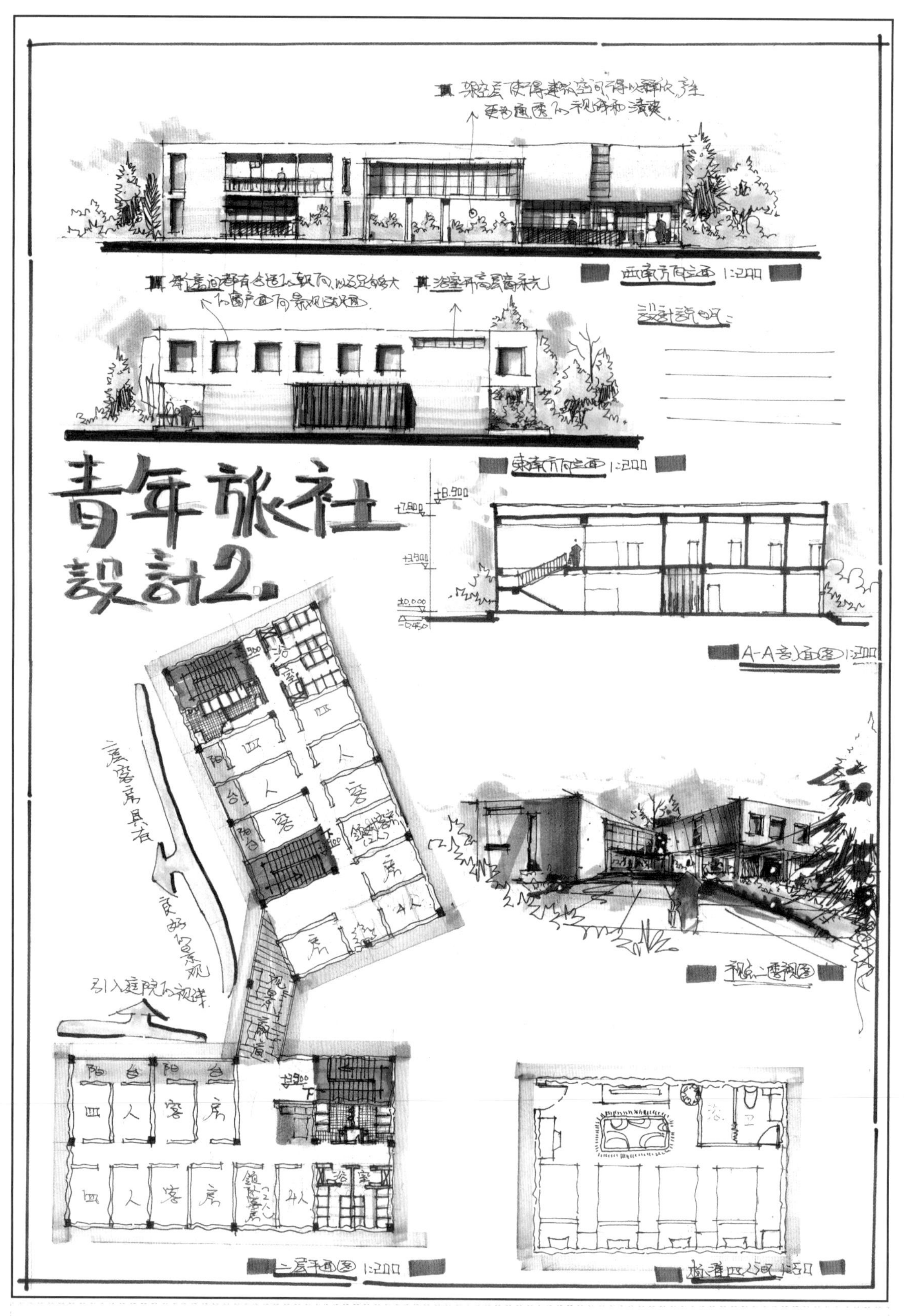

作者：韩旗裕 / 表现方法：钢笔 + 马克笔 / 时间：6 小时

优点：①建筑采用“工”字形布局，客房区与就餐区功能分区明确，流线清晰。

②建筑能结合基地周边环境，顺应好的景观朝向。

③图面表达比较奔放，线条感比较好。

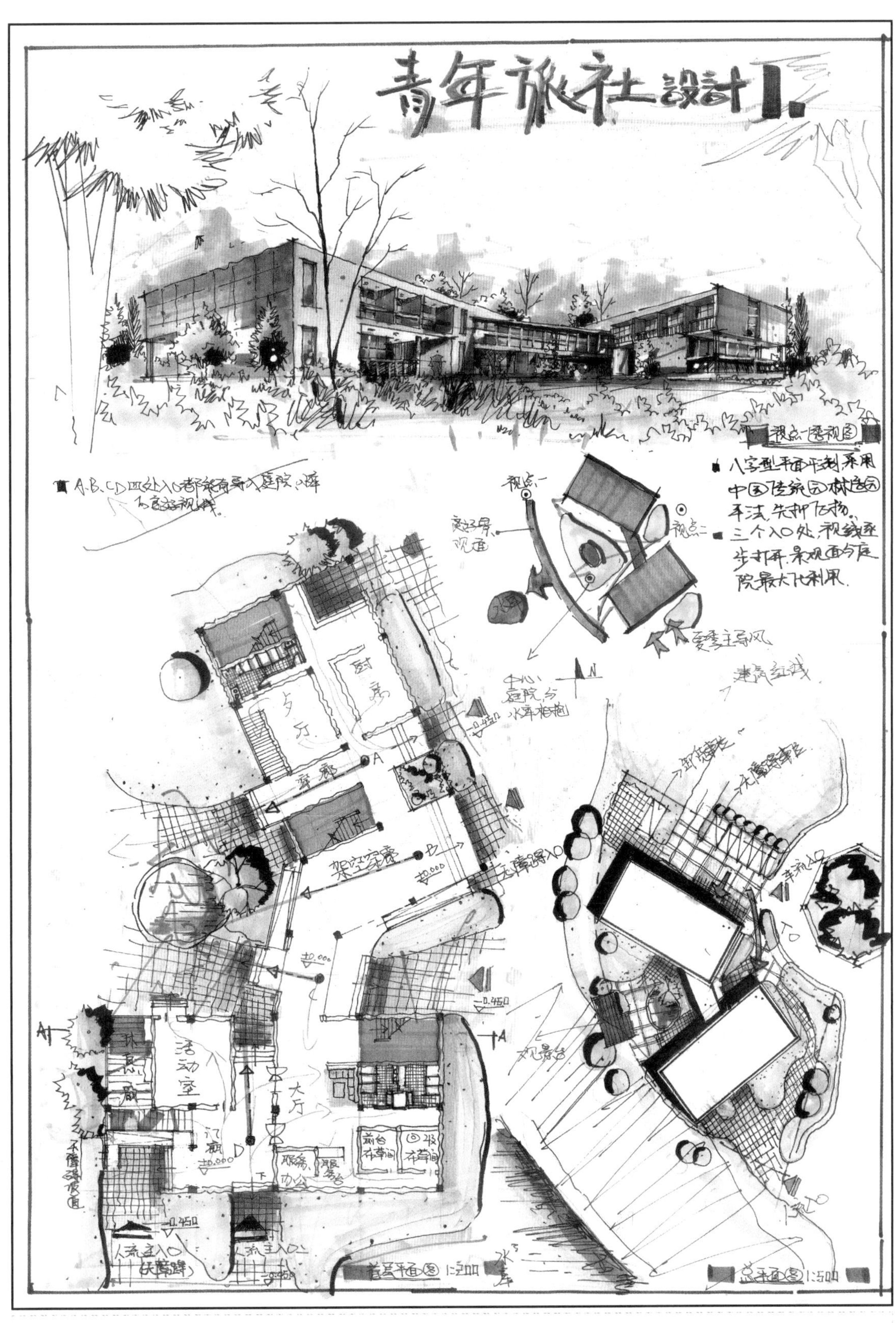

缺点：①建筑内部空间单一，空间设计有待加强，客房部分的朝向及居住环境欠妥。

②表达方面稍显凌乱，可以稍加调整。

十、某南方高校会议中心设计

1. 真题题目

（1）设计任务书

华南地区某高校内拟建设中等规模的会议中心，提供校级或学院一级会议和学术交流场所。建设基地环境优美，场地平整，用地及周边环境见图 5-15，设计宜关注景观和地域气候特点。

（2）设计任务及指标

建设用地面积：6530 m^2，总建筑面积 3000 m^2，其中：

①大报告厅：400 座，约 550 ~600 m^2。

②中会议室：150 $m^2\times2$。

③小会议室：75 $m^2\times4$。

④接待室：40 $m^2\times2$。

⑤咖啡厅：120 m^2。

⑥展廊：约 150 m^2（可结合门厅或休息厅布置）。

⑦门厅：约 200 m^2。

⑧管理办公：20 $m^2\times2$。

⑨服务间：20 $m^2\times1$。

⑩储藏室：40 $m^2\times1$。

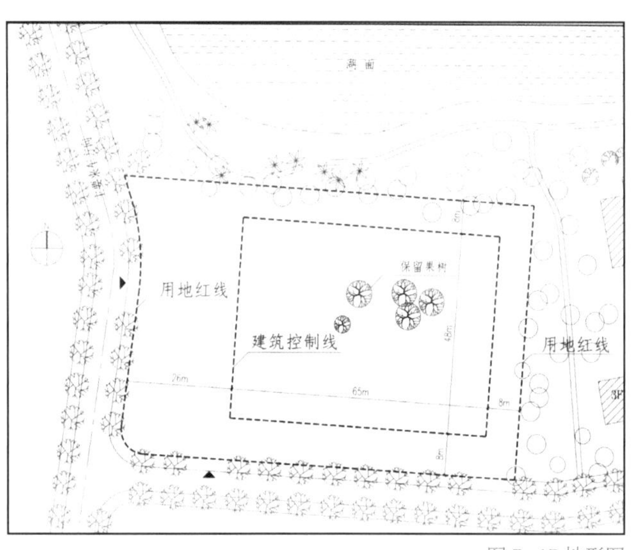

图 5-15 地形图

⑪男女卫生间：至少 2 组，约 80~100 m^2。

⑫停车位：小汽车 20 辆，自行车位 100 辆。

（2）设计要求

①总平面图：1 ：500。

②各层平面图：1 ：200（首层需表达周边环境）。

③主要立面图不少于 2 个：1 ：200（简要注明饰面用材及色彩）。

④主要剖面图不少于 1 个：1 ：200（注明相对标高）。

⑤透视图不少于 1 个（表现方式任选）。

⑥成果图纸：A1 绘图纸（硫酸纸）。

2. 题目解析

（1）建筑场地

此建设用地属于基地中有树的情况，地形图中明确提到果树要保留，考生在组织建筑形体时应做出相应的回应。常用的设计手法有：①采用围合、退台、庭院、露台等策略，突出树木作为核心限定元素的地位；②塑造与树木的视线交流，基地中树木相对集中，在设计过程中创造建筑室内外空间与树木的视线联系；③当基地中的树木较多且较分散时，建筑应以谦逊的姿态融于场地中，可以采用分散布局、降低层数、底层架空等手法。

（2）建筑功能及流线

在任务书所给出的功能中，大报告厅为 400 座，应了解报告厅的相关设计知识。参考案例见图 5-16。

图 5-16 会所建筑参考案例（图片来源：网络）

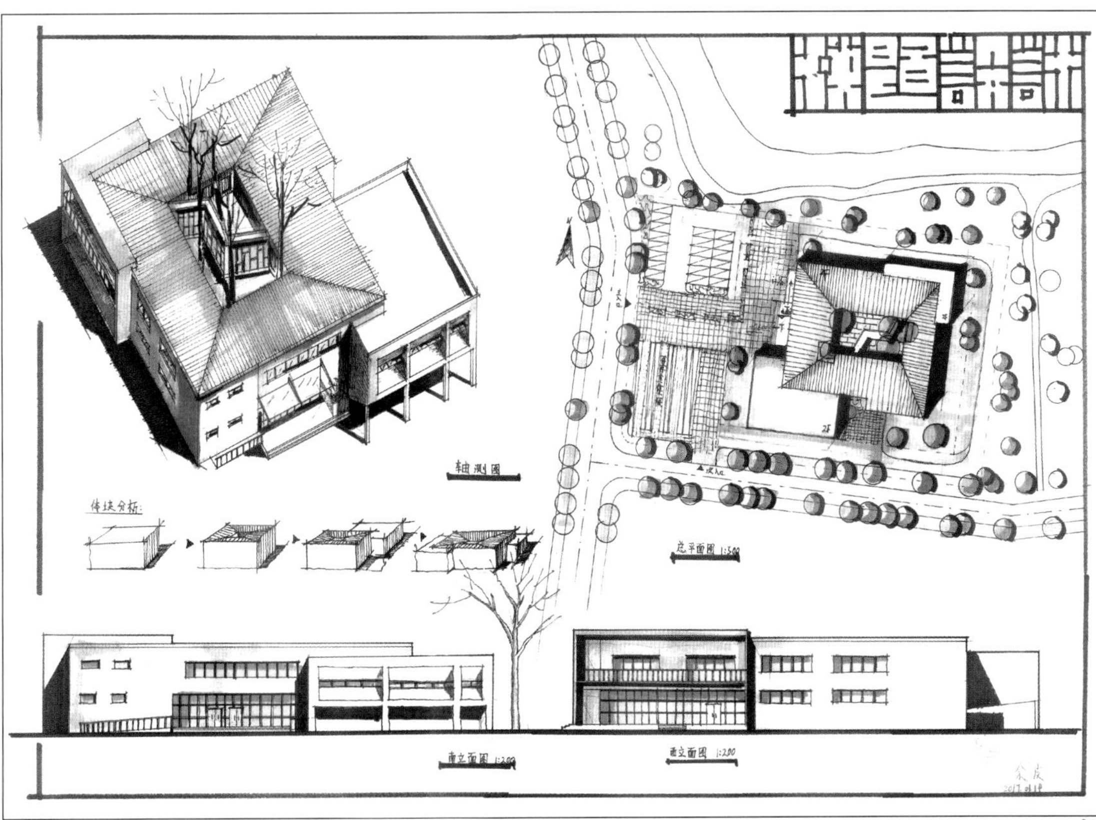

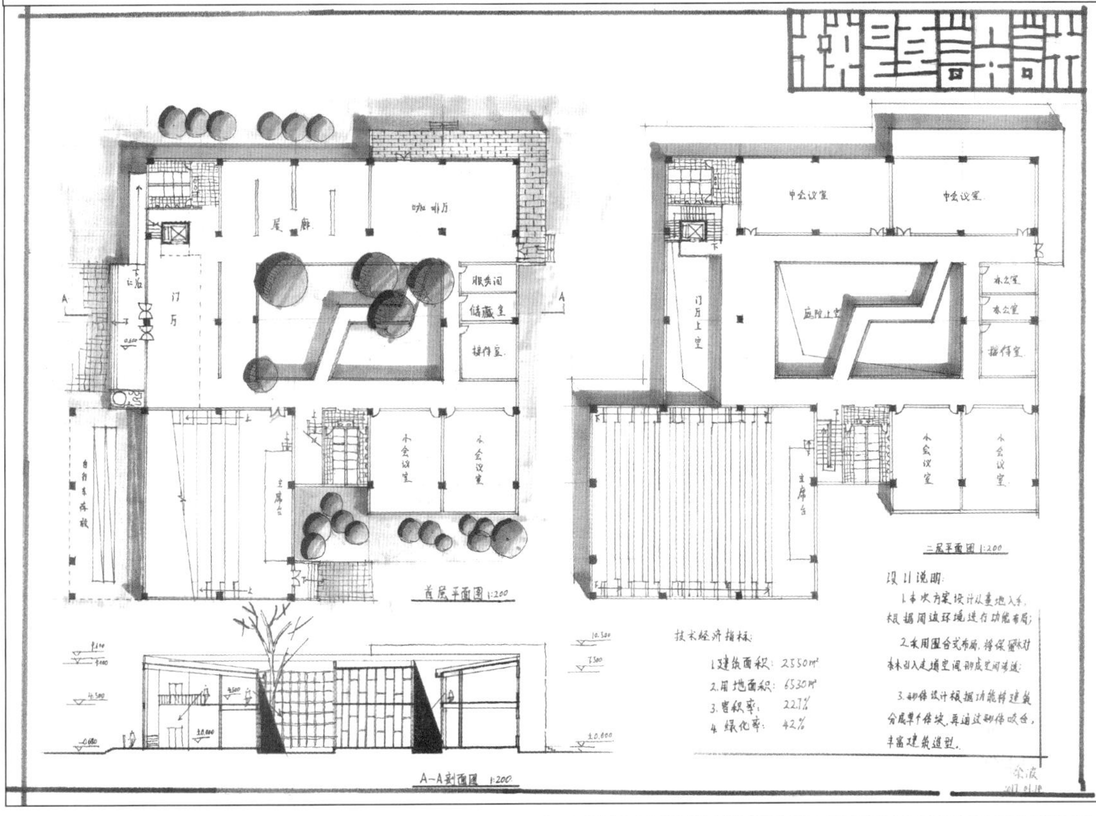

作者：余波 / 表现方法：钢笔 + 马克笔 / 时间：6 小时

优点：①图面丰富，表达完整。方案整体从基地入手，功能分区明确，流线清晰。

②布局形式较好，将保留的树木景观引入走廊，提升空间品质，增加空间的趣味性。

③形体组合关系较好，细节处理到位，大厅共享空间的设计丰富了空间，形成空间渗透。

缺点：①接待室处理不当，应该与门厅空间相结合。

②报告厅设计没有起坡，不熟悉相关设计要求。

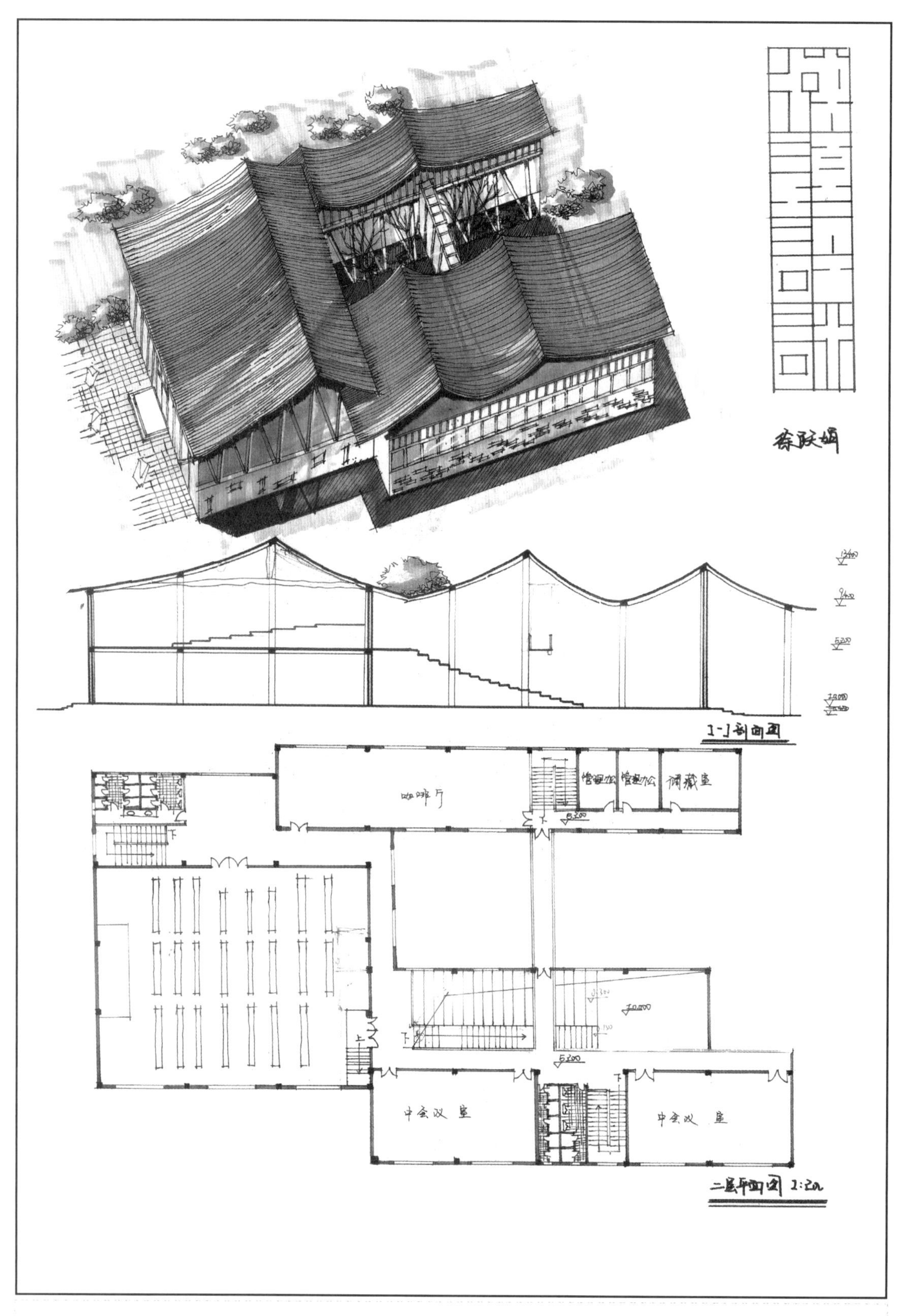

作者：徐跃娟 / 表现方法：钢笔 + 马克笔 / 时间：6 小时

优点：①图面整体完整，色彩统一，表达清晰。

②保留原来基地中的古树，将建筑形体围合式展开布局；古树位于建筑中庭中，建筑与环境融为一体。

③交通流线清晰。

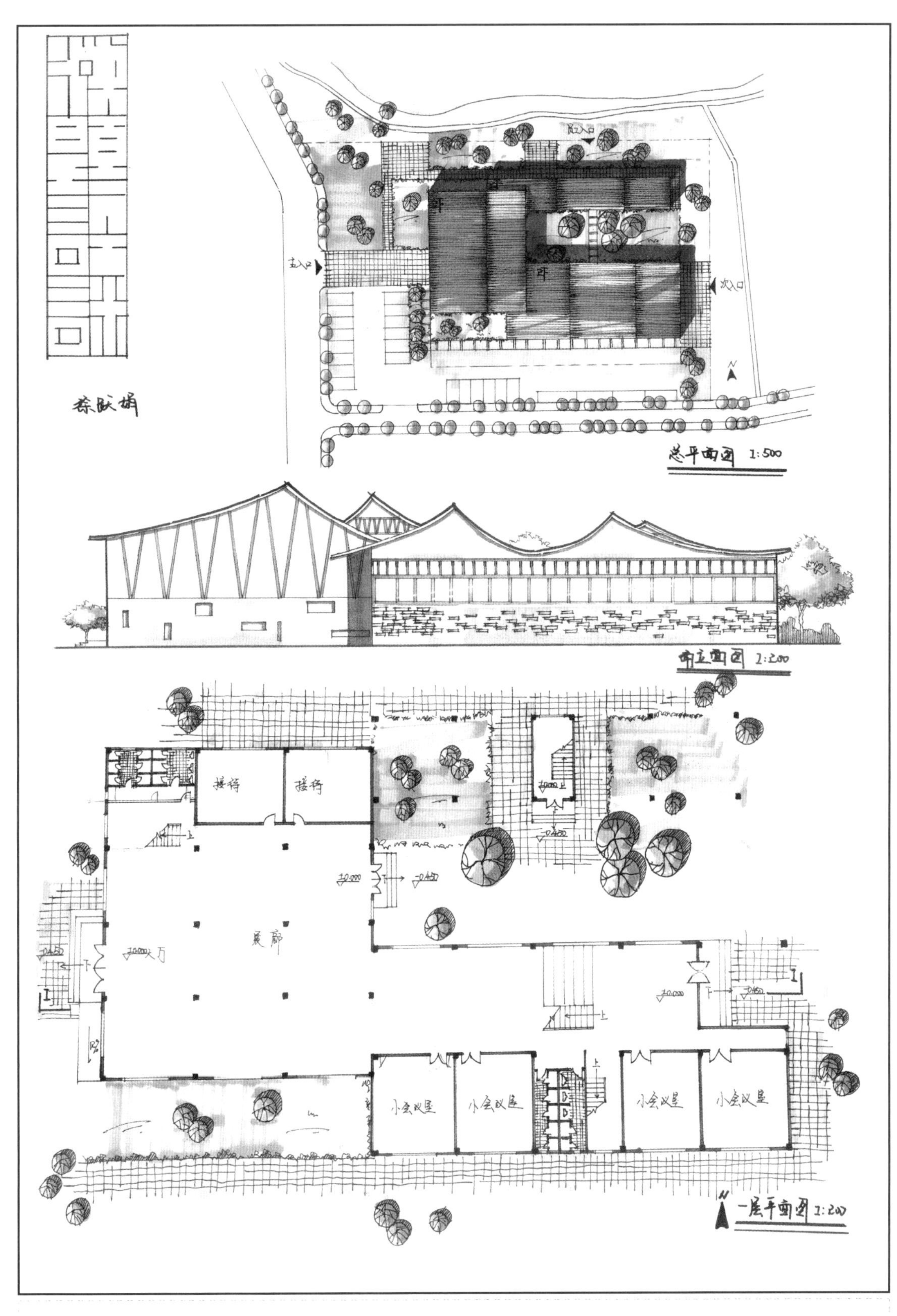

缺点：①次入口不应为开敞式，现在南北双廊包围中，会议室的形式不利于建筑采光。

② 400 座报告厅应做室内抬高，报告厅内部应设置相应的辅助功能（如准备间、设备操作间等）。

十一、平面设计工作室设计

1. 真题题目

（1）项目概况

今拟在郑州某繁华商业街临街建筑夹缝地块建一平面设计工作室。拟建建筑为两层，总建筑面积不超过 450 m^2。基地南北长 20 m，东西深 18 m。基地状况及可建造范围见图 5-17。

（2）设计要求

①处理好繁华商业街地段喧闹的环境与办公空间需要相对安静环境的矛盾。

②处理好日常采光、通风的问题。

③注重内部空间的组织与设计。建筑沿街立面按照该地段城市设计导引要求，应保持较完整的建筑轮廓。

（3）设计内容与使用面积分配

①设计总监办公室：20 m^2。

②设计室（满足 12 人办公，可集中，亦可分散设置）：60 m^2。

③会议室 40 m^2。

④休息室（2 间）：其中一间为设计总监休息室，共 30 m^2。

⑤卫生间（2 间）：8 m^2。

⑥数字摄影棚：40 m^2。

⑦其他人员办公室：20 m^2。

⑧厨房：6~9 m^2。

⑨门厅、前台、展示空间、交往空间，自定，总建筑面积不超过 450 m^2。

（4）图纸要求

①图纸规格：2 号图幅，张数自定。

②图纸内容：各层平面图 1 ： 100（包括家具及陈设布置、室外环境设计）。

东立面图 1 ： 100。

剖面图 1 ： 100（1~2 个）。

设计分析图：结合图示表达出该设计主要的建筑组织概念。

剖面图、透视图或轴测图（1 个）。

2. 题目解析

（1）建筑场地

该基地为沿街面的一块地，基地南侧有一栋 8 层的办公楼，其对基地内的建筑采光产生了很大的影响。题目要求保证建筑外立面的延续性和完整性，因此，建筑形体应与周边建筑的边界线保持一致。

（2）建筑形态

由于周边建筑基本上为平屋顶，因此，新建建筑应与周边建筑轮廓保持一致。

（3）建筑的解决策略

建筑入口部分可以通过底层架空来解决，但整体的建筑外形可以是完整的；办公部分的房间尽可能保持南北向，如果出现东西向的房间，应该在外立面上做一些遮阳处理。

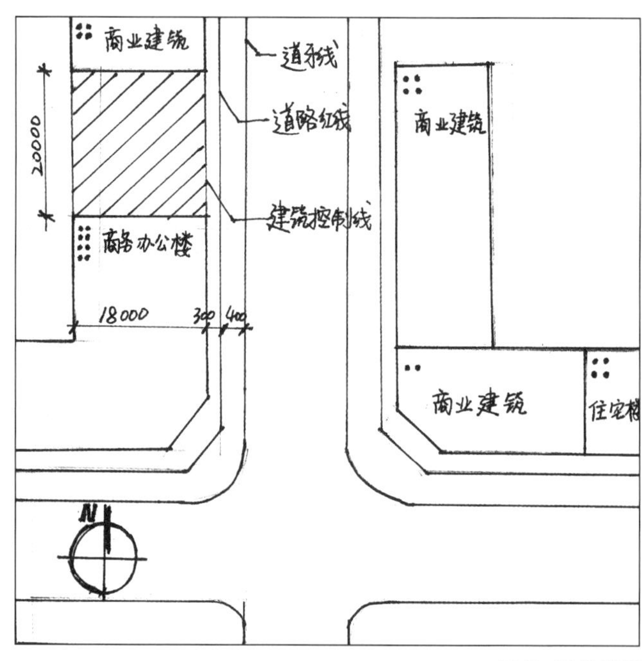

图 5-17 地形图

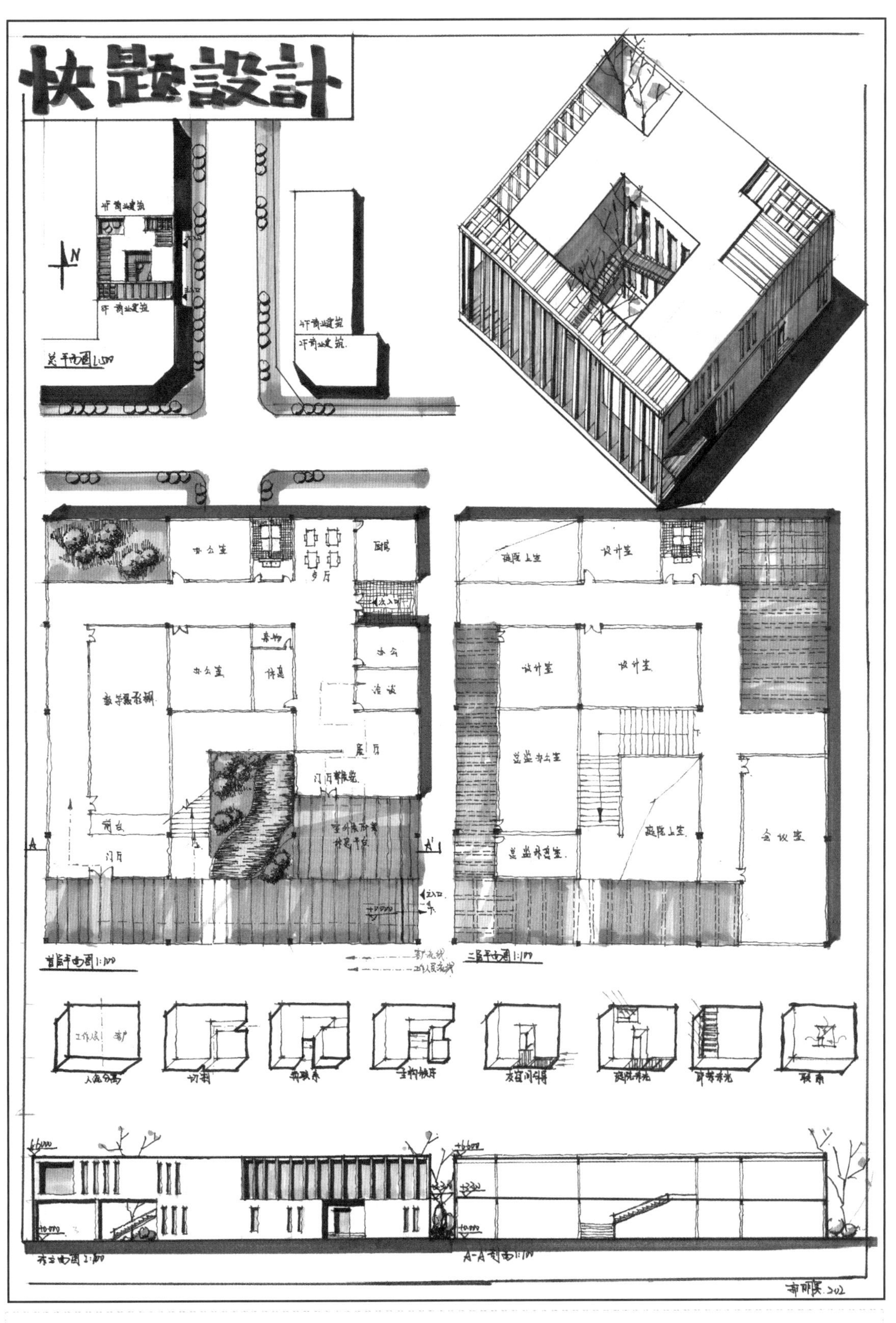

作者：郭明昊 / 表现方法：钢笔 + 马克笔 / 时间：6 小时

优点：①思路明晰，流线分离明确，通过空间重构来完成新的空间秩序。

②图纸表达清晰，通过灰空间引导人流，分析图思路明确。

缺点：①会议室临街，存在噪声影响，楼梯可考虑设置在内部。

②应多留一些南北向采光面。

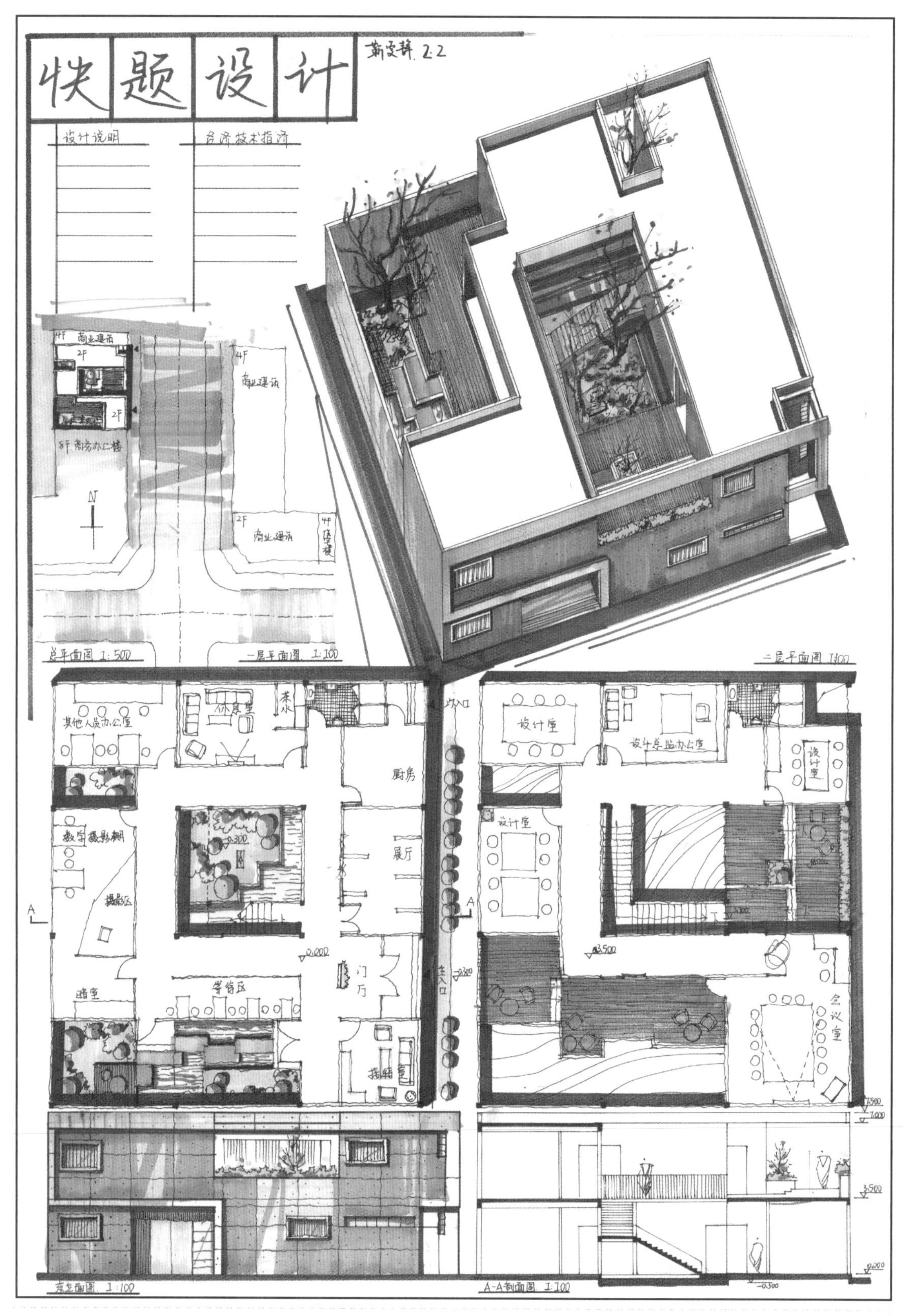

作者：靳雯静 / 表现方法：钢笔 + 马克笔 / 时间：6 小时

优点：①方案从解决试题的主要矛盾入手，将建筑主要房间布置在基地北侧，以获取最大的光照。

②整体以庭院为中心，兼具垂直交图功能，四周为功能房间，光照问题得到一定解决。

③建筑材质与立面的处理比较丰富。

缺点：①功能用房并没有紧邻中庭，且中间有 2 m 宽的走道，大大削弱了采光、通风的作用，应使建筑紧邻中庭。

②入口处理得过于简单、直白，没有良好的引导。

③制图规范上有漏洞，需要及时查漏补缺。

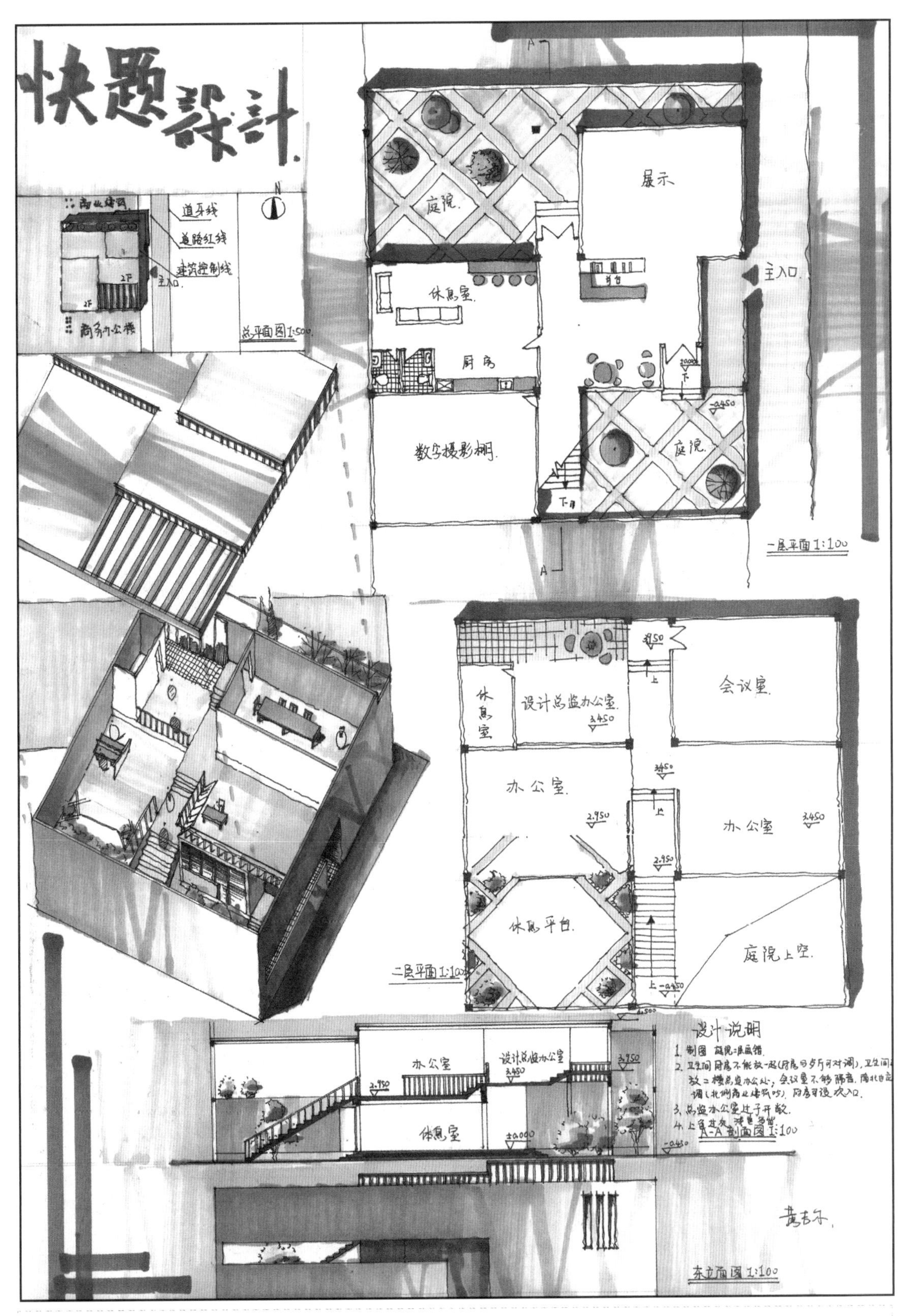

作者：黄吉尔 / 表现方法：钢笔 + 马克笔 / 时间：6 小时

优点：①方案中部一部大直跑楼梯为交通核心来组织交通，剖面图、透视图清晰地表达出内部空间组织。

②图幅较完整，表达深入，造型整体感强，制图比较规范。

缺点：①一层到二层的交通流线较长，厨房、卫生间的布置不太合适。

②将办公用房全部做成开敞的空间值得商榷。

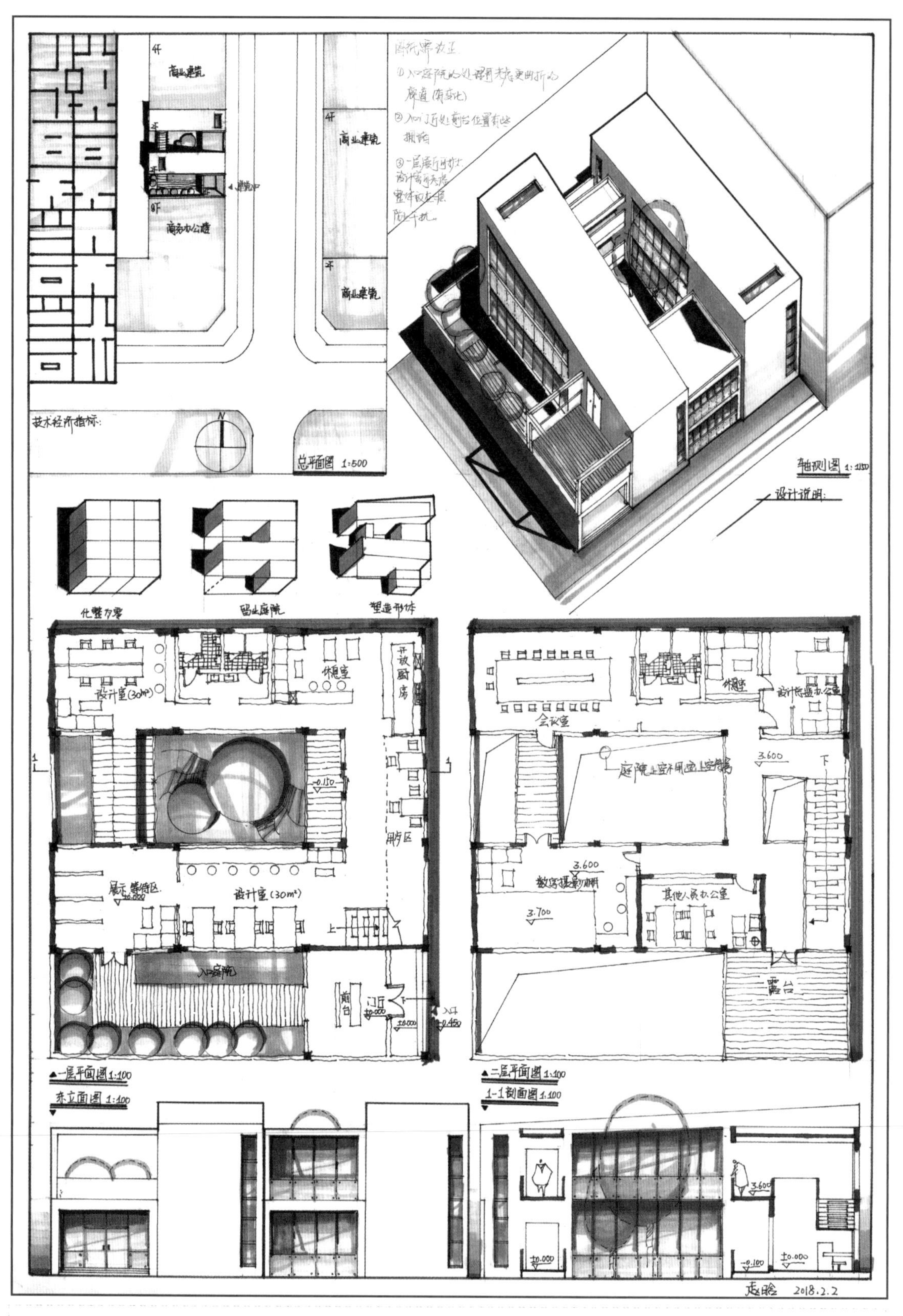

作者：赵晗 / 表现方法：钢笔 + 马克笔 / 时间：6 小时

优点：①方案虚实结合，实体的建筑空间和虚的院落空间相结合，形成了条状的空间布局。

②建筑造型活泼，结合功能设置，拥有屋顶平台和内院。

③功能分区良好，流线正常，能够满足办公空间的要求。

④空间较为灵活，动静分区、公私分区合理。

⑤图面表达完整，着色不多，配色协调。

缺点：①建筑体块切割时，没有将阳光作为一个考虑因素，可以直接将屋顶做成南高北低的形式。

②入口庭院的布置还可以再细化。

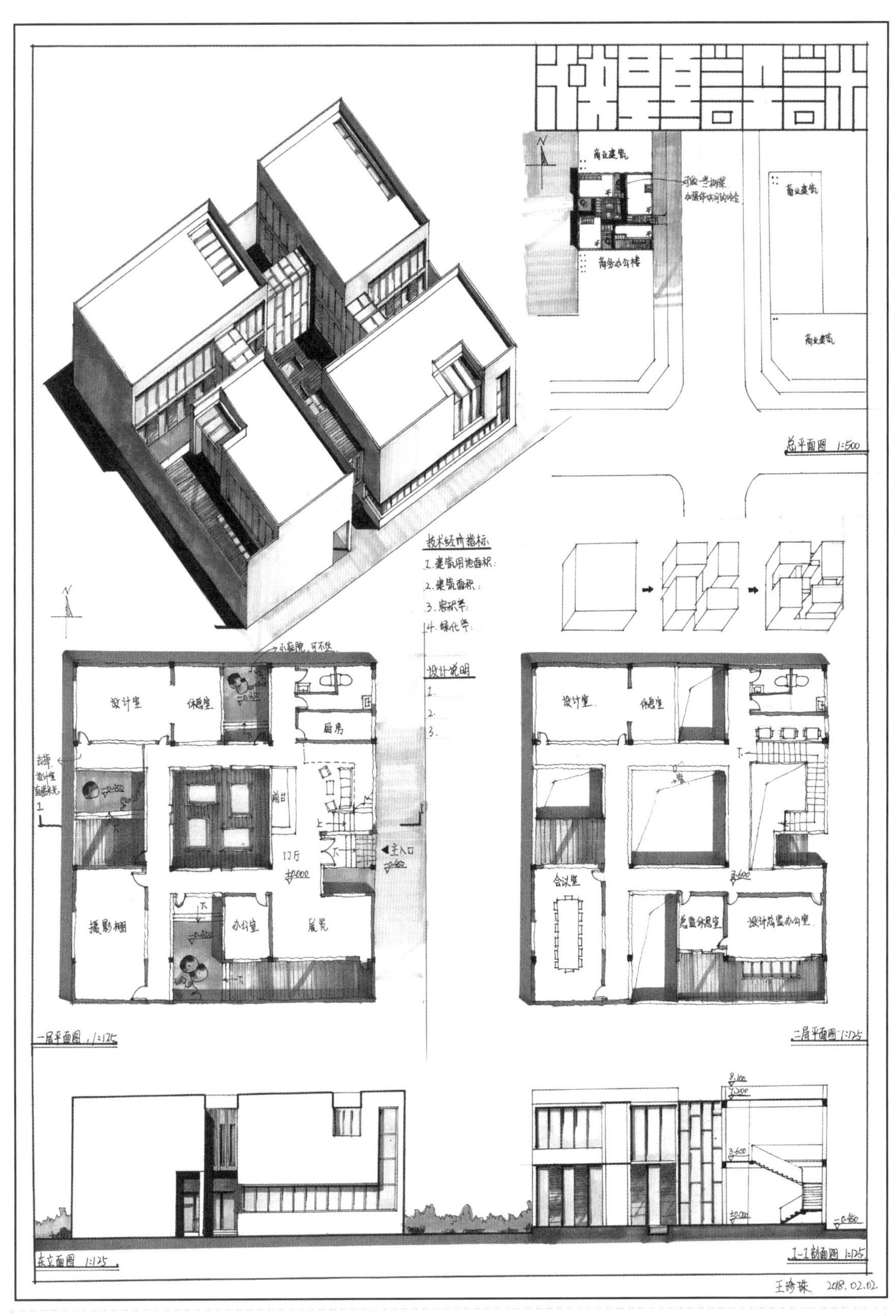

作者：王珍珠 / 表现方法：钢笔 + 马克笔 / 时间：6 小时

优点：①建筑采用围合式布局，建筑立面能在保持沿街面完整的情况下有一定变化。

②建筑功能布局合理，形体关系虚实结合，丰富且有一定的韵律。

缺点：

设计室南侧的走廊可以去掉，将设计室直接与庭院空间相连，以解决室内的通风、采光问题。

十二、历史街区中的联合办公空间建筑设计

1. 真题题目

项目基地位于某历史街区中，拟在该地块建造一个联合办公空间，满足小型公司的工作需求。联合办公是一种为降低办公室租赁成本而进行共享办公空间的办公形式。来自不同公司的个人在联合办公空间中共同工作，在特别设计和安排的办公空间中共享办公环境，彼此独立完成各自的项目。办公者可以与其他团队分享信息、知识、技能想法和拓宽社交圈子等。

（1）项目概况

项目基地位于北方某历史街区中，呈不规则形（图 5-18），项目用地面积 5188 m^2。项目北侧临城市支路沈阳路（道路红线宽 7 m，要求后退道路红线 5 m），南侧临城市支路甘肃路（道路红线宽 7 m，后退道路红线 5 m），东侧接近城市支路宁夏路（道路红线宽 6 m）。联合办公建筑可以向南侧甘肃路、北侧沈阳路开口，因用地地形不规则，故图中采用 10 m × 10 m 方格网定位，项目用地范围与周边环境的关系在图中已标明尺寸。

（2）设计内容

该项目要求设计联合办公空间，联合办公建筑层数为两层，计划容纳 4 个小型公司开展业务，总建筑面积约 2700 m^2（误差不超过 ±5%），具体功能组成和面积分配如下（以下面积数均为建筑面积）。

①办公区域：1250 m^2。

小型办公室：20 m^2 × 8 间（经理室、财务室等相关功能）。

员工办公区：200 m^2（以上）× 4 间（开放办公，每个办公区 50 个工位以上）。

企业展示区：200 m^2。

②公共办公：500 m^2。

贵宾接待室：40 m^2 × 1 间。

商务洽谈室：20 m^2 × 2 间。

小型会议室：50 m^2 × 2 间。

中型会议室：100 m^2 × 1 间。

多功能厅：200 m^2 × 1 间。

打印室：20 m^2 × 1 间。

③休闲服务：400 m^2。

a. 健身房：200 m^2 × 1 间。

b. 咖啡厅：100 m^2 × 1 间。

c. 图书吧：100 m^2 × 1 间。

④其他部分：650 m^2。

包括门厅、接待、楼梯间、卫生间、走廊等交通空间，各个部分面积考生自定。

（3）设计要求

①方案要求功能分区合理，流线清晰，符合国家相关规定。

②由于项目位于历史街区中，设计时重点应该考虑将基地所在区域的自然环境和城市肌理通过有效策略对街区进行有效织补。同时，设计时还应该充分利用基地中原有的自然要素，以创造优美的办公环境。

③在功能布局中，需考虑联合办公方式的自身特点，既有利于各公司自身业务的独立开展，避免相互过度干扰，又能促进企业间的沟通与共享。

④场地中的 7 棵大树必须保留，树的直径为 6 m，要求新建建筑距离树干 3 m 以上。

⑤由于场地附近街区设置有停车场，所以该项目不需要考虑设置停车位。

⑥建筑层数为两层，结构形式不限。

（4）图纸要求

①各层平面图：1 ：200。

②立面图：1 ：200。

③剖面图：1 ：200。

④轴测图：1 ：200。

⑤总平面图：1 ：200。

⑥分析图（根据需要绘制可以表达设计思路的分析图）。

2. 题目解析

（1）建筑场地

基地位于某历史街区中，因此，新建建筑应该考虑周边建筑在第五立面上的延续性；建筑屋顶的形式和建筑立面应该与周边建筑有一定的呼应。基地为不规则形，结合周边的建筑肌理，新建筑应该采用分散式布局，与基地结合，并充分考虑场地中的环境及小范围庭院景观的设计。

（2）建筑形态

建筑应该采用化整为零的方式，将建筑形体打散，可以通过廊道及室外平台衔接。

（3）建筑功能及流线

注意分开办公与公共办公空间，由于基地呈狭长形，在组织室内流线时，要避免流线过长或者相互干扰的情况。

（4）建筑空间

在组合建筑形体时，应该多注重外部空间的设计和公共活动空间的打造。

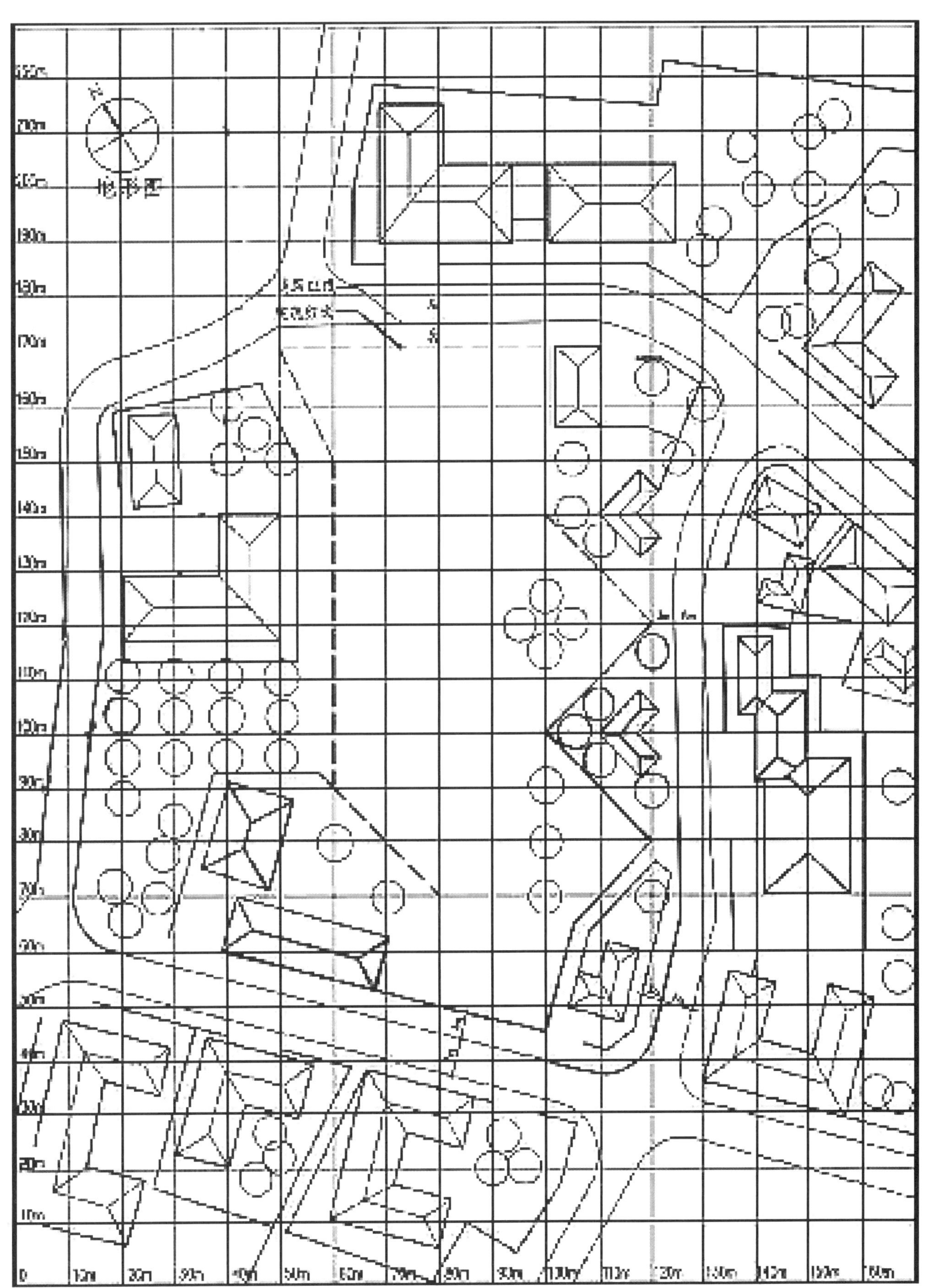

图 5-18 地形图

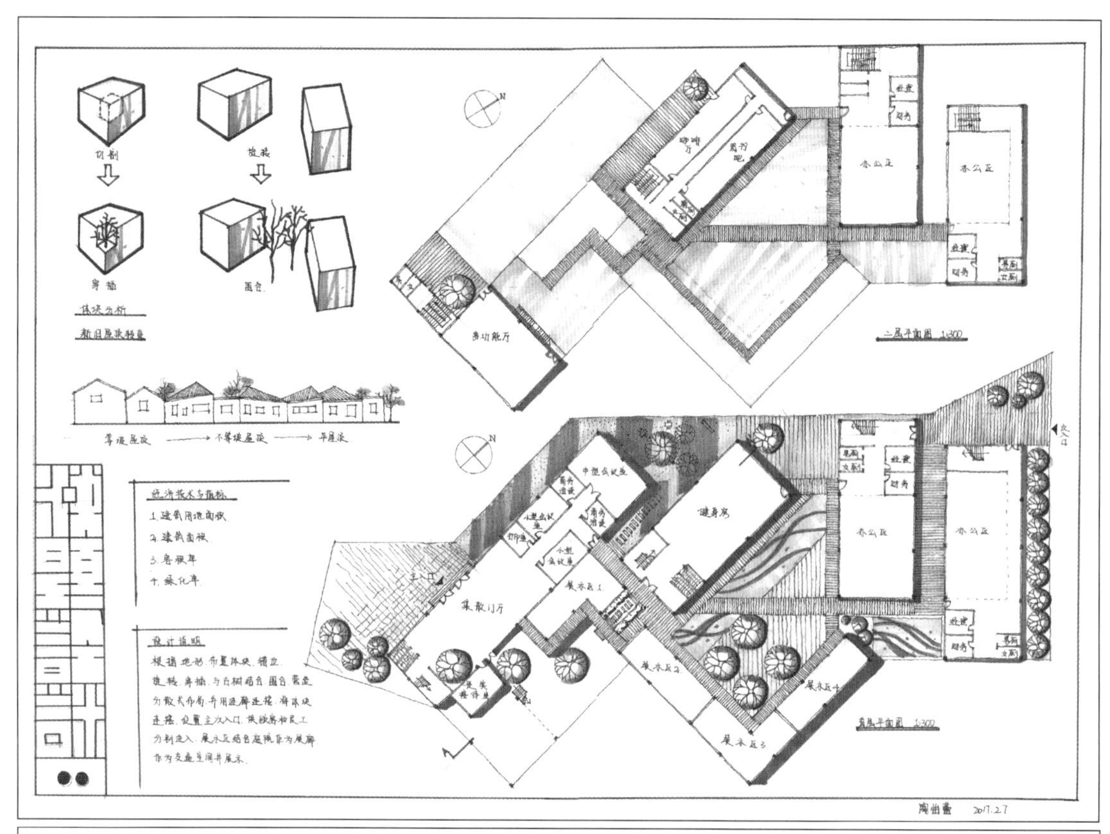

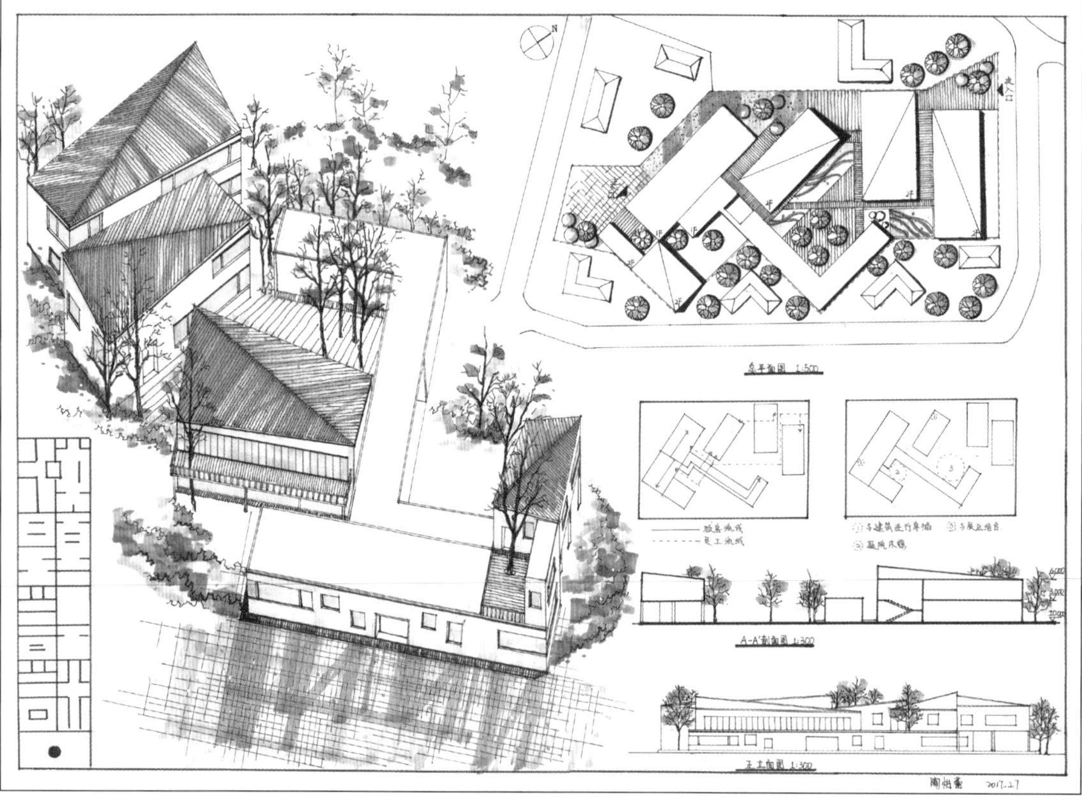

作者：陶怡蕾 / 表现方法：钢笔 + 马克笔 / 时间：6 小时

优点：①建筑形体能与基地及周边环境很好地结合，既呼应了周边地形，也与周边建筑有一定的呼应。

②建筑功能上动静分区明确，流线组织较为合理。

缺点：①建筑各个体块之间的衔接比较弱，总体布局比较碎。

②场地设计还需要进一步加强，铺地与绿化部分要进行区分；场地设计的形式需要与建筑形体的组合进行结合。

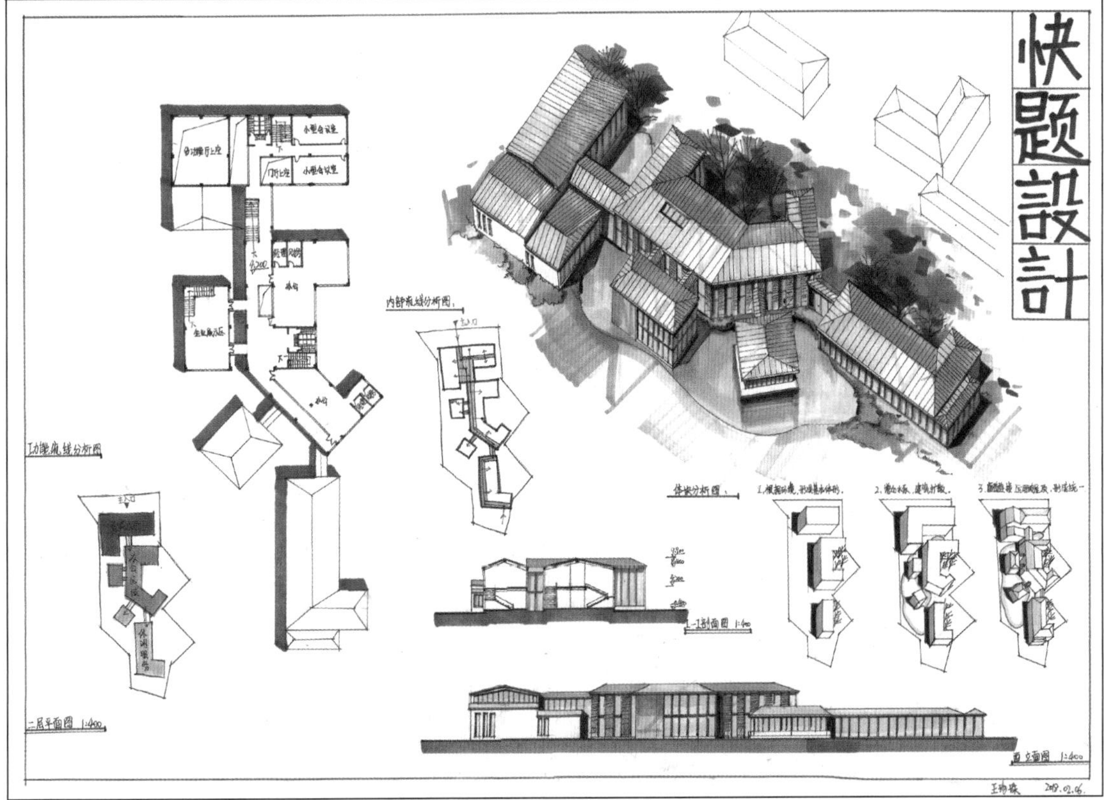

作者：王珍珠 / 表现方法：钢笔 + 马克笔 / 时间：6 小时

优点：①建筑形体能与基地及周边环境很好地结合，形体关系与基地环境处理得当。

②功能流线合理，分区明确；图面表达完整。

缺点：环境设计较为单薄，场地设计还可以进一步细化。

十三、建筑学院学术展览附楼设计

1. 真题题目

（1）项目概况

南方某高校建筑学院计划在现有办公楼及建筑设计院一侧建设一处附楼，以满足学术活动、图片及模型展览的需要，并为师生提供休息交流的场所。场所情况见图 5-19。

场地北侧学院办公楼建于 20 世纪 30 年代，传统民族风格。基座为白色水刷石饰面，红色清水砖墙，坡屋顶为绿色琉璃瓦，砖混结构；场地东侧为原考生宿舍，建于 20 世纪 30 年代，白色水刷石基座，红色清水砖墙，平屋顶，局部绿色琉璃瓦小檐口，砖混结构，现在改建作为建筑设计院工作室。场地西侧建筑设计院主楼建于 20 世纪 80 年代，墙面贴红色条砖，绿色琉璃瓦小檐口，砖混结构，现改建作为建筑设计院工作室。场地西侧建筑设计院主楼建于 20 世纪 80 年代，墙面贴红色条砖，绿色琉璃瓦小檐口，框架结构。

（2）设计内容（总建筑面积 1200 ~ 1400 m^2，以下各项为使用面积）

①多功能报告厅：100 m^2。

②休息活动厅：100 m^2。

③展览空间（展厅或展廊，可合设或分设）：500 m^2。

④咖啡吧（含制作间）：100 m^2。

⑤卫生间：50 m^2。

⑥建筑书店：50 m^2。

⑦管理室：50 m^2。

⑧储藏室：50 m^2。

⑨室外活动及展览空间规模自定。

（3）设计要求

①结合原有建筑、环境进行设计，因地制宜，合理布局。

②场地内登山台阶和小路可结合设计调整位置和走向，但不可取消；场地内现有的大树应尽可能保留。

③学院办公楼南面次入口首层过厅西侧为阶梯报告厅，附楼宜考虑与其在功能上的必然联系。应结合附楼考虑建筑设计院主楼与东侧工作室之间的联系。

④建筑设计要求功能流线、空间关系合理，动静分区明确，并处理好新旧建筑的关系。

⑤结构合理，柱网清晰。

⑥符合相关规范的要求，尽可能考虑无障碍设计。

⑦对建筑红线内室外场地进行简单的环境设计。

⑧设计表达清晰，表现技法不限。

（4）图纸要求

①总平面图：1 ： 500。

②各层平面图（其中报告厅、咖啡厅、卫生间需要简单的室内布置）：1 ： 200。

③立面图：2 个。

④剖面图：1~2 个。

⑤透视图：1 个。

⑥设计分析图自定。

⑦主要技术经济指标及设计说明参考面积指标如下：

设计总监办公室：20 m^2。

设计室（满足 12 人办公，可集中亦可分散设置）：60 m^2。

2. 题目解析

（1）建筑场地

分析基地内的地形高差，基地南侧与东侧围绕有半圈的陡坡，建筑主入口宜设置在东南角临近湖滨北路的平地上，考虑到下面与陡坡上有 3 ~ 5 m 的高差，因此，在建筑主入口的部分可以考虑设置垂直交通。基地中的登山台阶和小路要保留，可以在西侧设置次入口，考虑到新建建筑与原办公楼的关系，可以在对应原办公楼南侧入口处设置次入口。基地中的树木要求保留，因此，在设计时可以采用分散布局或者挖出庭院的形式。

（2）建筑规模

建设用地面积为 2000 m^2，建筑面积为 1200 ~ 1400 m^2，老办公楼的层高为两层，因此，新建建筑的层高也应控制在两层以内。

（3）建筑形态

建筑风格与造型应该与周边的建筑相呼应。老办公楼是传统建筑、双坡屋顶，在设计新建筑造型时，可以从周边建筑形式中提取相应的建筑元素，将其与现代建筑风格相结合，既凸显和谐一致性，又体现时代特色。

（4）建筑功能及流线

在功能上，主要功能为多功能厅与展厅。在组织功能时，应考虑使用的便利性，以及与老建筑报告厅之间的连续性。参考案例见图 5-20。

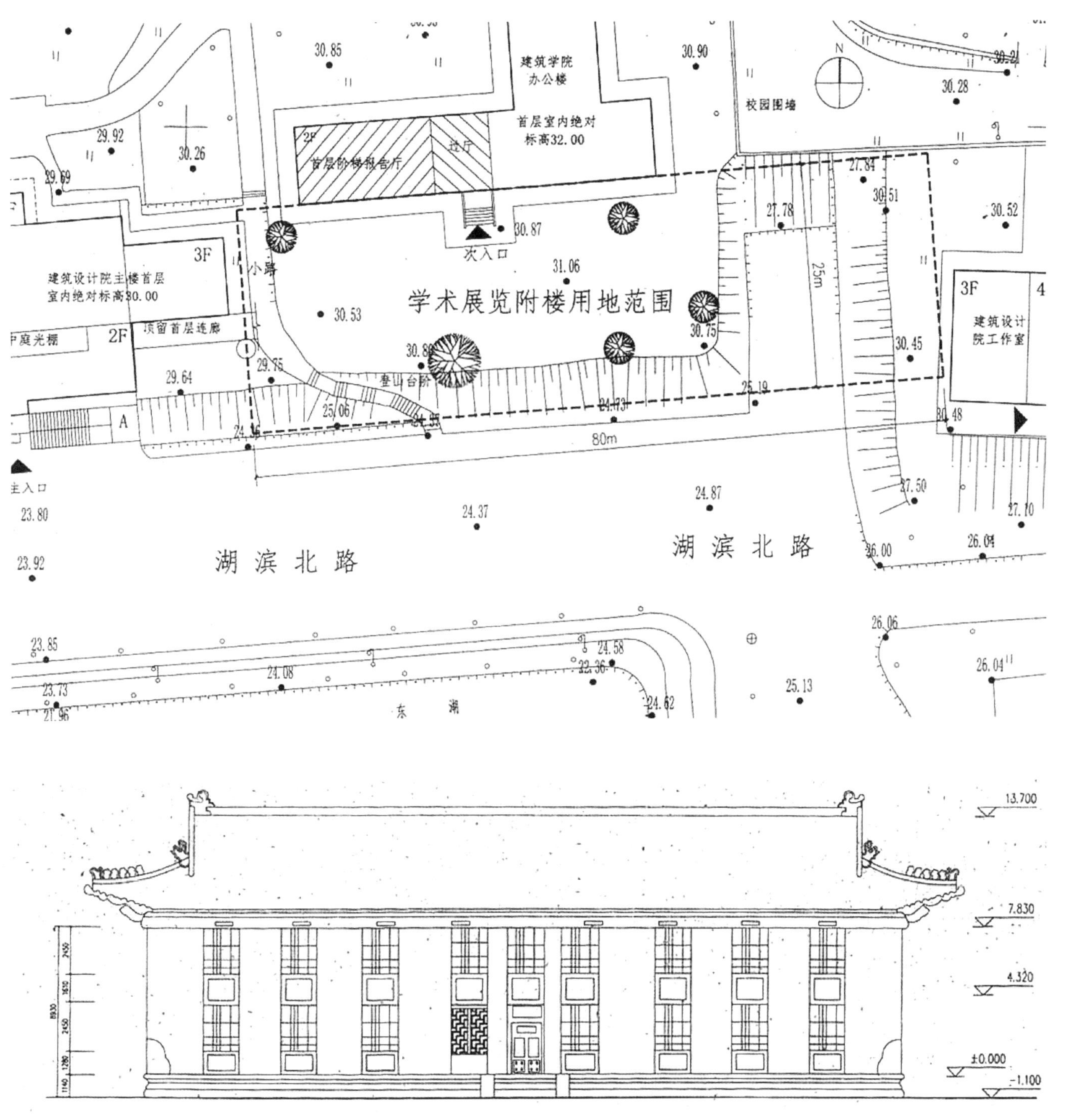

图5-19 地形图

图5-20 参考案例（图片来源：网络）

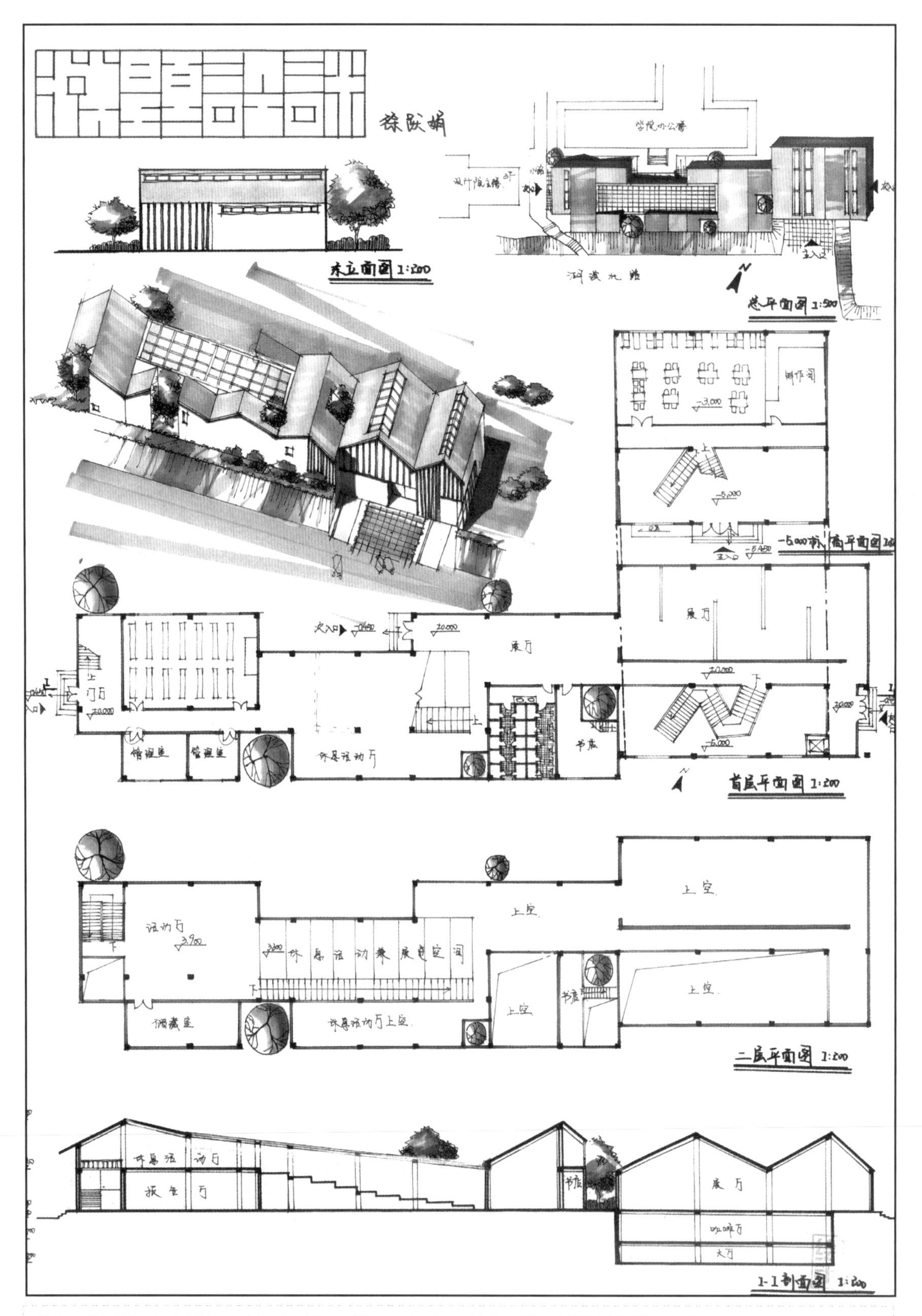

作者：徐跃娟 / 表现方法：钢笔 + 马克笔 / 时间：6 小时

优点：①建筑造型延续周边建筑的肌理，将传统坡屋顶与玻璃顶相结合，并利用天窗采光。

②在右侧主入口处，夹层空间的设计丰富了室内空间。在夹层部分设置咖啡厅，可以合理利用空间。

缺点：①卫生间层高设计不合理。

②建筑造型上，在与办公楼相接处的斜屋顶与玻璃顶部分不太协调，应该直接做成平屋顶。

③室内大厅台阶式展示部分下面处理欠妥。

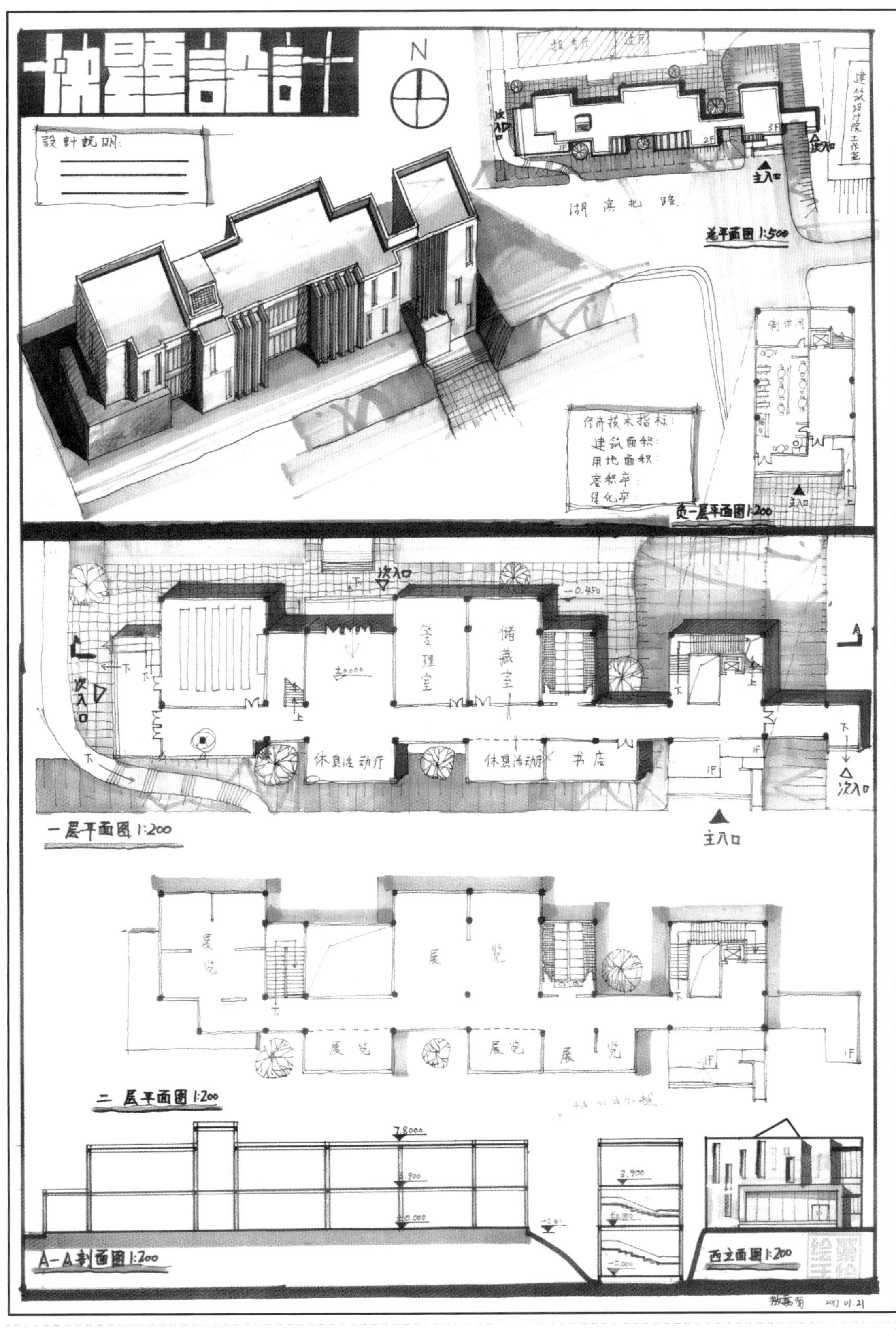

作者：敖嘉丽 / 表现方法：钢笔 + 马克笔 / 时间：6 小时

优点：①方案设计能够有效结合基地高差，建筑形体组合能够合理利用基地中现有的树木，围合成半室外庭院。②建筑造型采用虚实对比，建筑构架丰富了建筑外立面，不同材质的对比也活跃了画面空间。

缺点：①在新老建筑结合时，建筑形式从文脉元素的延续上来说有些欠缺。②在表达上，-5 m 标高平面应该单独表达，与一层平面有所区分。

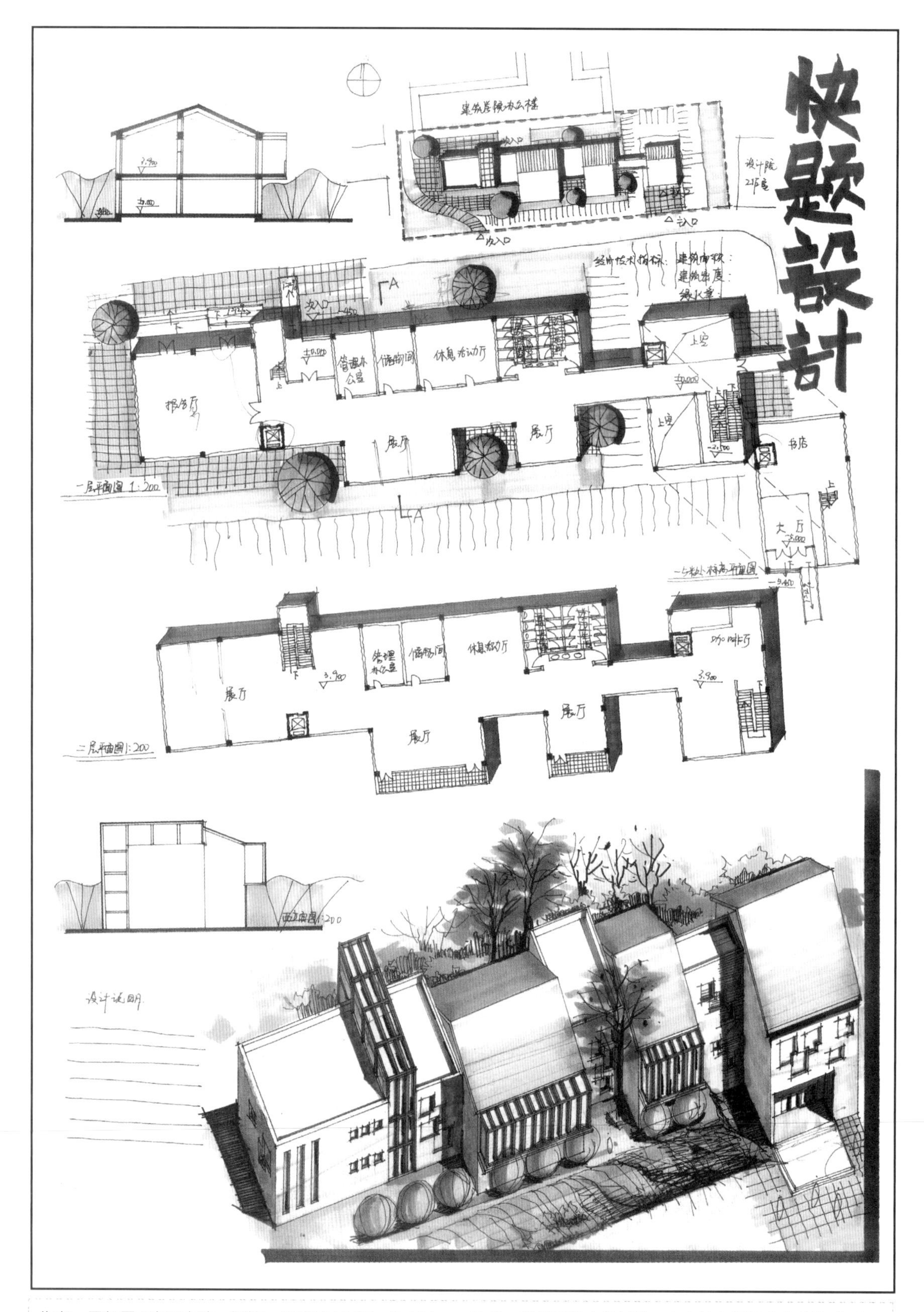

作者：晏红霞 / 表现方法：钢笔 + 马克笔 / 时间：6 小时

优点：①功能布局较合理，流线清晰。

②方案顺应地形，将保留的树木作为景观加以利用。

③提取主楼立面造型元素，将坡屋顶与平屋顶结合，与整个场地文脉较为和谐。

缺点：①保留树木的部分，室内外空间没有必然的联系，空间利用不够充分。

②报告厅开门过多，对外设置一个单独的疏散门即可。

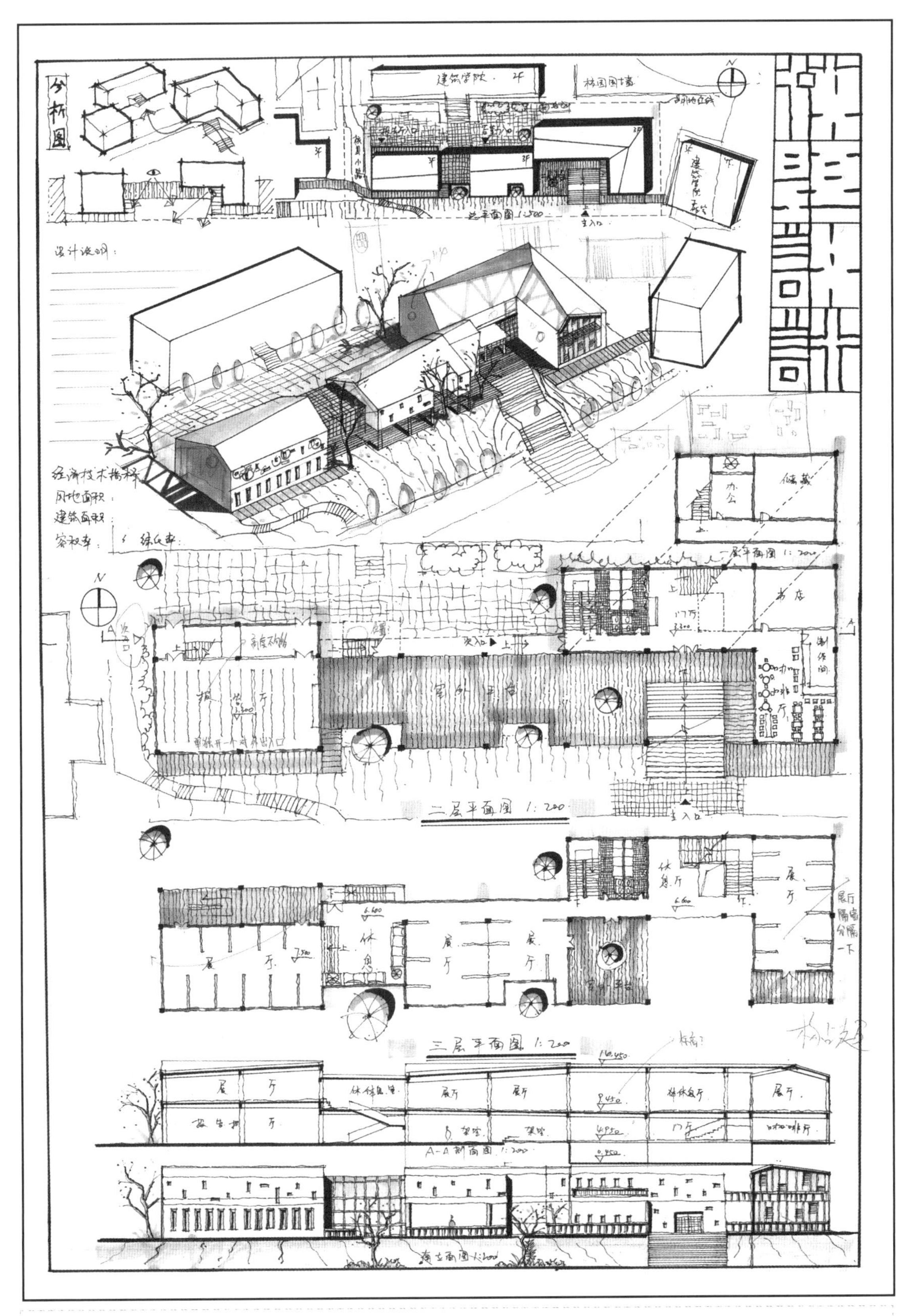

作者：杨占超 / 表现方法：钢笔 + 马克笔 / 时间：6 小时

优点：①建筑整体布局能够比较好地结合地形。

②室内外空间变化丰富，体块造型采用底层架空的处理手法，联系北侧建筑学院，功能分布比较合理。

③图面完整统一，对树的处理较为合理。

缺点：①开窗序列性较差，高差问题处理不妥当。

②轴测图阴暗面区分不明，造型细节上有缺点；次入口处理不当，报告厅上边不宜设置展厅。

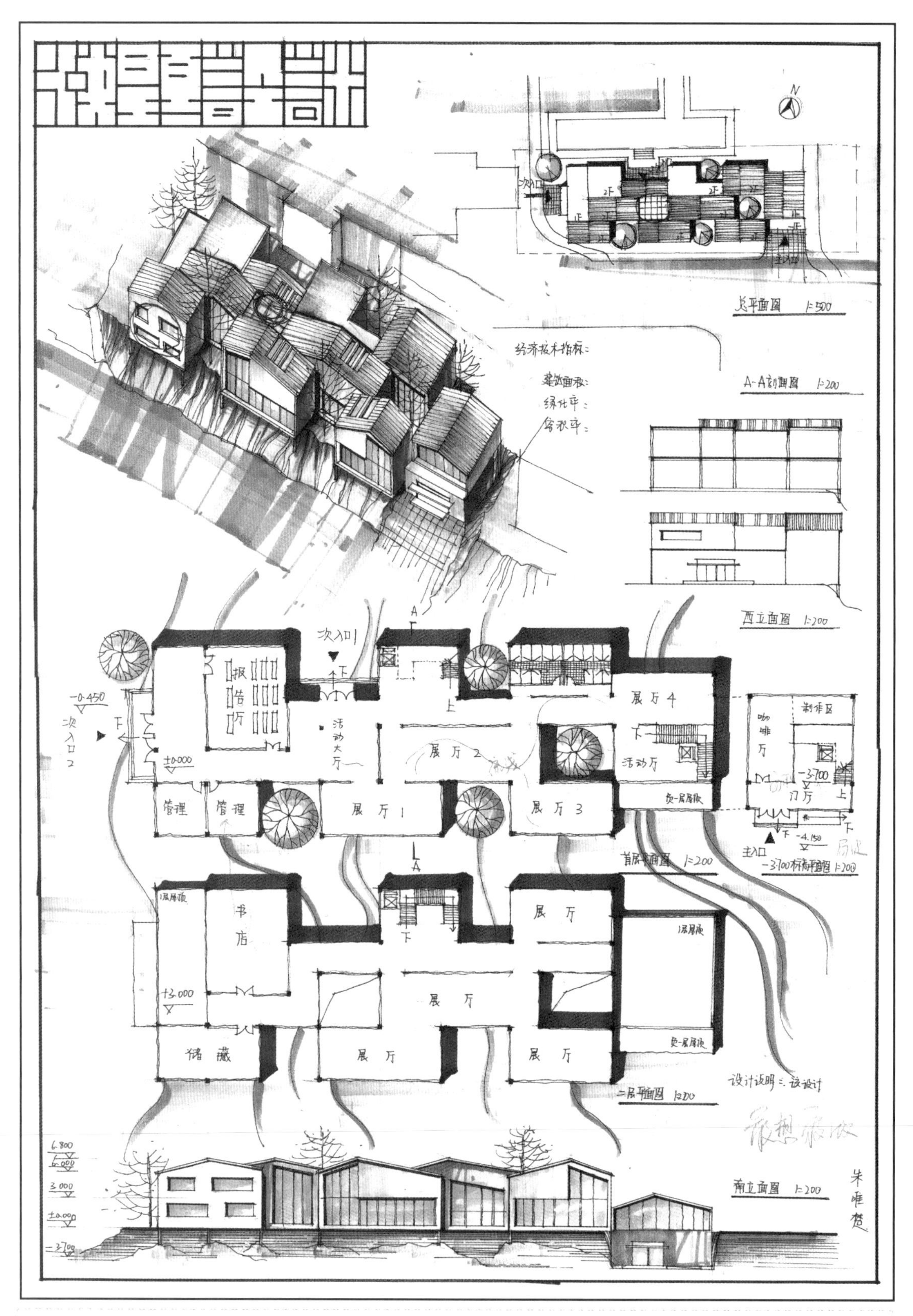

作者：朱唯楚 / 表现方法：钢笔 + 马克笔 / 时间：6 小时

优点：①体块组合较为灵活，设置有较多的室外平台，提供了良好的交流场所；平面布置较为灵活，流线清晰。②建筑屋顶延续了周边建筑形式，参观流线组织与功能分区合理。

缺点：①体块过于零散，室内功能基本上都是统一体块，只在屋顶方面设置了不同的屋盖，应该从更深层次的空间划分上做文章。②未考虑与建筑东侧的老建筑进行交通连接。

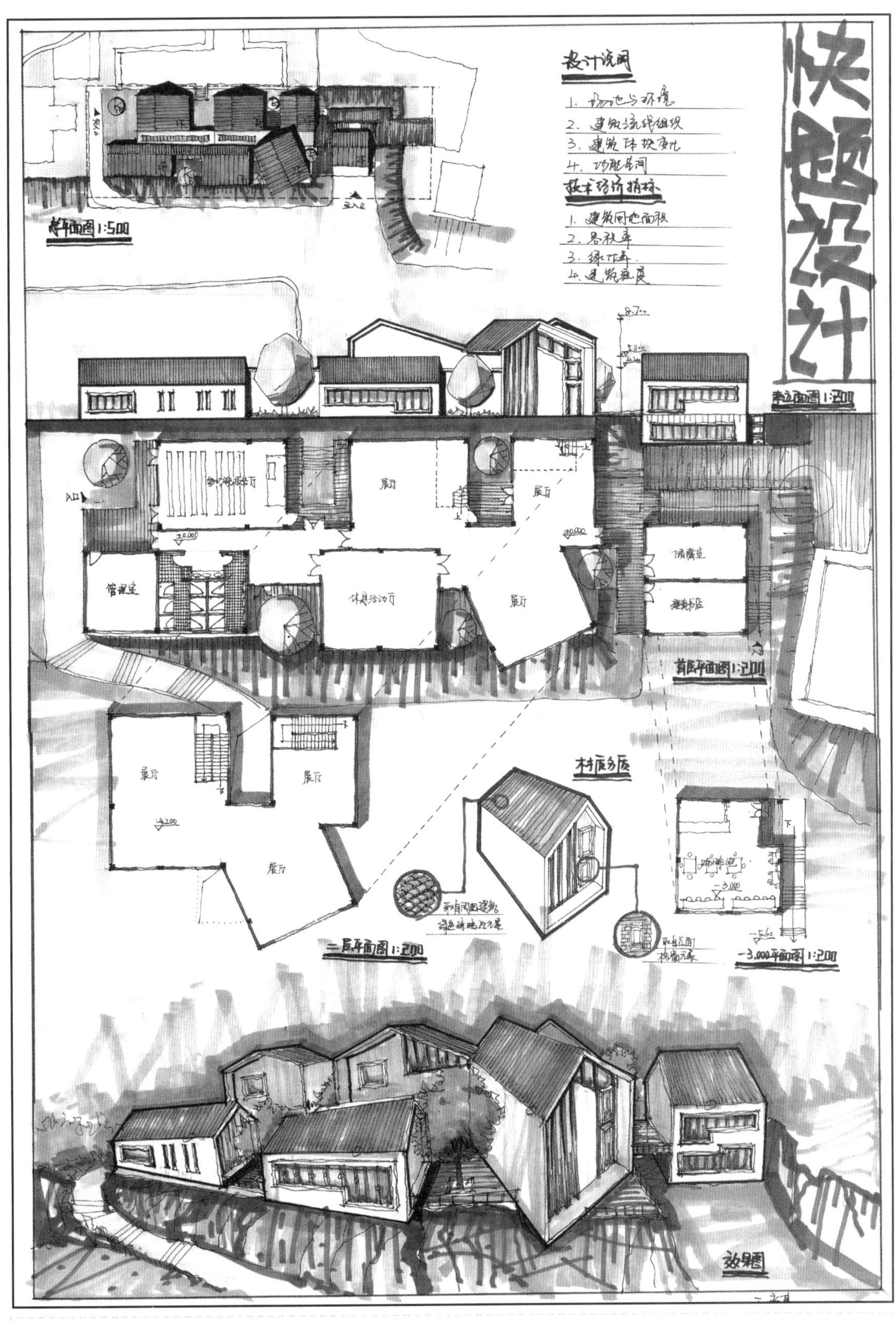

作者：王培基 / 表现方法：钢笔 + 马克笔 / 时间：6 小时

优点： ①建筑呼应建筑学院主楼风格，体块组合形式很好。②建筑造型活泼，图面表达完整、大胆。③功能分区较好，流线通畅，入口部分通过台阶来解决上下高差的问题，并结合咖啡厅来设计，合理利用基地条件的同时，很好地组织了参观流线。④空间较为灵活，对场地内的树木有所呼应。

缺点： ①建筑体块组合分散，没有考虑到室内外的交流，建议设置更多的室外露台。②室外走道未加屋顶，影响建筑的可达性。

第六章　快题基础及表达突击

Basis of Design and Stengthening of Expression Skills

为设计而表达

对于建筑快速设计考试来说，方案设计是非常重要的内容；但快题考试是以图纸呈现为最终考核方式的考试，因此，图面的表达，以及如何将自己的所思所想以快速有效的方式展现出来也是考生在备考过程中需要重点去突破的。在整套快速设计图纸中，难度比较大的是方案效果图，包括建筑角度的选择、建筑体块组合方式的表达、建筑外立面设计的表达，以及建筑材质、建筑结构关系的表达等。本章主要针对快速设计中的效果图表达，结合不同方式和不同工具的效果图表达，以小知识点的方式，为考生剖析效果图表达过程中的表达技巧。

手绘效果图说到底是为了将建筑设计的建筑形象、建筑材料、结构形式通过手绘的形式更加直观地展现在其他人眼前。在训练过程中考生要始终铭记：为设计而表达，不要过于追求技法，而应将手绘的表达作为一种辅助性的手段，用于设计之中。

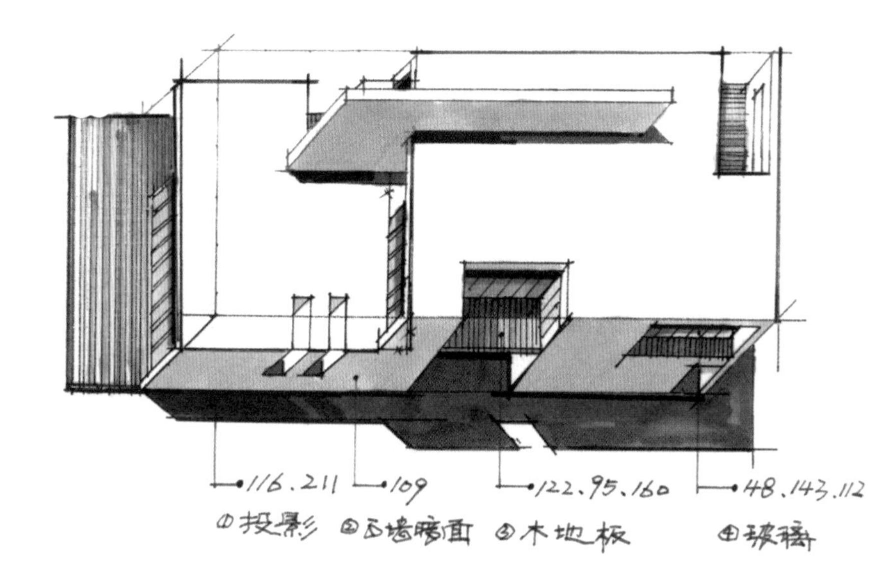

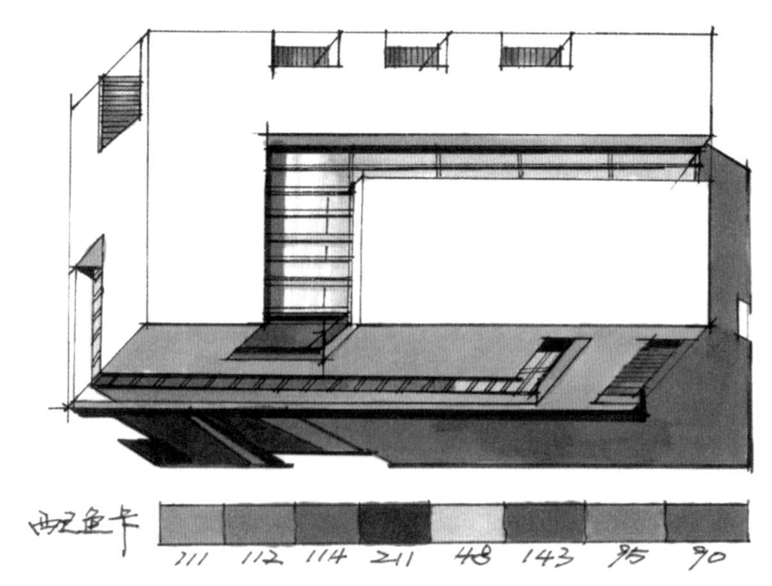

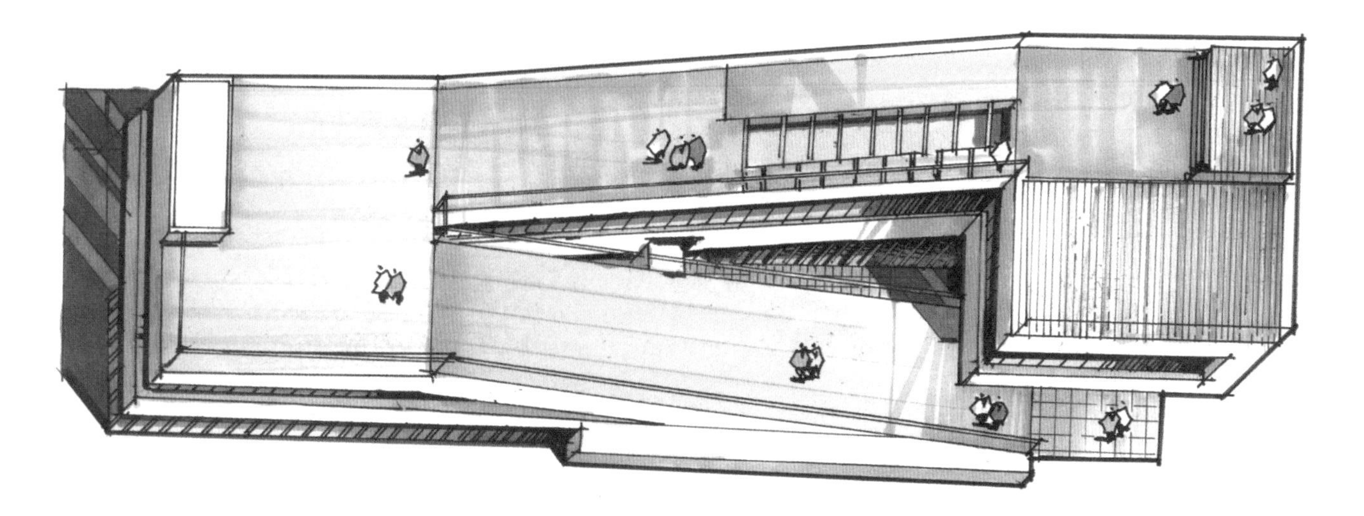

图 6-1 马克笔建筑体块塑造综合表达（一）（王夏露、李国胜绘）

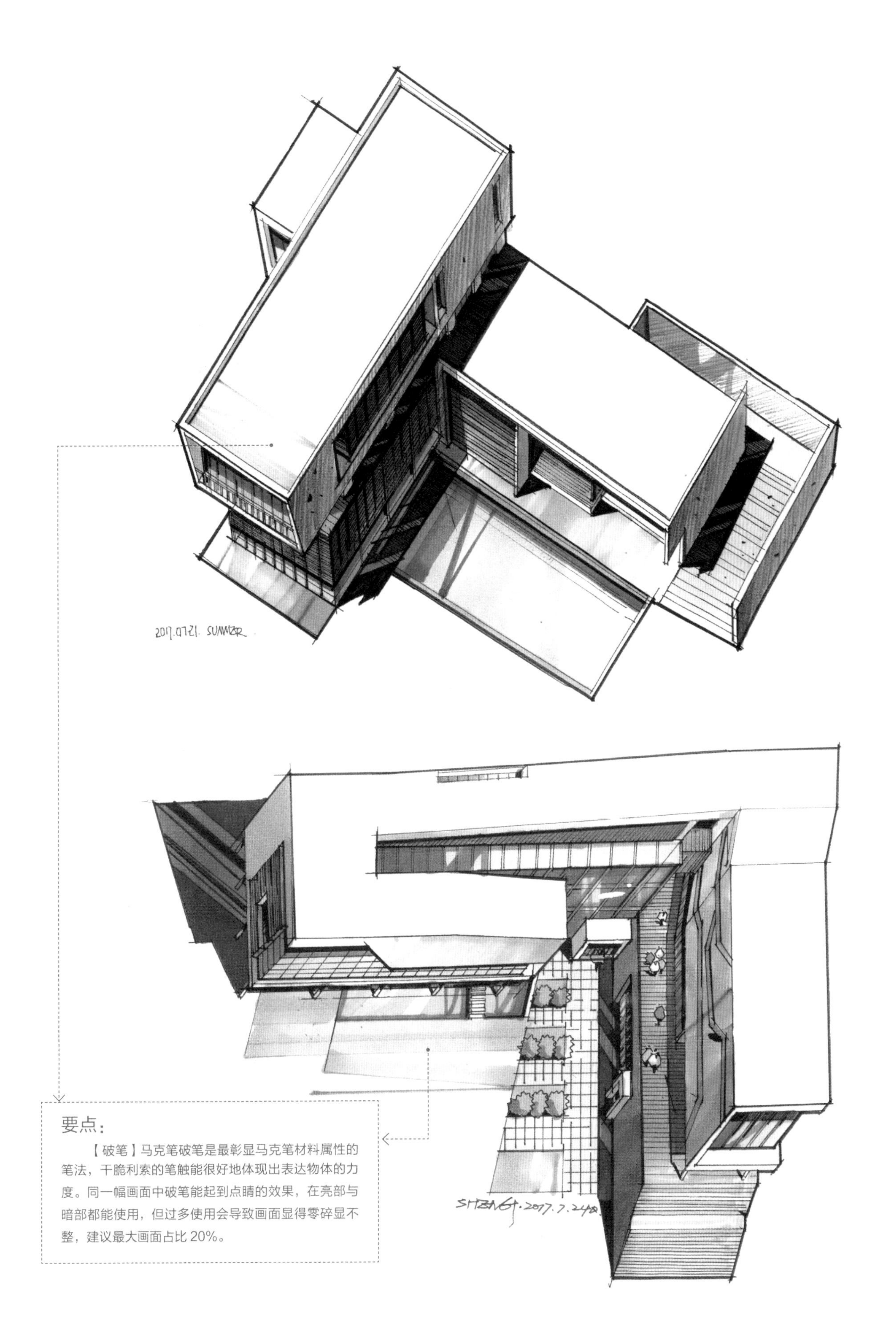

要点：

【破笔】马克笔破笔是最彰显马克笔材料属性的笔法，干脆利索的笔触能很好地体现出表达物体的力度。同一幅画面中破笔能起到点睛的效果，在亮部与暗部都能使用，但过多使用会导致画面显得零碎显不整，建议最大画面占比 20%。

图 6-2 马克笔建筑体块塑造综合表达（二）（王夏露、李国胜绘）

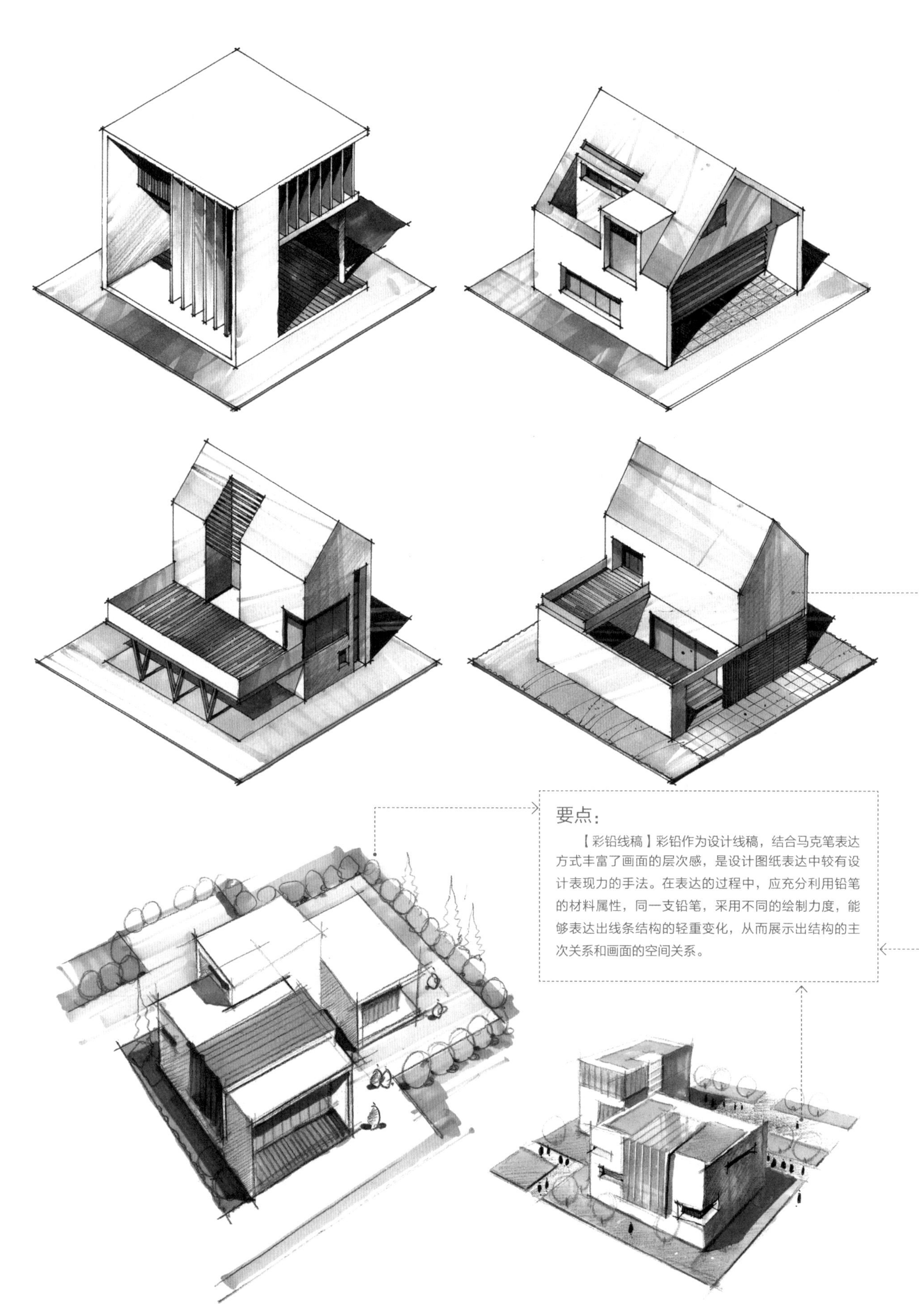

图 6-3 彩铅线稿 + 马克笔建筑体块表达（李国胜绘）

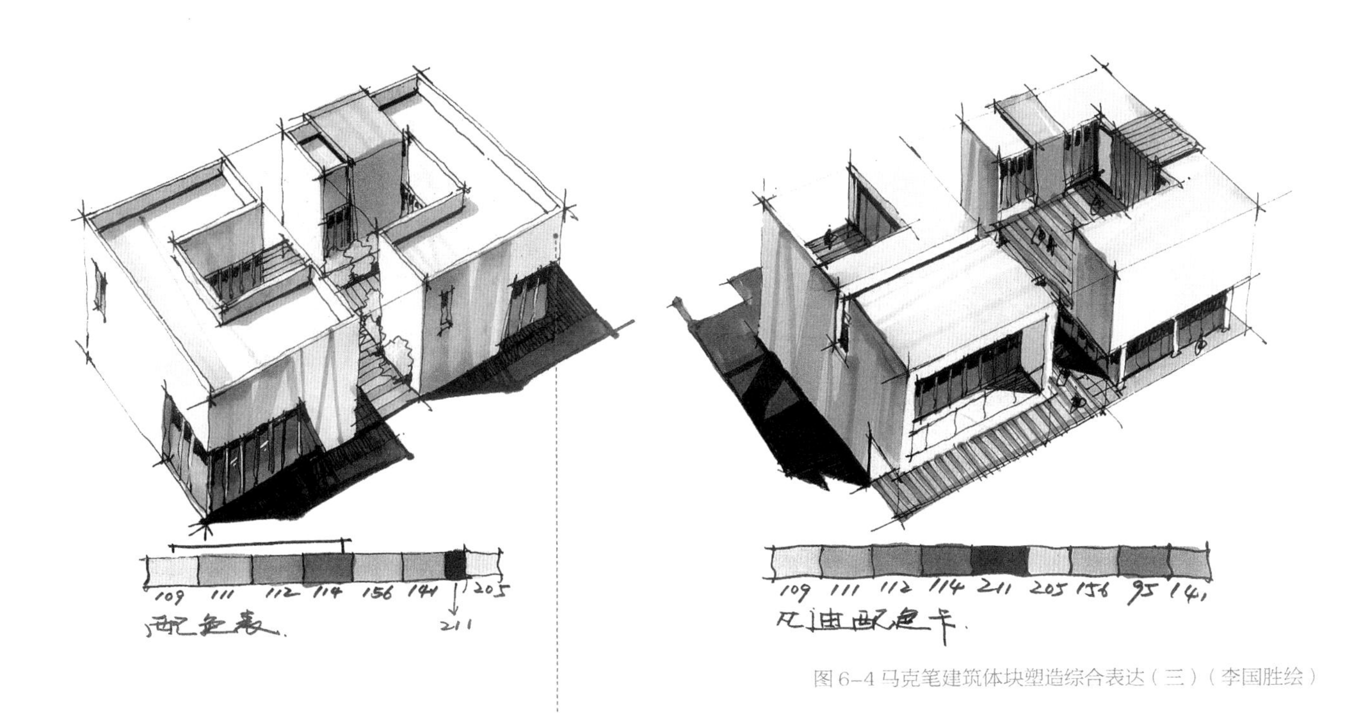

图 6-4 马克笔建筑体块塑造综合表达（三）（李国胜绘）

要点：

【马克笔建筑体块】马克笔建筑体块训练是后期建筑场景表达中最重要的一个环节。通过基础的建筑体块上色训练，可以了解马克笔的明暗处理的方法与规律、建筑材质的表达方法。

从单色体块训练到复合色体块训练，再到建筑材质细节表达训练，都是在为后期场景表达做积累。因为表达的场景小，从而要做到小而精，提高细节表达能力。

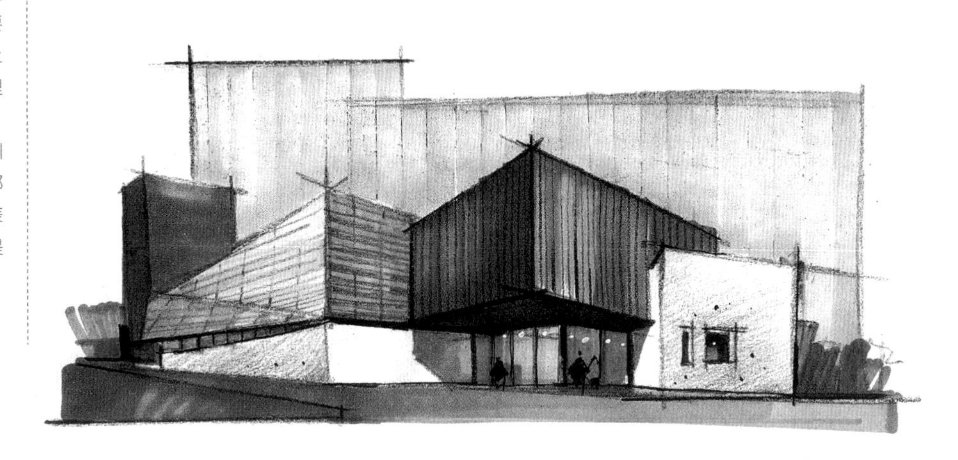

图 6-5 彩铅线稿＋马克笔建筑体块与材料表达（李国胜绘）

要点：

【线稿辅助线条】不打铅笔稿的草图中避免不了一些多余的框架结构线，不用在意或涂抹掉，这样更能保留草图的味道。

图 6-6 15 分钟徒手建筑草图纯马克笔表现（一）（李国胜绘）

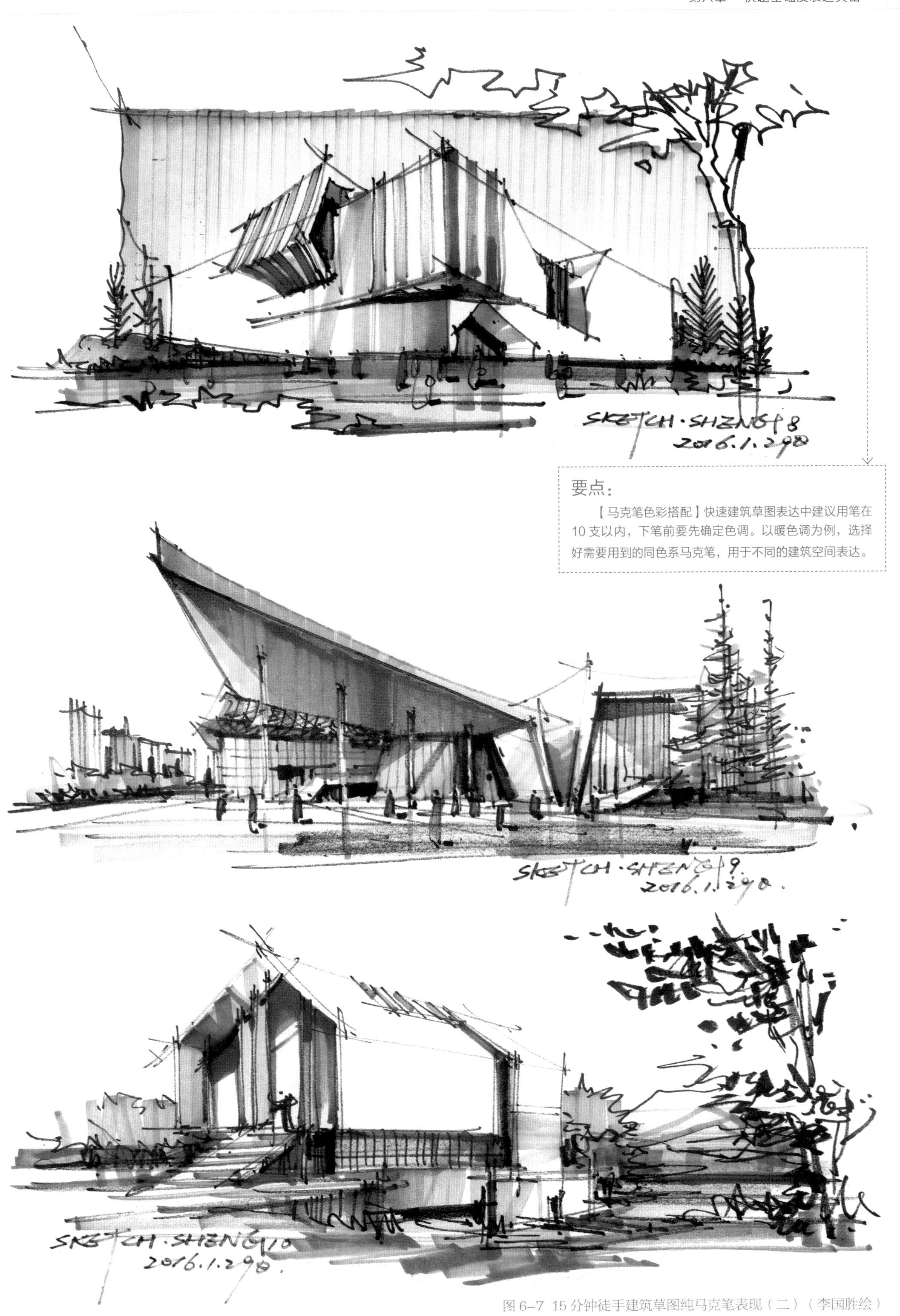

要点：

【马克笔色彩搭配】快速建筑草图表达中建议用笔在10支以内，下笔前要先确定色调。以暖色调为例，选择好需要用到的同色系马克笔，用于不同的建筑空间表达。

图6-7　15分钟徒手建筑草图纯马克笔表现（二）（李国胜绘）

要点：

【马克笔天空笔触】通过天空与建筑的色调关系选择天空的背景颜色，在以白色墙面为主的建筑效果图表达中，通常以竖线的方式来组织天空，将建筑与环境区分开，并增强对比度。

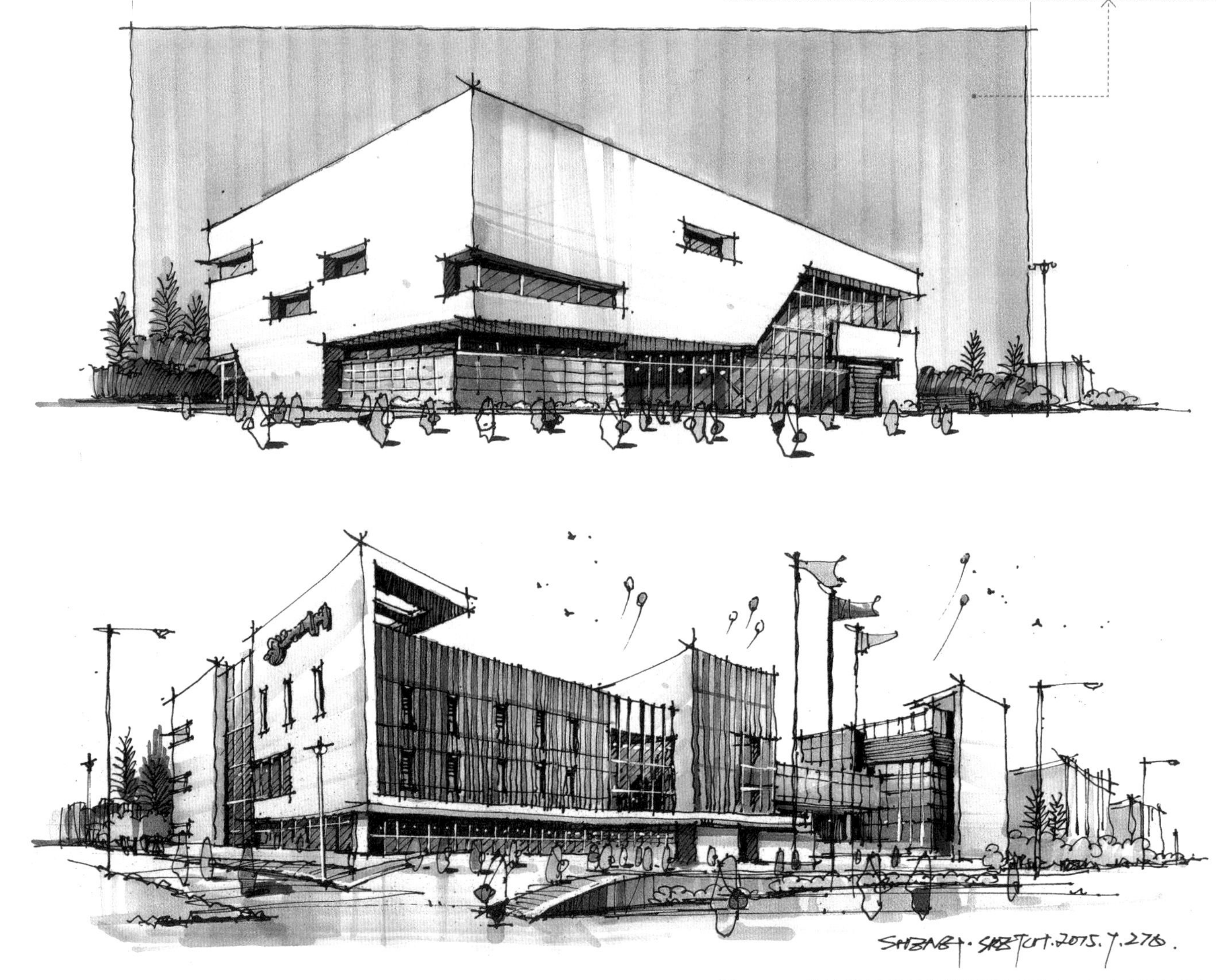

图 6-8 30 分钟马克笔快速建筑草图表现（一）（李国胜绘）

图 6-9 30 分钟马克笔快速建筑草图表现（二）（李国胜绘）

要点：

【纯色马克笔天空】纯色天空背景处理手法是建筑草图中快速明了的表达方式，比起丰富的笔法表达方式，能够更加纯粹地烘托出建筑设计的本身。表达时对颜色没有明确的要求，更多的是为了整体的色调氛围，或与建筑的对比关系进行背景颜色选择。

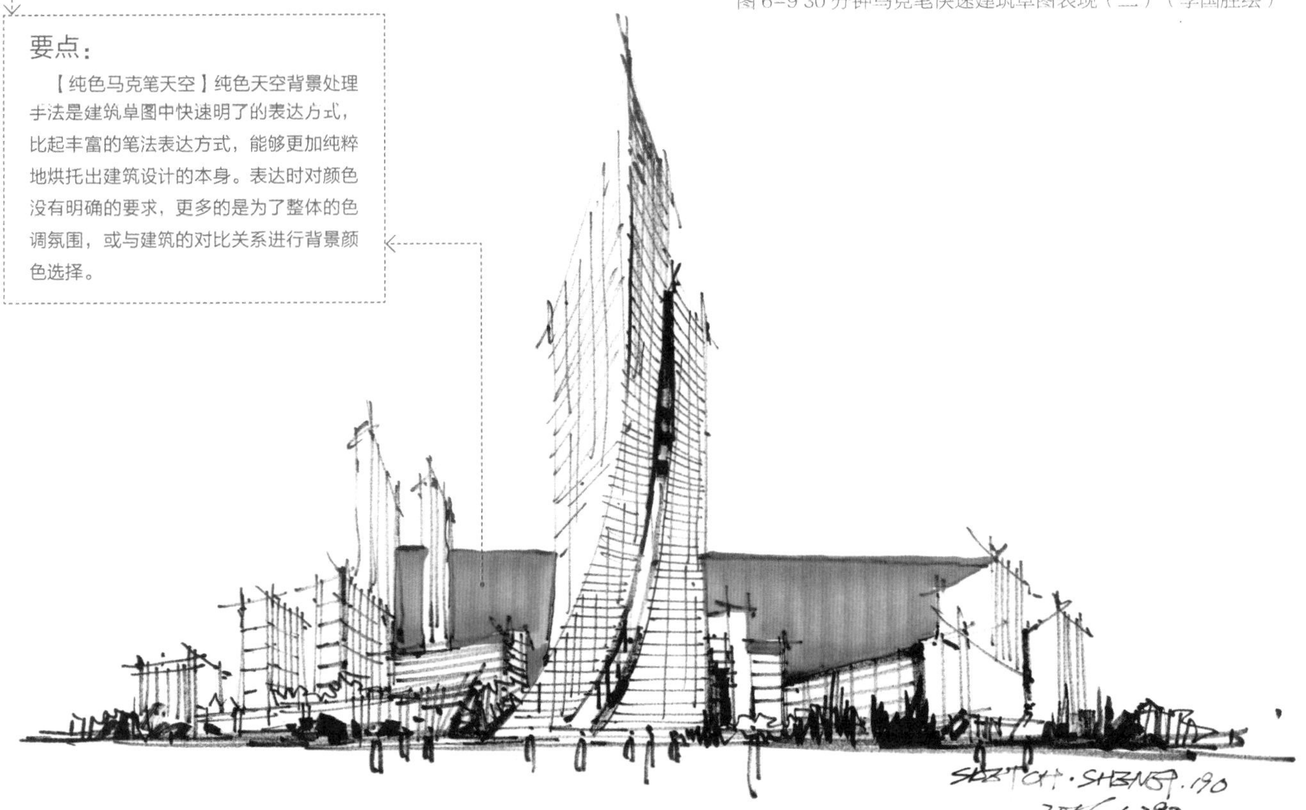

图 6-10 30 分钟马克笔快速建筑草图表现（三）（李国胜绘）

要点：

【彩铅天空】彩铅天空在表达的过程中不仅能丰富画面的色彩质感，也能带来更多的色彩变化。颜色需要根据整体画面的色调进行选择，切勿喧宾夺主。彩铅的表现力很强，可以通过小笔触、侧锋大笔触、抹等技法达到表达效果。

要点：

【单色植物】为了画面的统一性、突出主题，环境中的植物可以选择单色进行表达。

图 6–11 马克笔建筑与环境表现（一）（李国胜绘）

要点：

【白色建筑】在白色建筑表达的过程中，需要处理好与环境的对比关系。考虑建筑自身固有色的表达，白色材质在快速表达中亮部可以大面积留白，局部利用破笔丰富画面；暗部需要使用重色拉开对比。在表达的过程中，需要注意结构交接处，通过色彩的对比拉开前后空间。切勿出现色彩不整体（漏白）的情况。

图 6-12 马克笔建筑与环境表现（二）（李国胜绘）

图 6-13 马克笔建筑与材料表现（李国胜绘）

要点：

【点缀色】在把握画面整体色调的前提下，加入局部的点缀色（面积占比不宜过大，用到人物、小配景较适合），可以起到活跃画面氛围的作用。

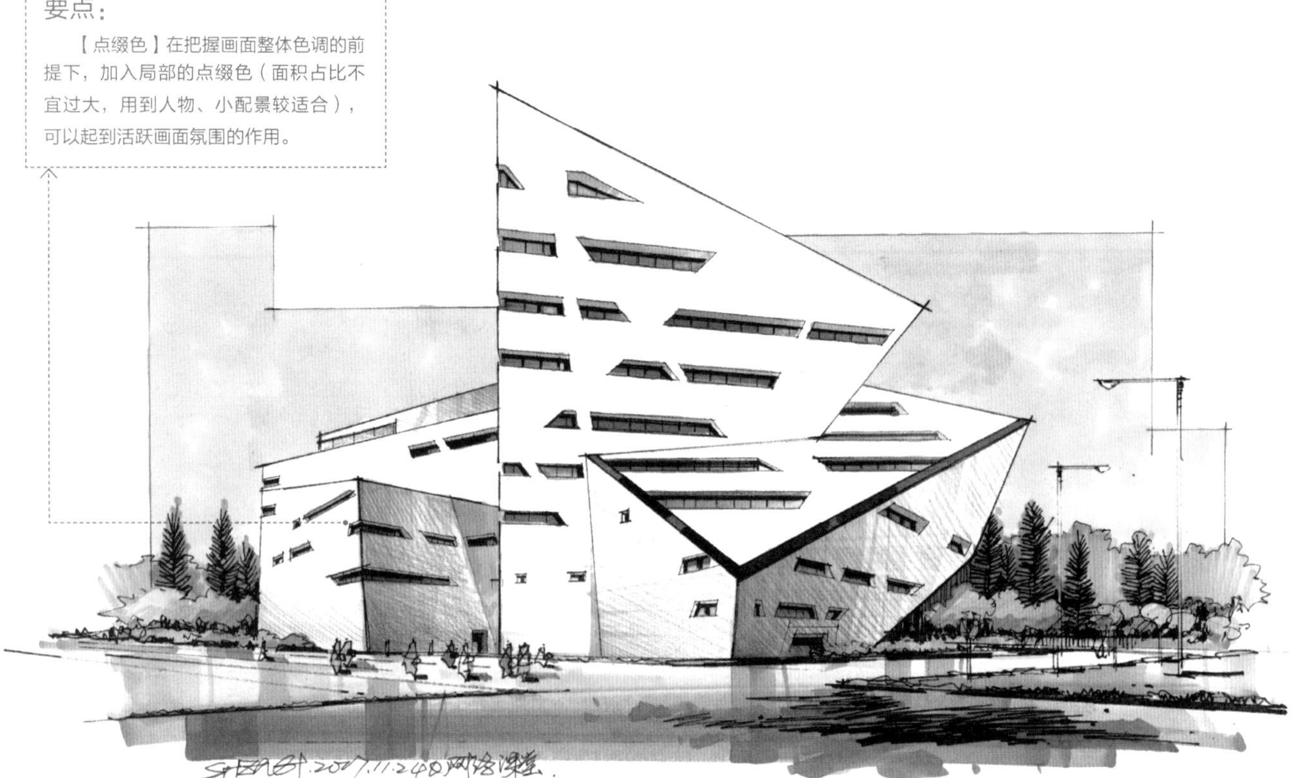

图 6-14 马克笔建筑与环境表现（李国胜绘）

要点：

【点缀色】在暖色调画面中，加入局部的冷色（面积占比不宜过大），可以起到活跃画面的氛围，拉开前后空间的作用。

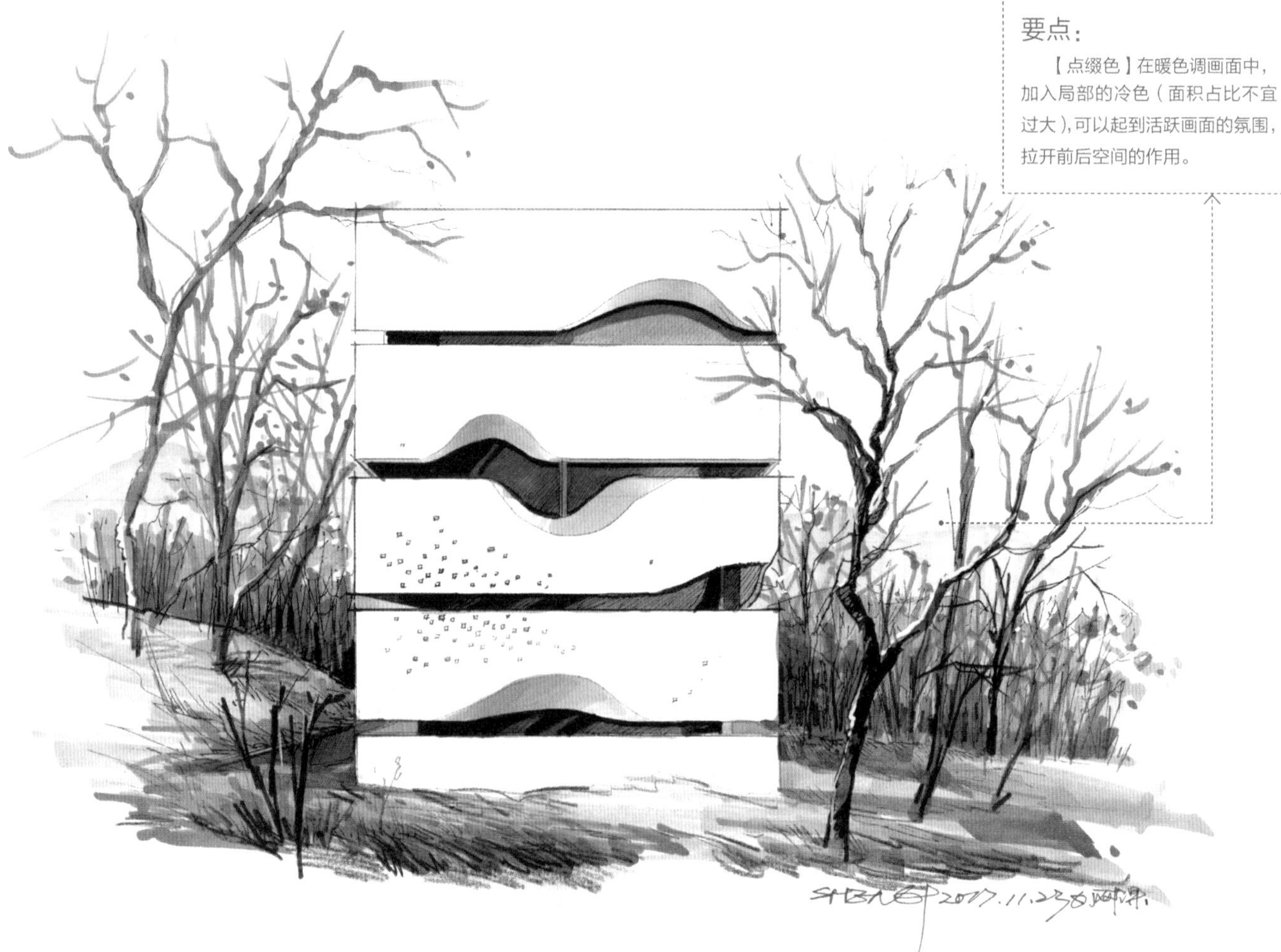

图 6-15 马克笔暖色调建筑表现（李国胜绘）

图 6-16 马克笔建筑与环境表现 - 剖透视（一）（李国胜绘）

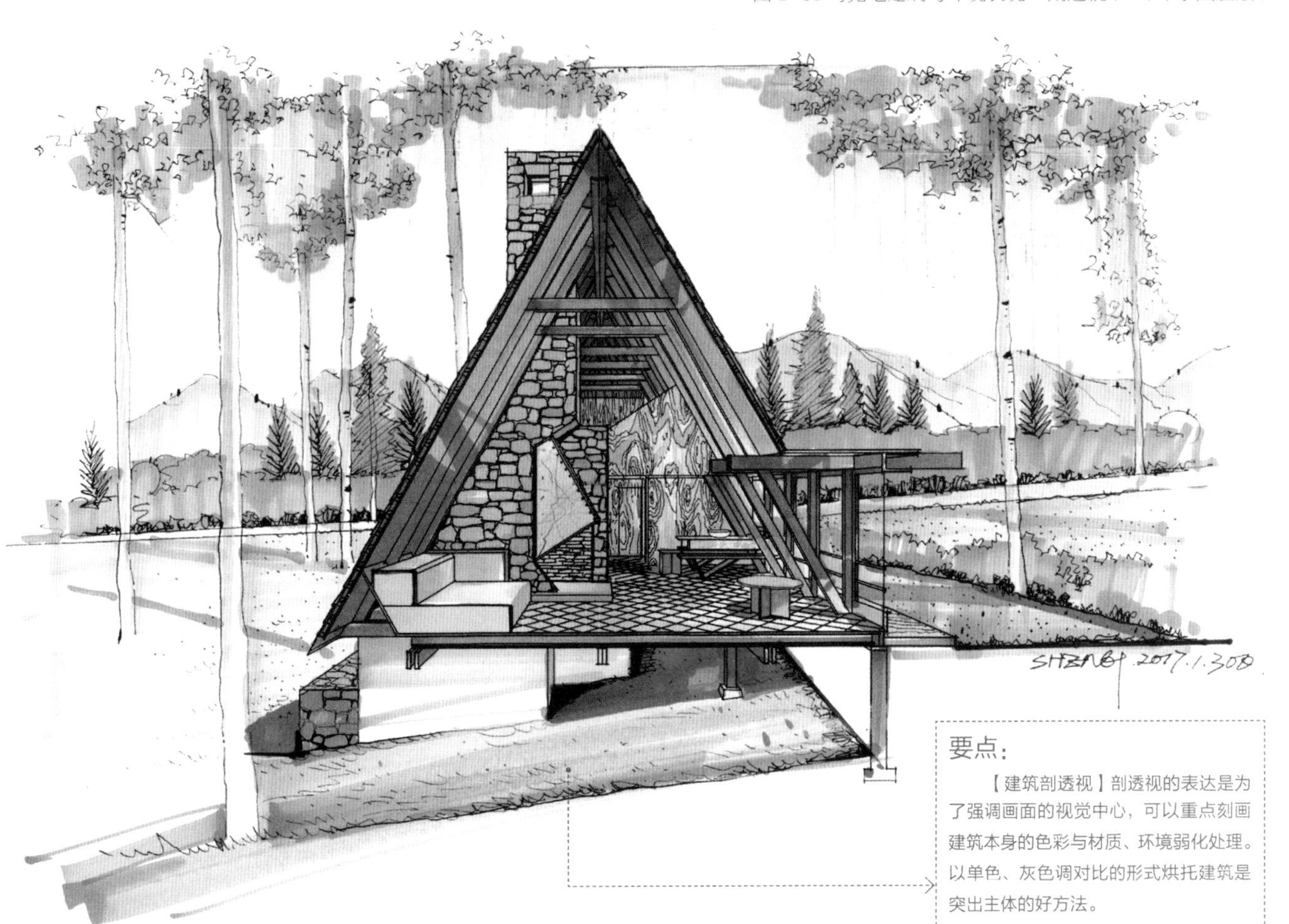

要点：

【建筑剖透视】剖透视的表达是为了强调画面的视觉中心，可以重点刻画建筑本身的色彩与材质、环境弱化处理。以单色、灰色调对比的形式烘托建筑是突出主体的好方法。

图 6-17 马克笔建筑与环境表现 - 剖透视（二）（李国胜绘）

要点：

【天空轮廓线】天空的外轮廓线处理需要考虑画面的整体构图，在轮廓线内进行单一颜色的处理，将天空作为整个画面的背景，以烘托主体建筑，同时增强画面的形式感。

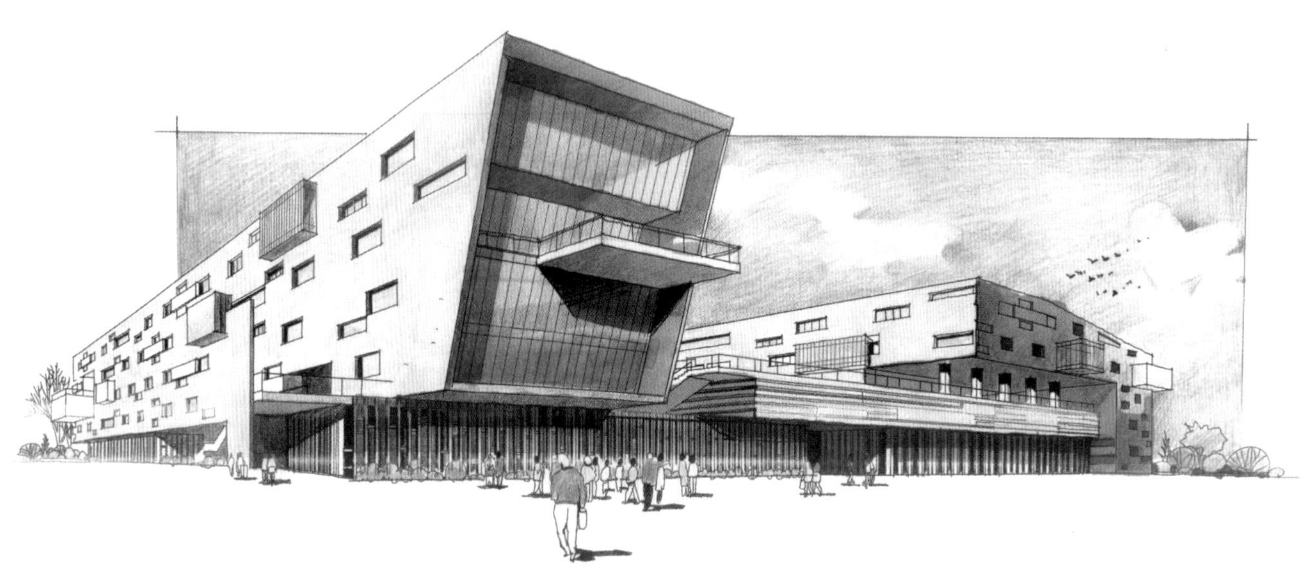

图 6-18 马克笔快速建筑草图表现（徐志伟绘）

要点：

【暗部环境及配景处理】在处理建筑暗部投影的环境及配景时，表达的物体明度需要统一在暗部的色调中，切勿过亮，致使暗部色彩不统一。

图6-19 马克笔＋彩铅建筑草图表现（一）（徐志伟绘）

图6-20 马克笔＋彩铅建筑草图表现（二）（徐志伟绘）

要点：

【玻璃颜色】在暖色调的建筑表现中，玻璃颜色的选择可以根据画面整体氛围来确定。由于玻璃的色彩受天空和周边环境颜色的影响，因此，在表现玻璃时，加入天空或周边环境的颜色会让色调更加协调。

图6-21 马克笔快速建筑表现（一）（李国胜绘）

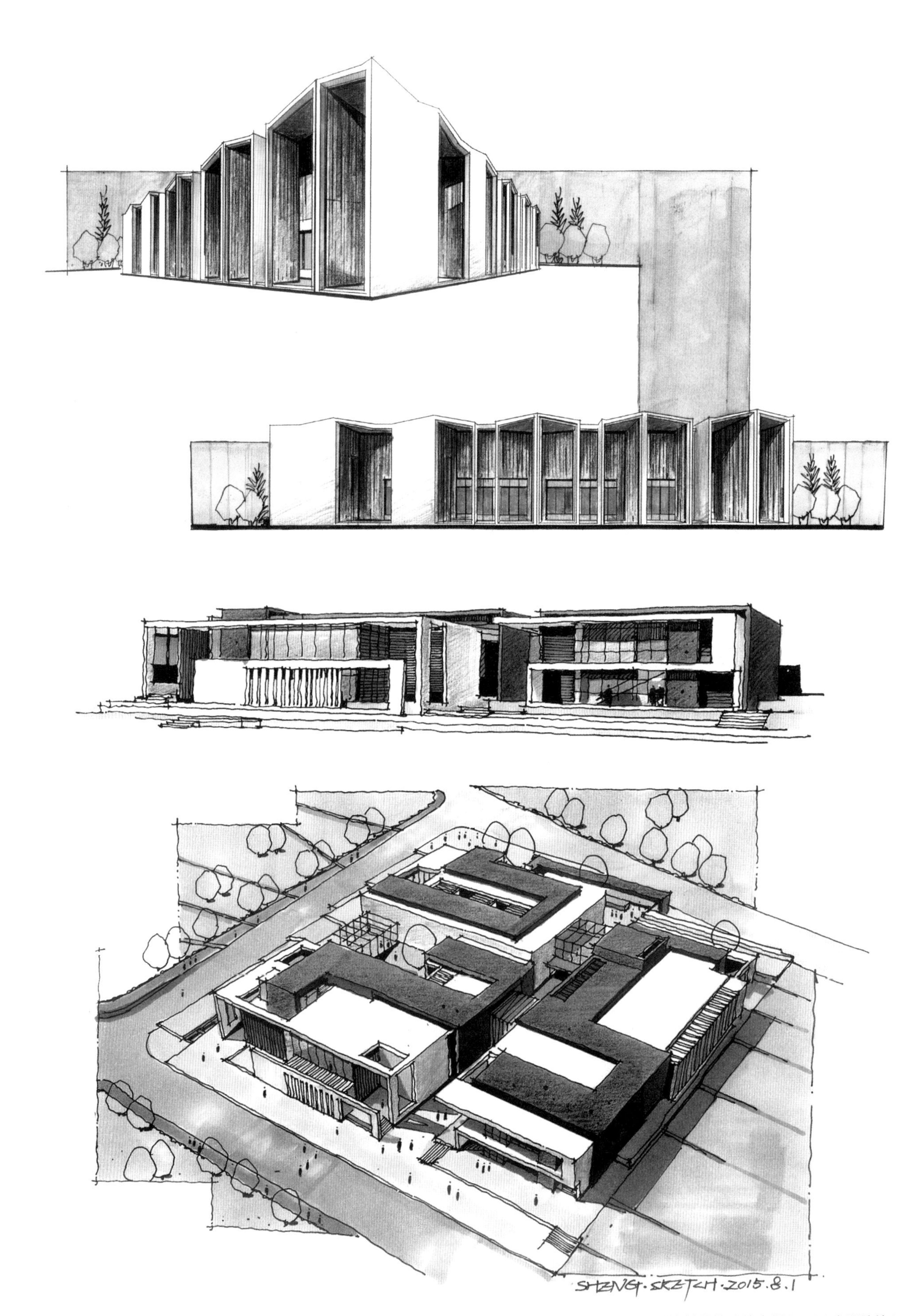

图6-22 马克笔快速建筑表现(二)(李国胜绘)

要点：

【草坡】表达草坡时，需要注意草的整体生长方向，运用马克笔时，用侧锋顺应其生长方向进行表达。利用马克笔的笔尖处理草的形状，由浅入深地表达出草坡的体积及空间关系。

图 6-23 马克笔快速建筑表现（三）（徐志伟绘）

要点：

【植物环境】当建筑的植物环境占画面比重较大时，建议以单色明暗关系进行处理，以削减环境在画面中的色彩，突出建筑主体。

图6-24 马克笔快速建筑表现（四）（徐志伟绘）

图6-25 马克笔快速建筑表现（五）（李国胜绘）

要点：

【小笔触彩铅】小笔触的彩铅是基于底色的基础来表达的，可以提高画面细节，起到丰富画面的作用。

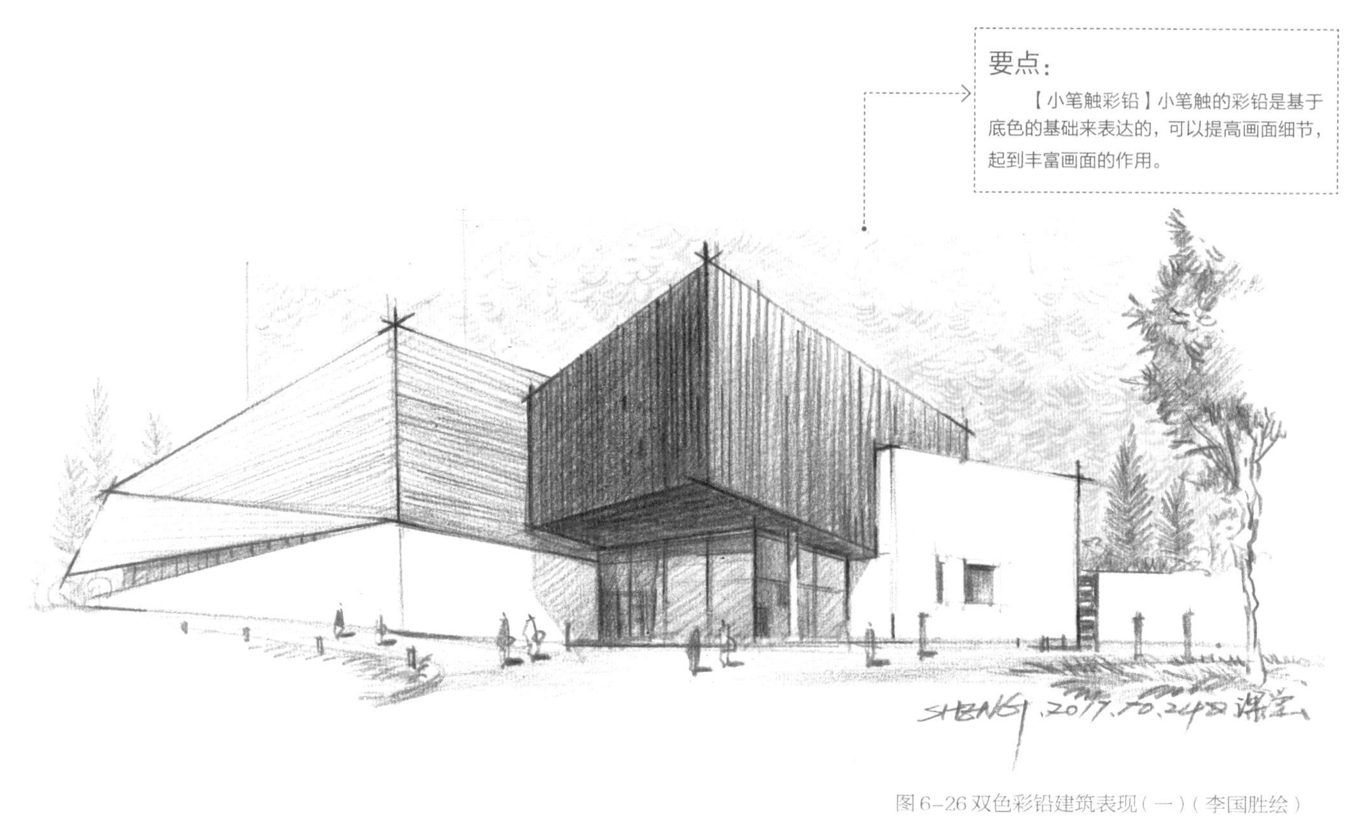

图 6-26 双色彩铅建筑表现（一）（李国胜绘）

图 6-27 双色彩铅建筑表现（二）（李国胜绘）

要点：

【双色彩铅】双色彩铅建筑表现主要是通过单色彩铅进行建筑及环境的素描关系表达，增加光环境色的处理来体现。表达时需特别加强建筑的材质及固有色的处理，以增强单色建筑的空间效果。

图6-28 双色彩铅建筑表现（三）（李国胜绘）

要点：

【网格笔触彩铅】网格笔触的彩铅是在底色的基础上进行表达，可以提升画面细节，起到丰富画面的作用。

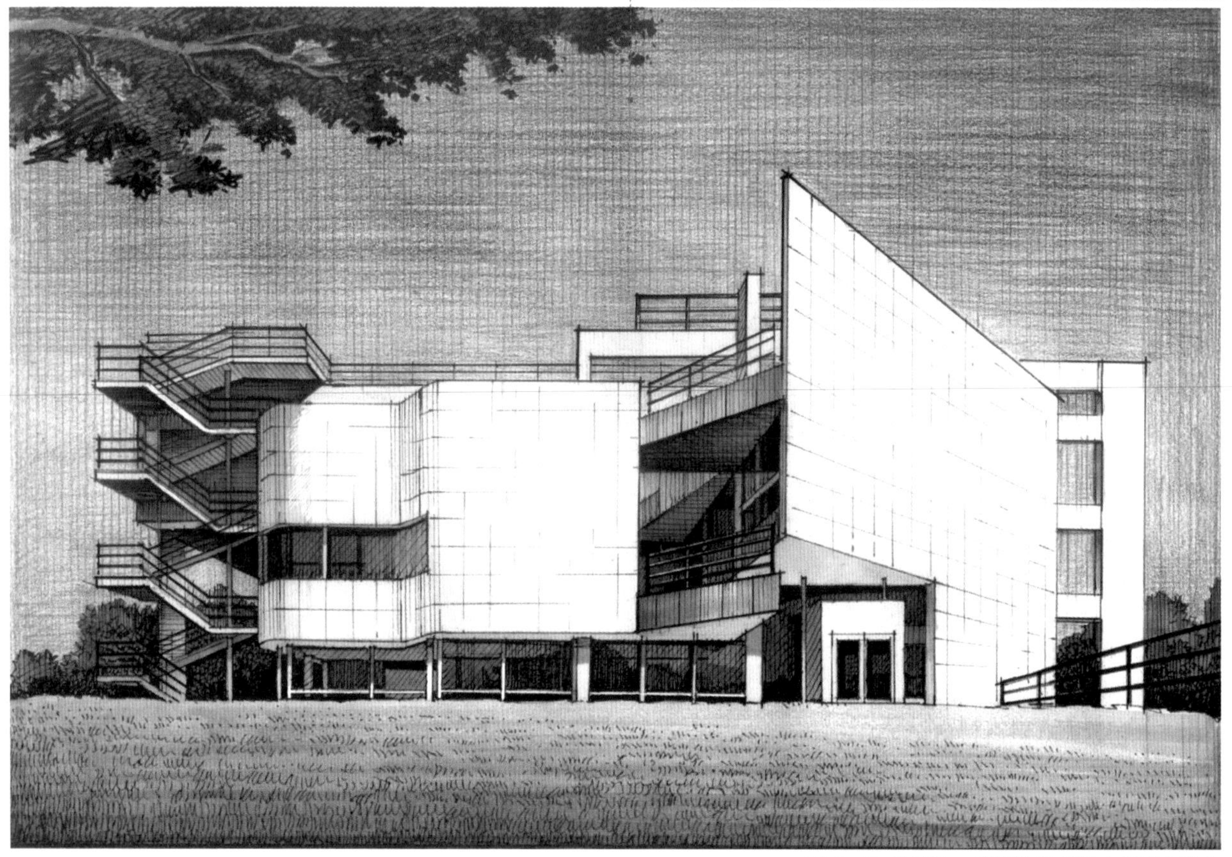

图 6-29 马克笔 + 彩铅建筑表现（李国胜绘）

要点：【彩铅云彩】彩铅表现天空云彩时，需要重点刻画白云的边沿，要表达出边沿的虚实变化和白云的暗部，切勿画得过实。

图 6–30 纯彩铅综合建筑表现（秦瑞虎绘）

要点：

【方案表现】方案套图表现是练习设计手绘的目的，学校的课题设计正图表达、设计周快题设计、考研快题、入职考试等均属于整体方案表现，区别在于时间的长短。

进行方案表现时，根据时间长短不同，对画面细节把握程度也不同，但基础色调控制的原理是一样的。上色可分为单色冷调、单色暖调、复合色调三种类型。

由于方案的图纸较多，在色调上的统一尤其重要。马克笔选择不能过多，图纸中相同材质在不同的图纸里用色（如平面图与透视图中相同区域地面的铺装颜色、立面图与透视图中建筑玻璃相同区域的用色、平面图与透视图中植物的用色）应保持一致，以提高画面的整体性。

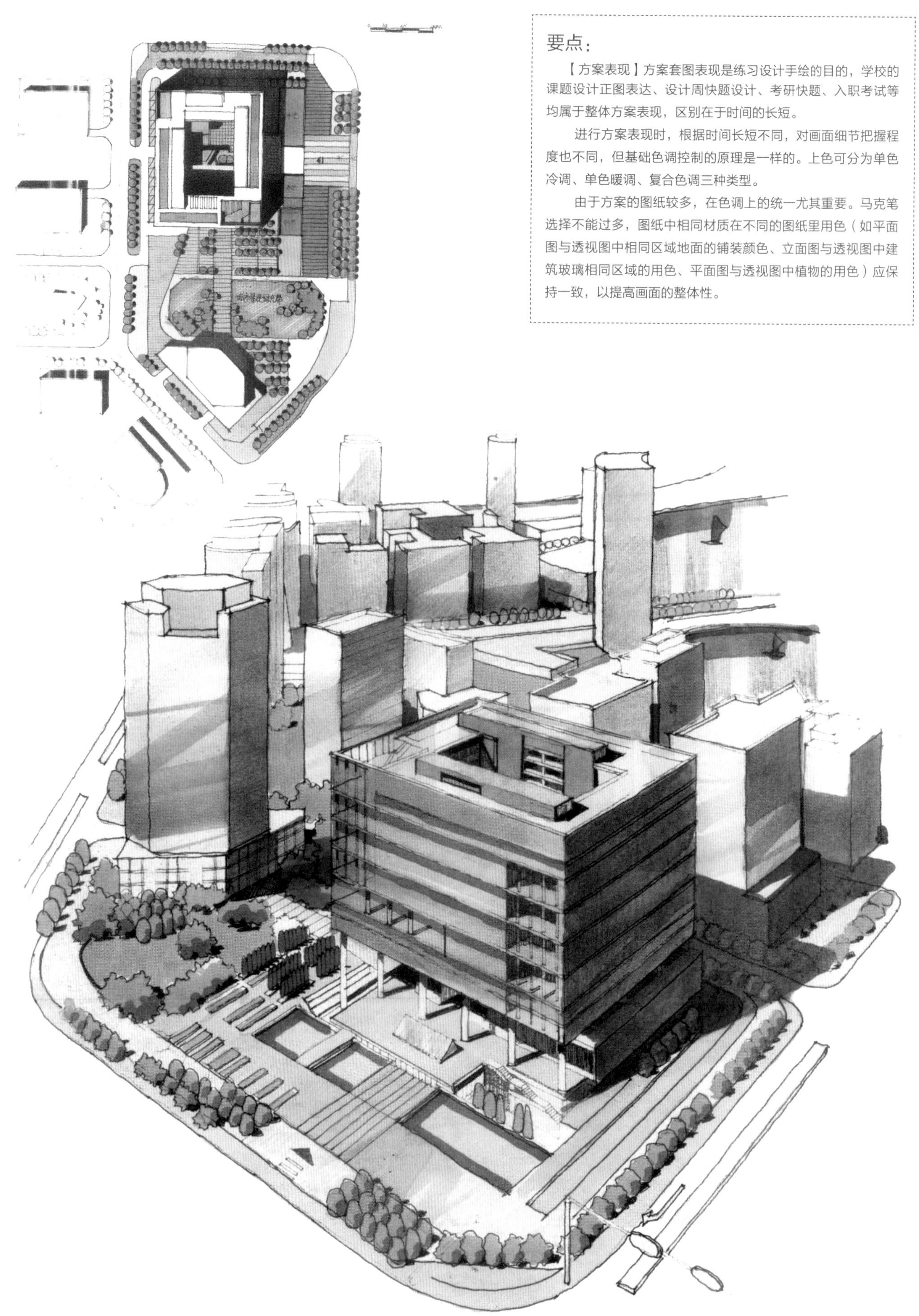

图 6-31 建筑方案表现（一）（徐志伟绘）

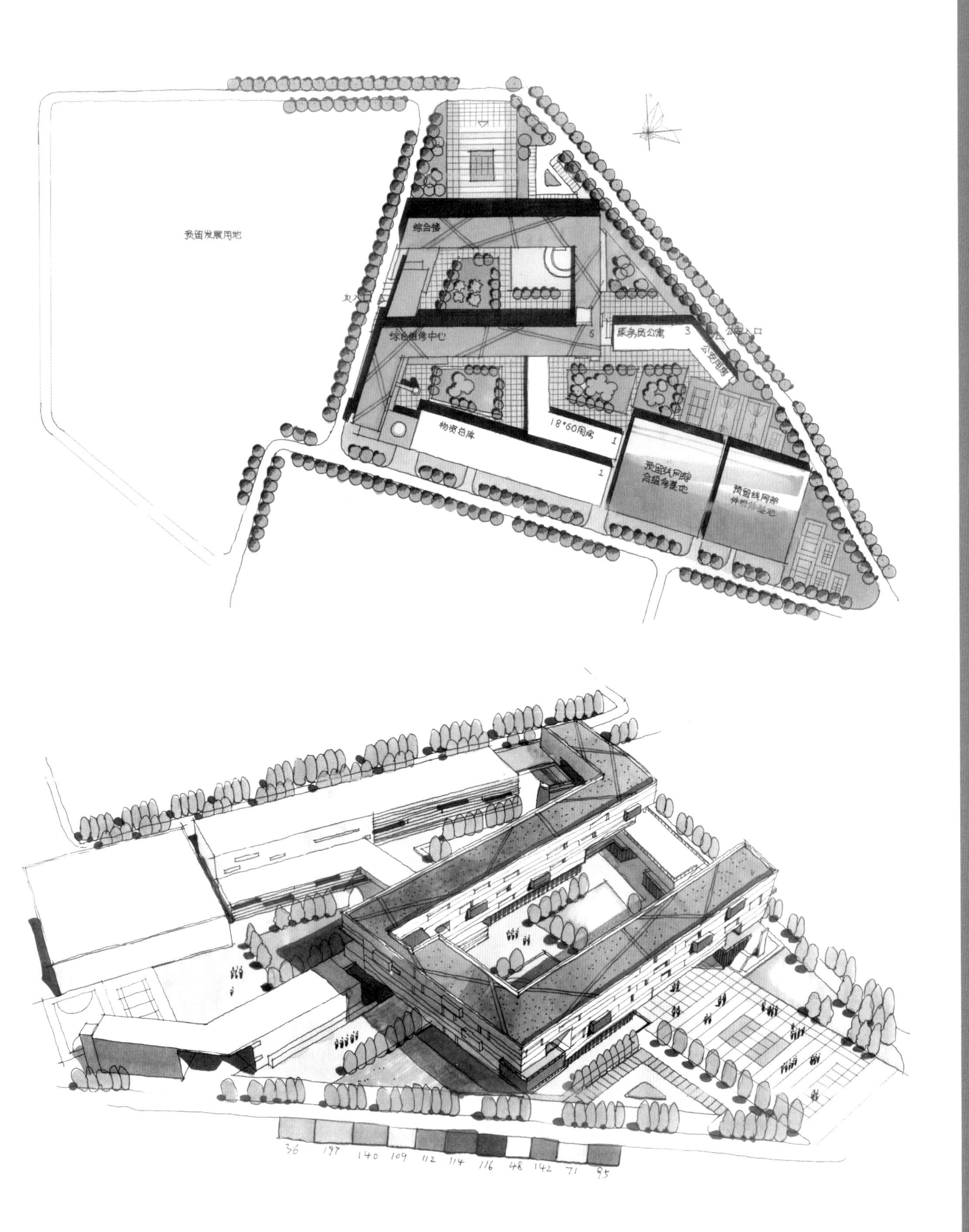

图 6-32 建筑方案表现（二）（徐志伟绘）

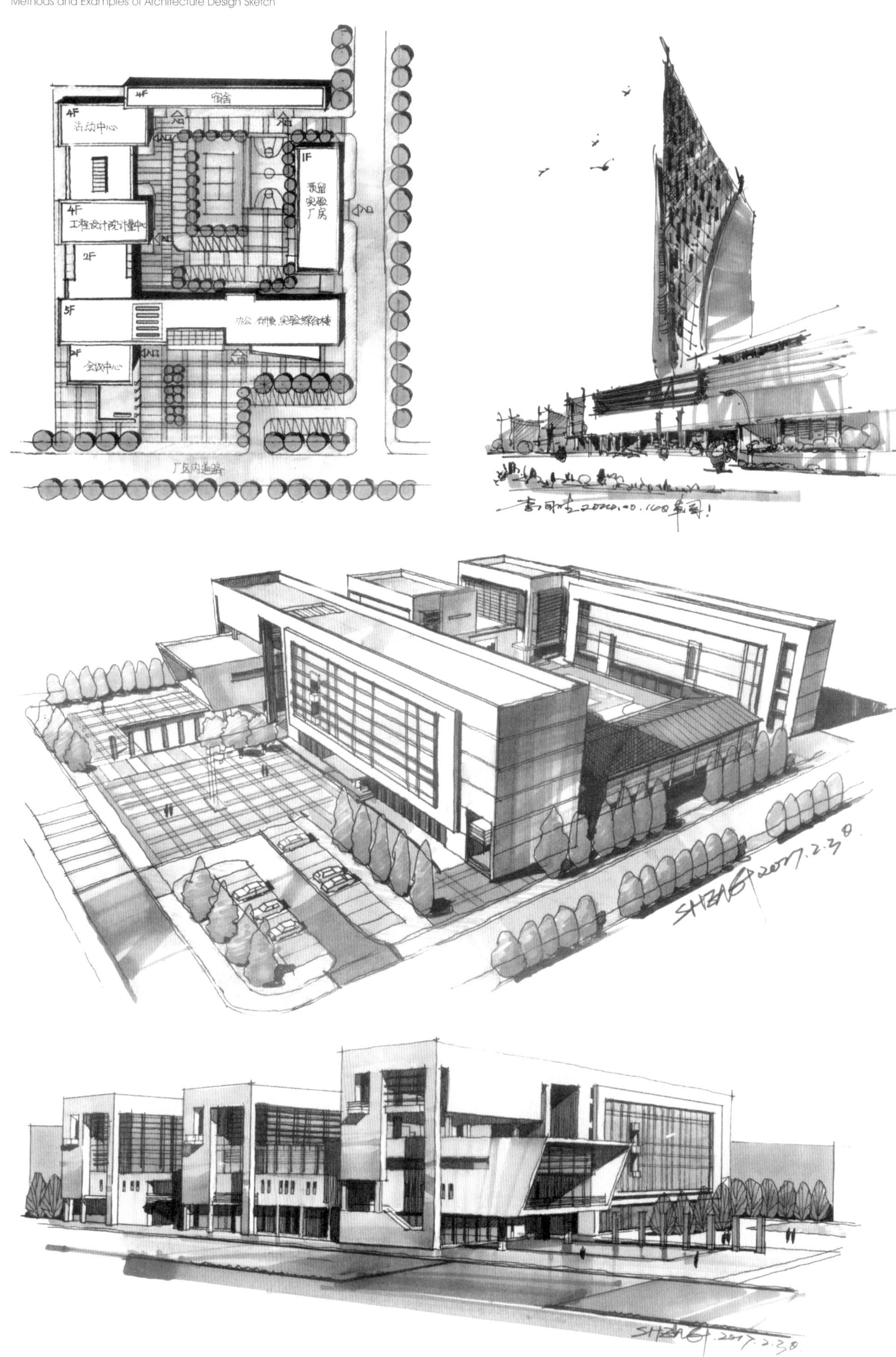

图 6-33 建筑方案表现（三）（李国胜绘）

图 6-34 建筑方案记录表现（一）（李国胜绘）

图 6-35 建筑方案记录表现（二）（徐志伟绘）

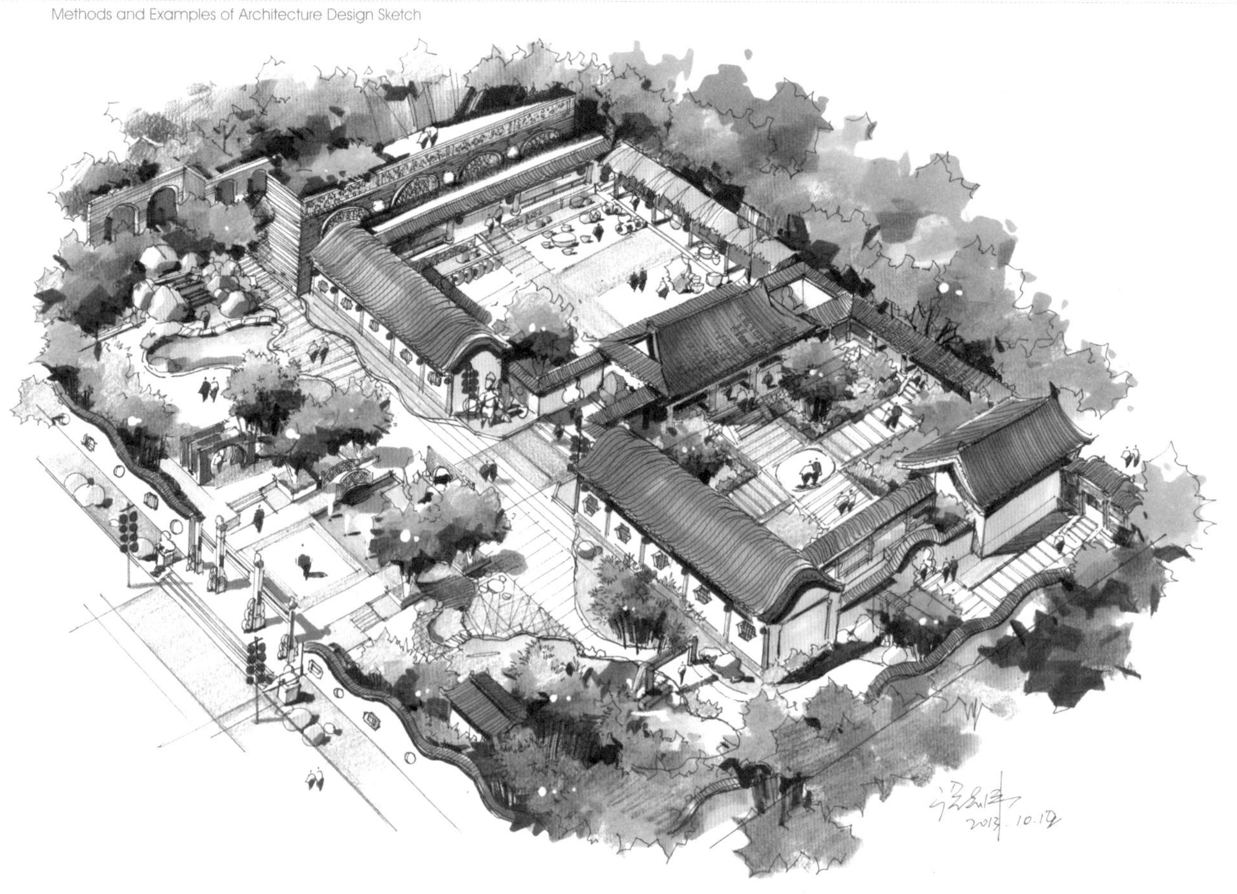

图 6-36 建筑鸟瞰图表现（一）（徐志伟绘）

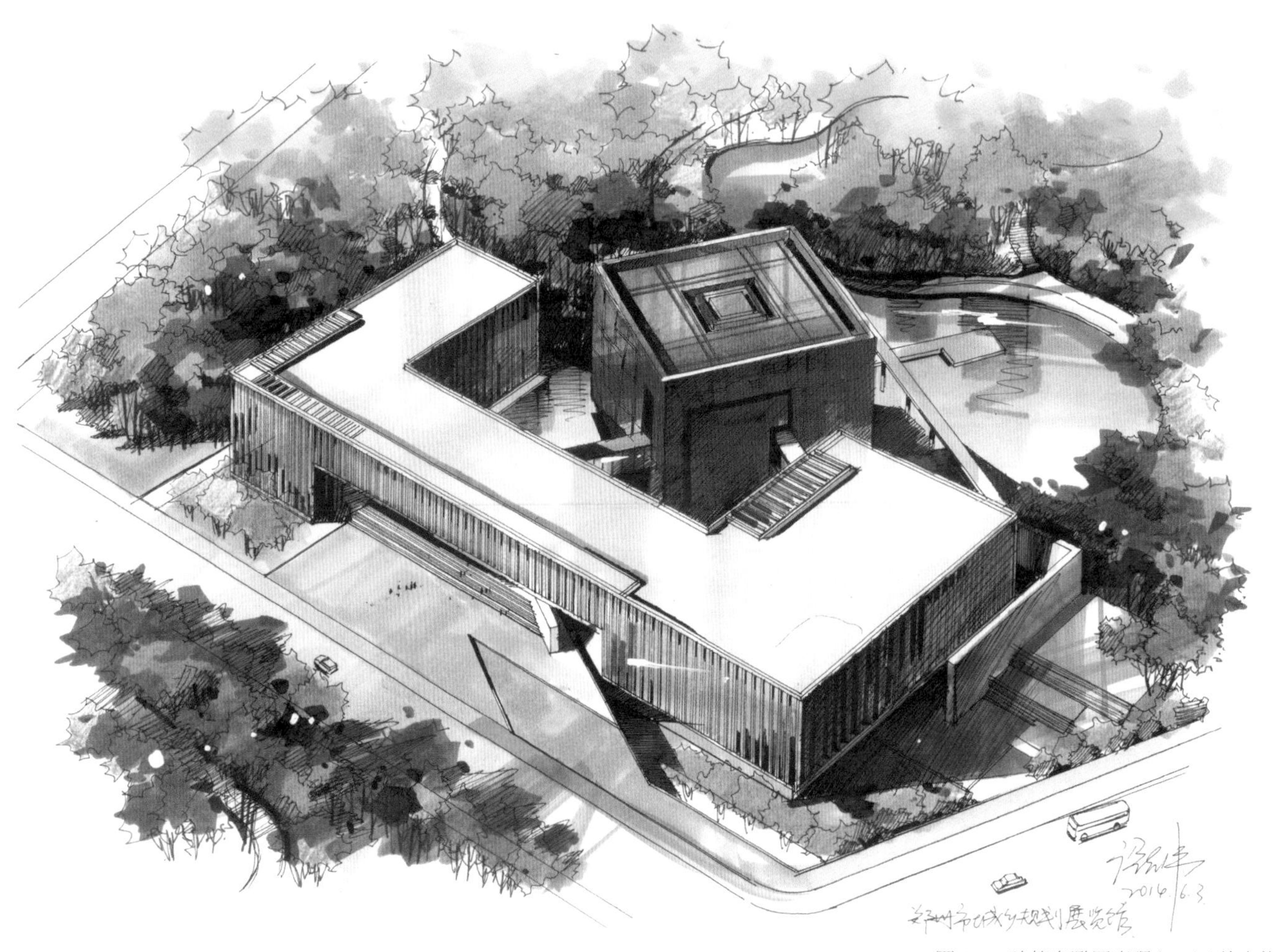

图 6-37 建筑鸟瞰图表现（二）（徐志伟绘）

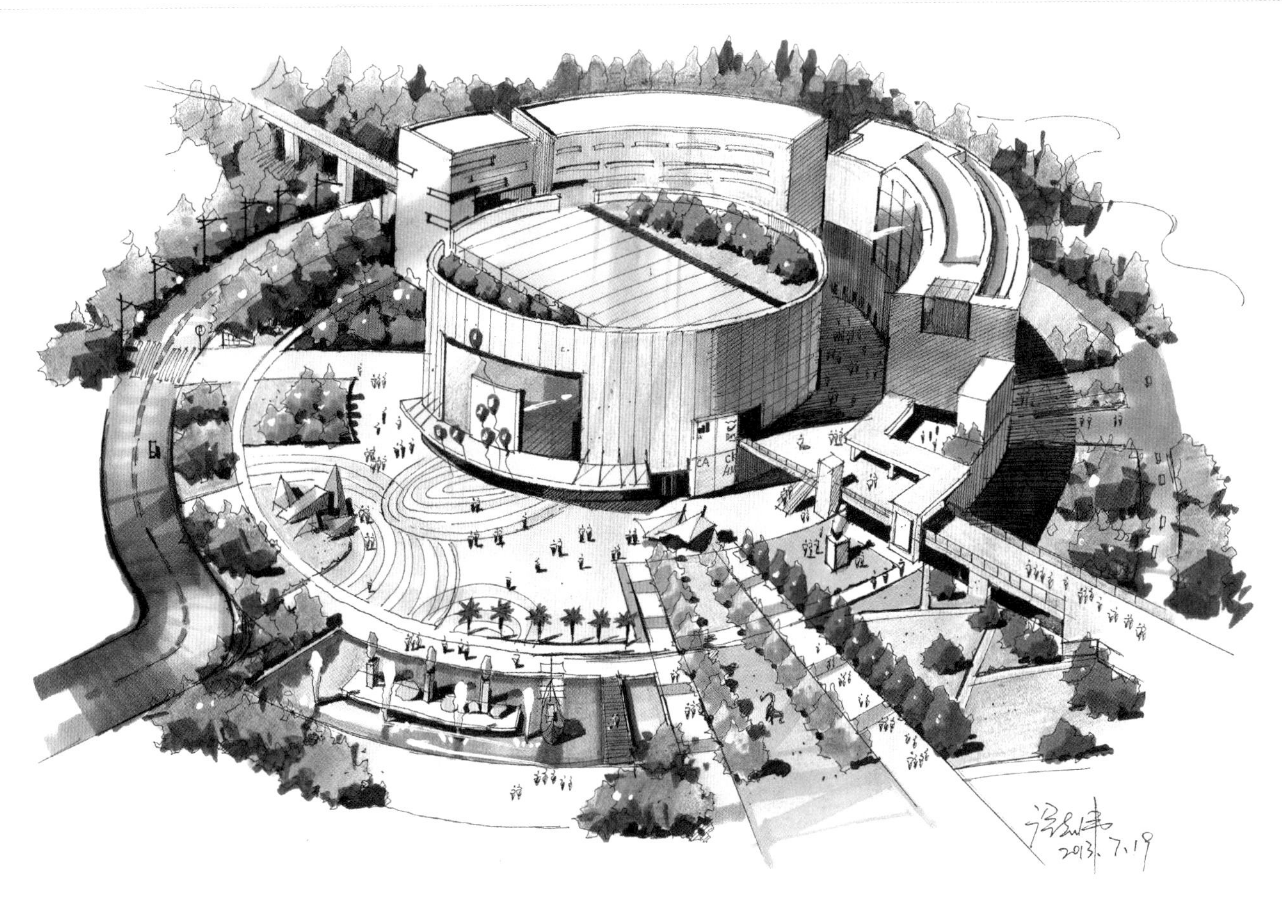

图 6–38 建筑鸟瞰图表现（三）（徐志伟绘）

图 6–39 建筑鸟瞰图表现（四）（徐志伟绘）

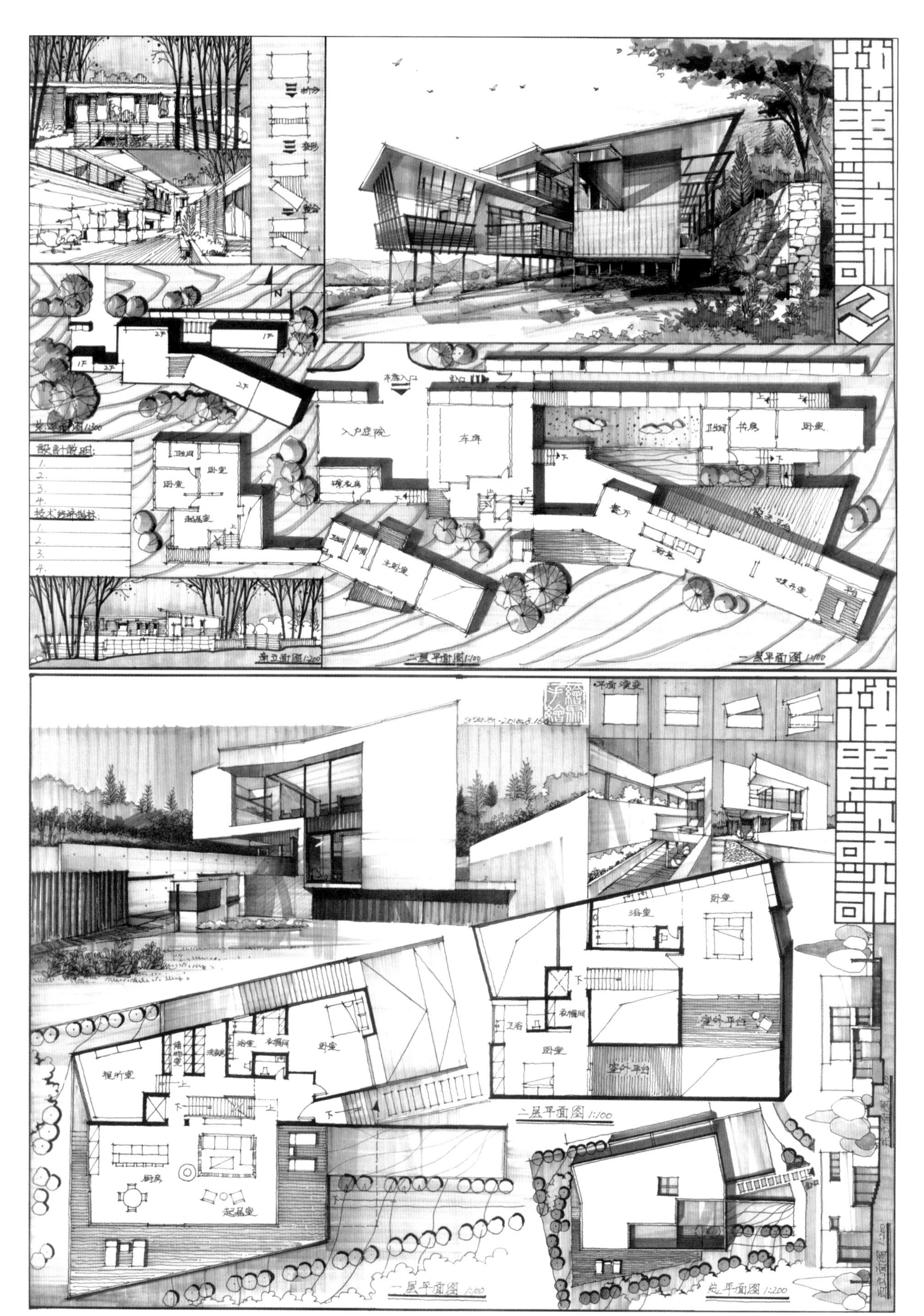

图 6-40 A2 建筑方案记录表现（一）（李国胜绘）

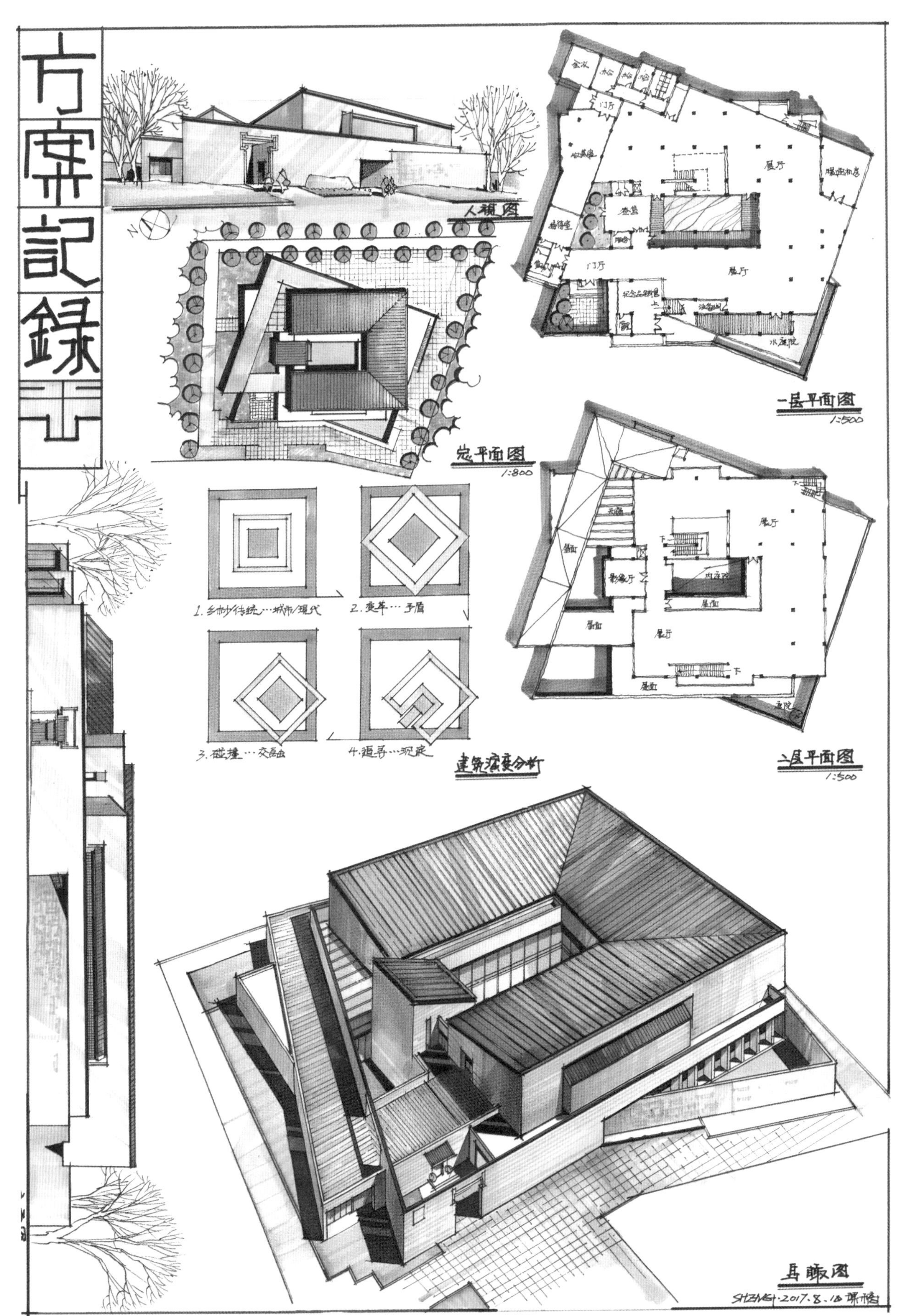

图 6-41 A2 建筑方案记录表现（二）（李国胜绘）

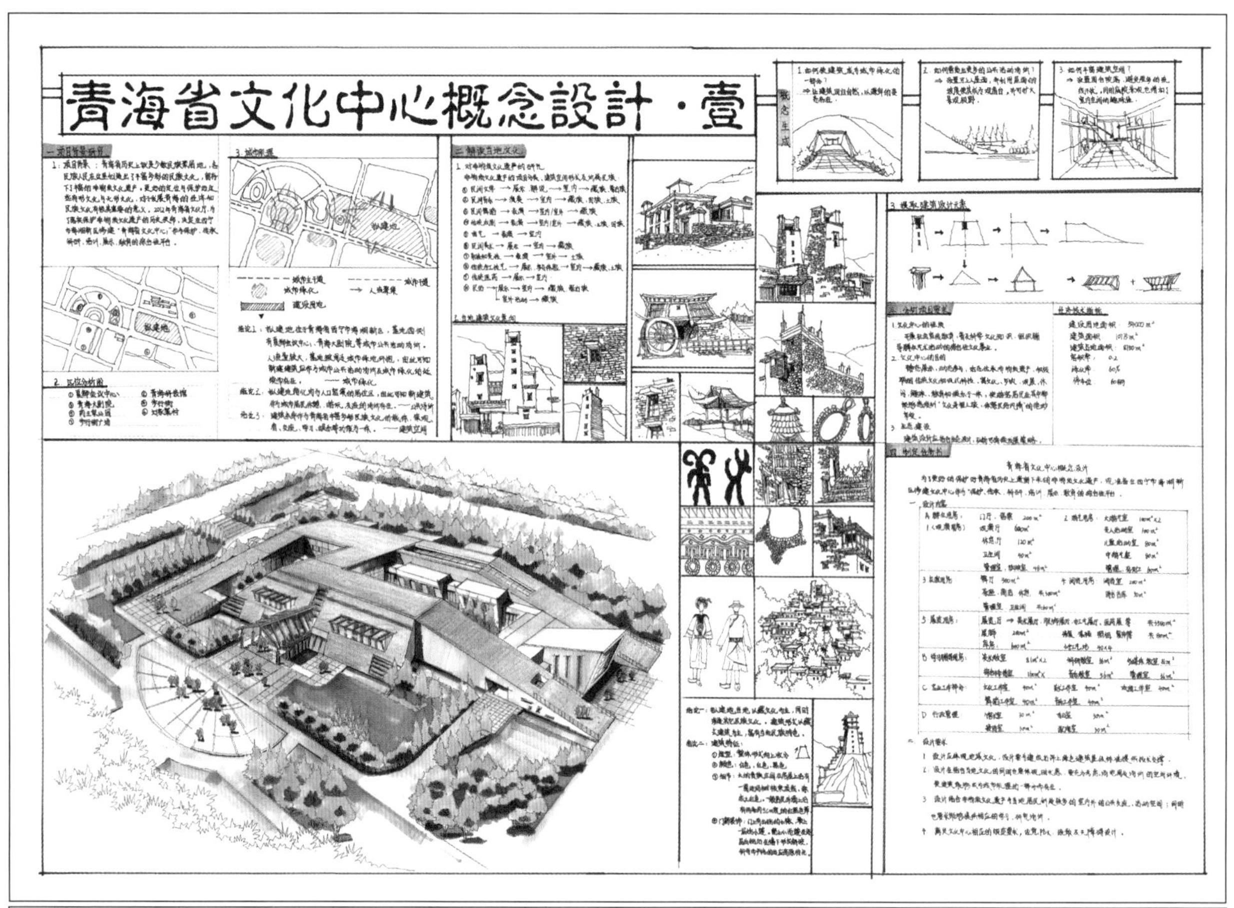

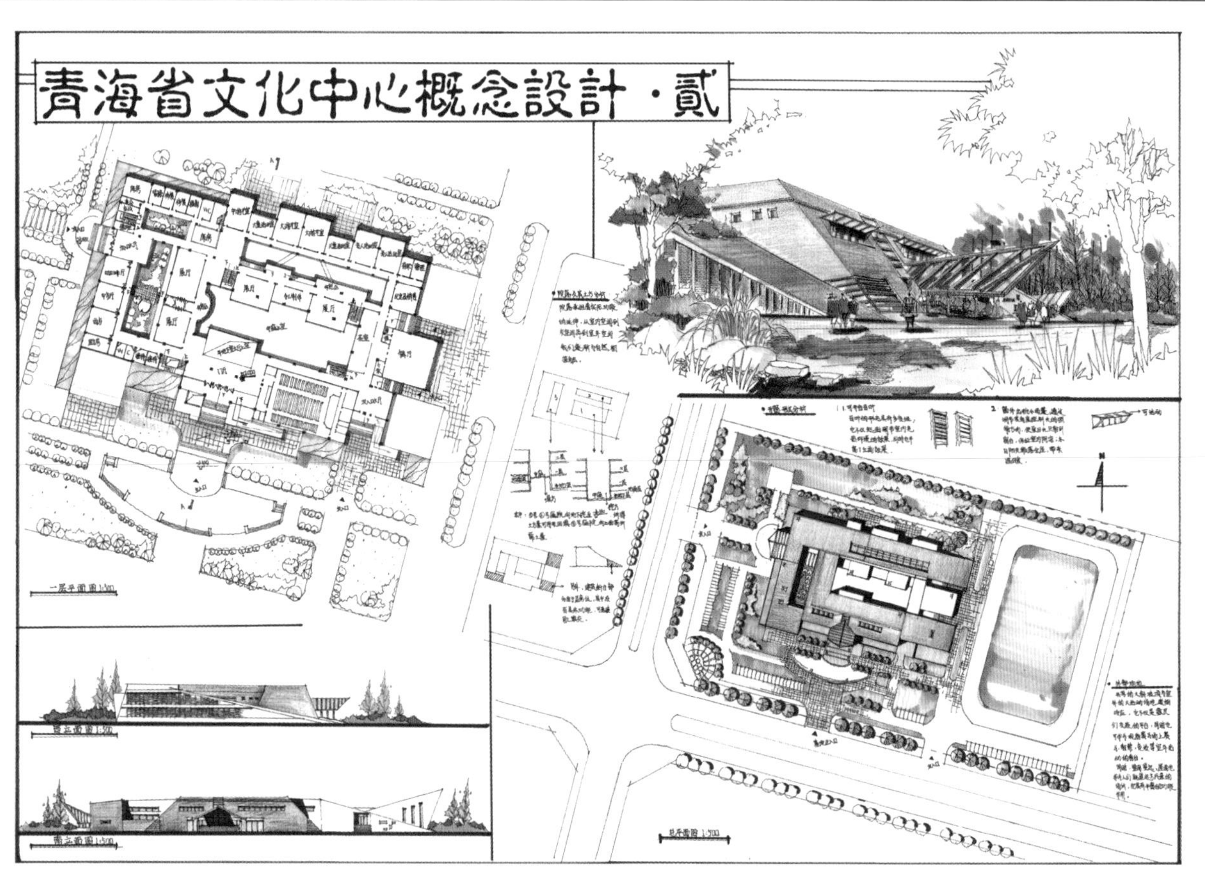

图 6-42 A2 建筑方案记录表现（三）（王夏露绘）

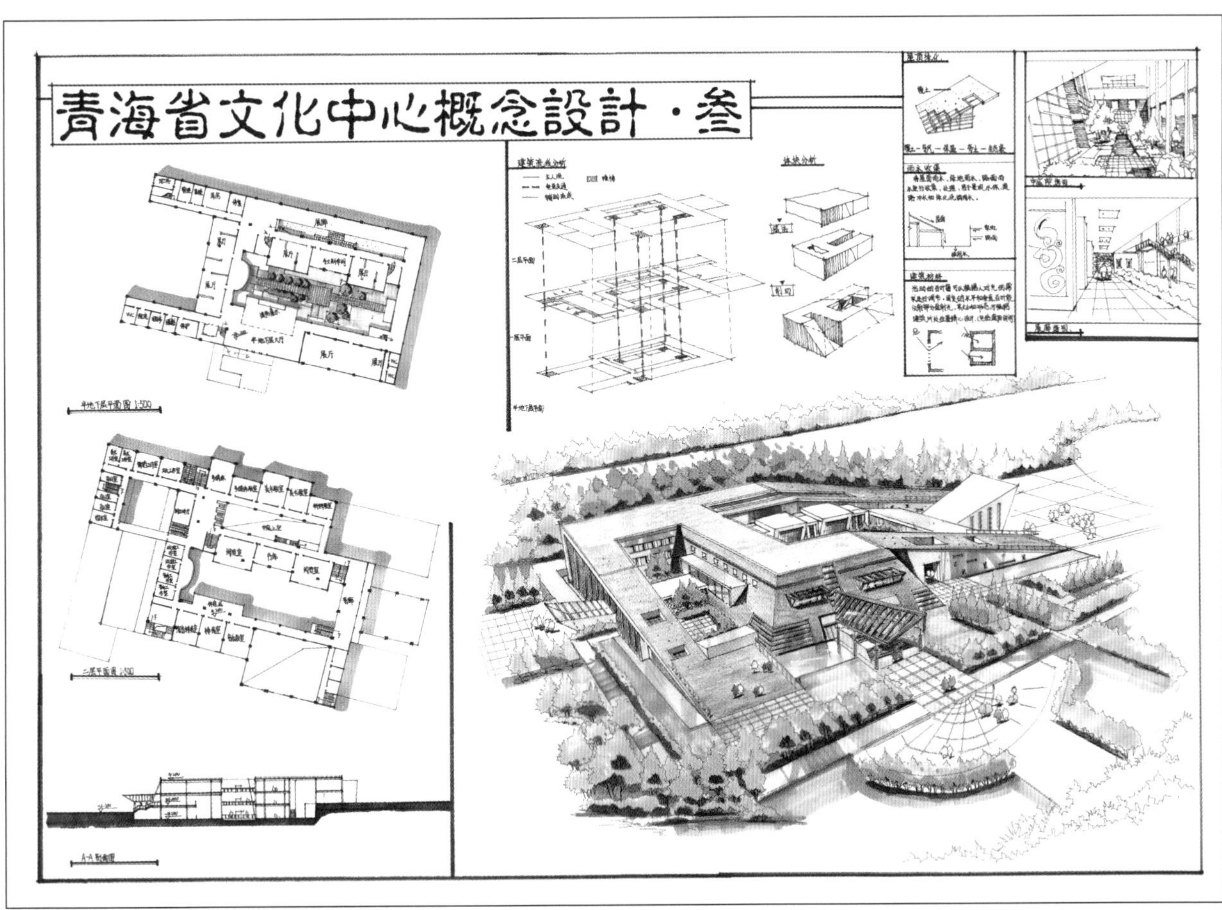

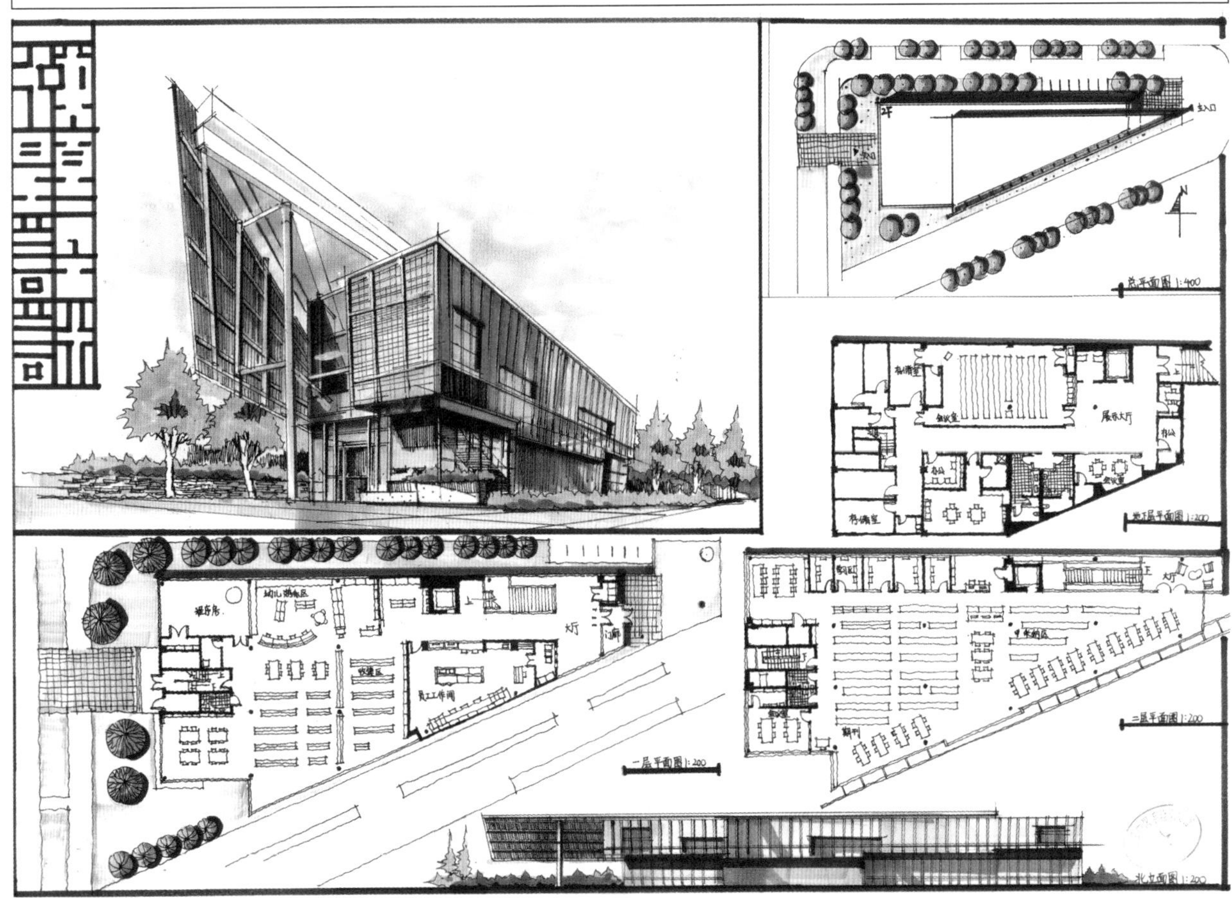

图 6-43 A2 建筑方案记录表现（四）（王夏露绘）

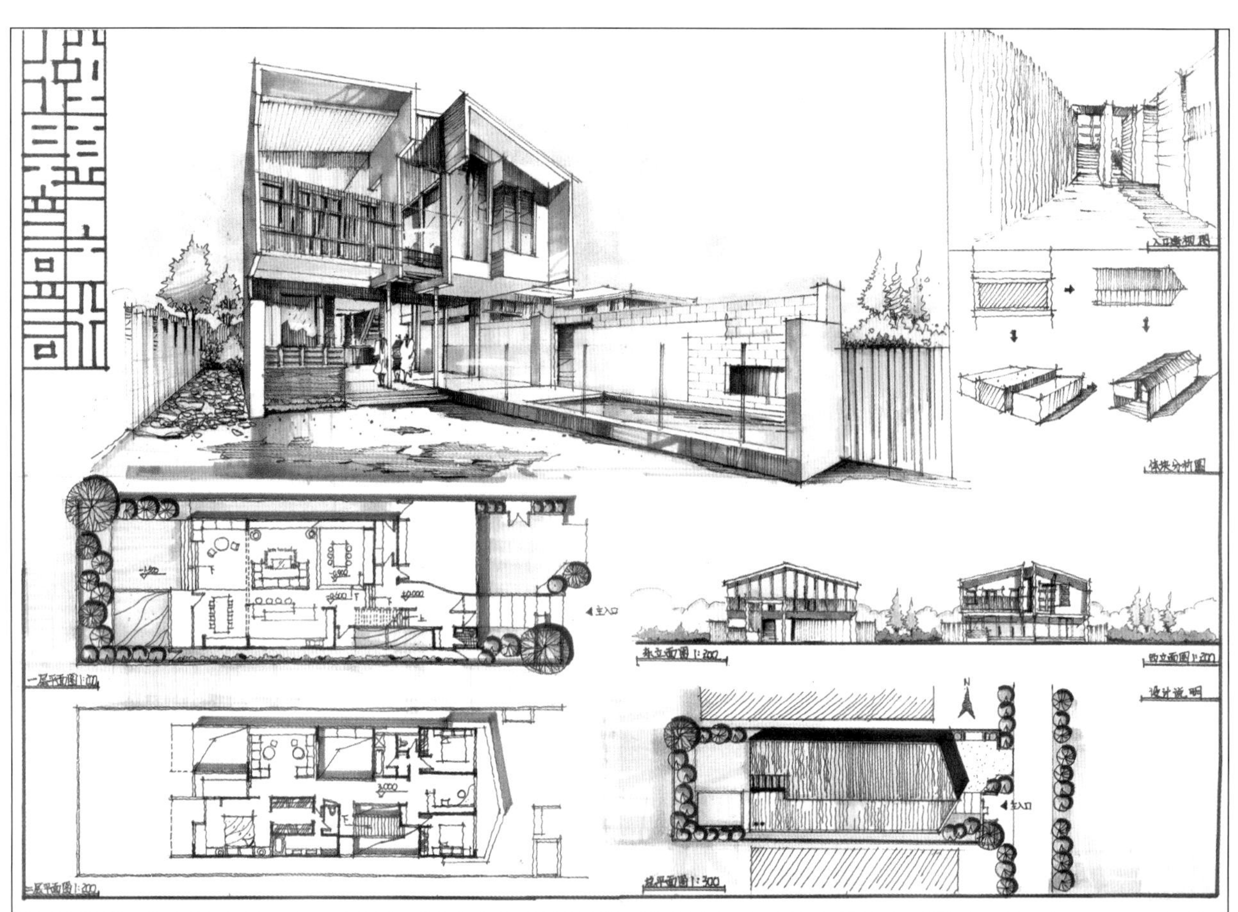

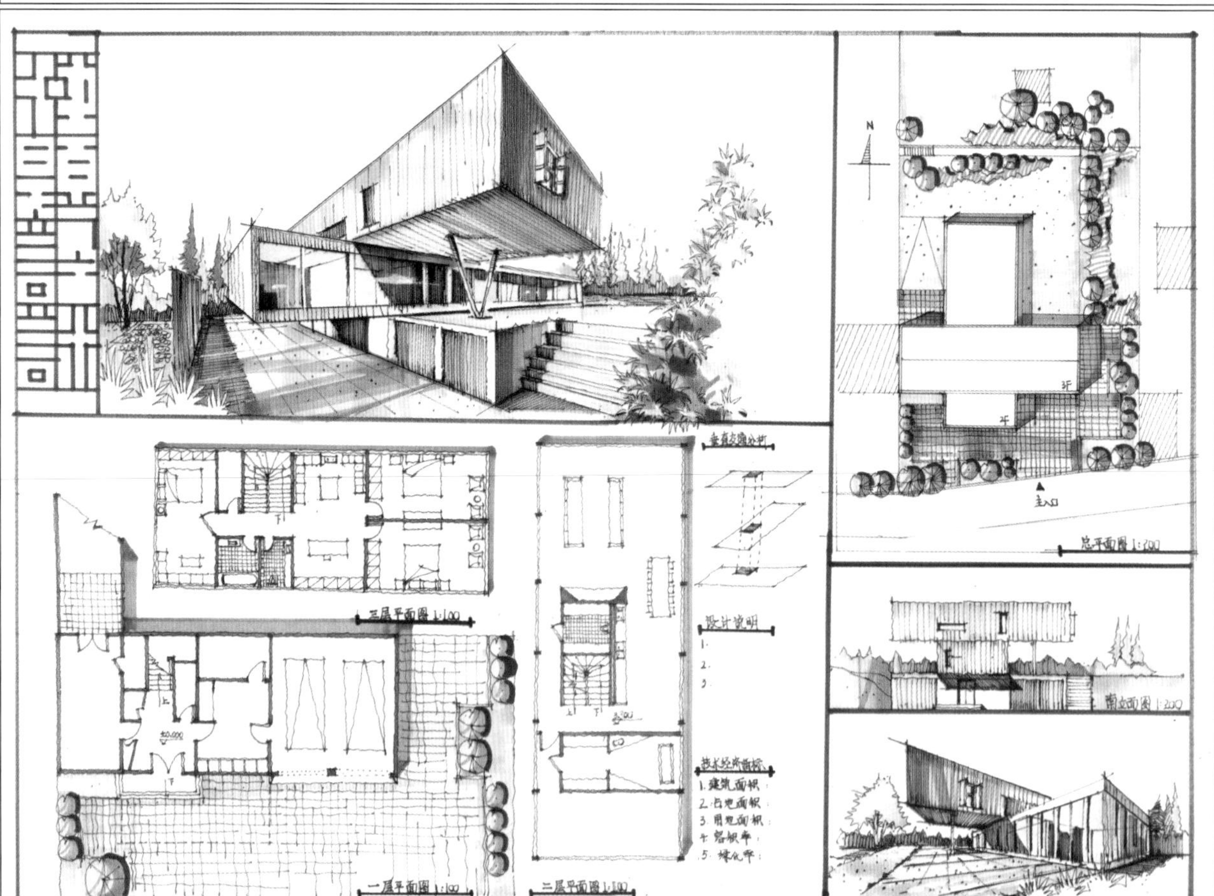

图 6-44 A2 建筑方案记录表现（五）（李国胜绘）